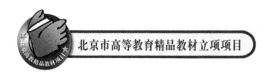

北京市高等教育精品教材立项项目

机械设计基础系列课程教材

机 械 设 计 教 程

Mechanical Design

刘向锋　主编
Liu Xiangfeng

刘　莹　高　志　肖丽英　参编
Liu Ying　Gao Zhi　Xiao Liying

清华大学出版社
北　京

内 容 简 介

本书是根据教育部高等学校机械基础课程教学指导分委员会最新制定的"机械设计课程教学基本要求"的精神,结合近年来教学改革实践的经验编写而成的,适用于高等学校机械类各专业本科的机械设计课程教学。

全书除绪论外,分上、下篇。上篇为机械系统零部件的工作能力设计,主要介绍机械系统零部件工作能力的设计理论和设计方法,包括机械零部件设计概述、机械系统传动零部件的设计、机械系统支承零部件设计、机械系统连接零部件的设计、弹簧;下篇为机械系统的结构设计,主要介绍机械系统结构设计的基本问题和一般规律,包括机械系统结构设计的基本知识、机械系统的装配结构设计、机械系统的功能结构设计、机械系统结构方案的创新设计、机械系统设计实例。

本书也可供机械工程领域的研究生和有关科研、工程设计人员参考。

版权所有,侵权必究。举报: 010-62782989, beiqinquan@tup.tsinghua.edu.cn。

图书在版编目(CIP)数据

机械设计教程 / 刘向锋主编. —北京:清华大学出版社,2008.9(2022.1重印)
(机械设计基础系列课程教材)
ISBN 978-7-302-17936-8

Ⅰ. 机… Ⅱ. 刘… Ⅲ. 机械设计—高等学校—教材 Ⅳ. TH122

中国版本图书馆 CIP 数据核字(2008)第 092454 号

责任编辑:张秋玲
责任校对:刘玉霞
责任印制:沈 露

出版发行:清华大学出版社
网　　址: http://www.tup.com.cn, http://www.wqbook.com
地　　址: 北京清华大学学研大厦 A 座　　邮　编:100084
社 总 机: 010-62770175　　邮　购:010-62786544
投稿与读者服务:010-62776969, c-service@tup.tsinghua.edu.cn
质 量 反 馈:010-62772015, zhiliang@tup.tsinghua.edu.cn

印 装 者: 北京九州迅驰传媒文化有限公司
经　　销: 全国新华书店
开　　本: 185mm×230mm　　印　张:20.75　　字　数:451 千字
版　　次: 2008 年 9 月第 1 版　　印　次:2022 年 1 月第 11 次印刷
定　　价: 59.80 元

产品编号:009409-04

前言

本书是根据教育部高等学校机械基础课程教学指导分委员会最新制定的"机械设计课程教学基本要求"的精神，结合近年来教学改革实践的经验编写而成的，适用于高等学校机械类各专业本科的机械设计课程教学。

为了适应21世纪社会对科技人才的需求，教育部组织实施了"面向21世纪教学内容和课程体系改革计划"，其中，机械设计系列课程是改革计划的重要组成部分，其改革的总体目标是培养学生的综合设计能力。机械设计课程作为高等学校机械类专业的一门主干技术基础课，在培养学生综合设计能力的全局中，承担着学生机械系统结构设计能力的培养任务，在机械设计系列课程体系中占有十分重要的地位。随着机械产品的设计逐渐向高速化、高效化、精密化和智能化方向发展，从系列课程体系和内容改革的总体目标出发，许多现有的机械设计教材的结构体系和内容已越来越不能适应科技的发展和人才培养的需求。21世纪是一个以世界性的激烈的经济竞争为特色的世纪，有人说"21世纪将是设计的世纪"，正是指的这样的时代特点。为了使学生在未来的工作中能够设计出性能优良、在国际市场上具有竞争力的产品，必须从机械设计系列课程体系和内容改革的总体目标出发，改革现有教材的体系和内容。本书就是为了适应这一需要而编写的。

本书是在总结清华大学多年来机械设计课程教学改革、教学研究和教学实践成果的基础上编写而成的。其主要特点如下：

（1）从机械设计课程在机械设计系列课程总体框架中所处的地位出发，以培养学生具有初步的机械系统结构设计能力为目标，舍弃了传统的以机械零部件工作能力设计为主线的课程体系，建立了"以设计为主线，分析为设计服务，落脚点是机械系统结构设计"的新体系。根据这一新体系，对现有教材内容进行了结构性调整、重组和更新。重组后的教材内容除绪论外，分上、下篇。上篇为机械系统零部件的工作能力设计，主要介绍机械系统零部件工作能力的设计理论和设计方法，按照机械系统传动零部件设计、机械系统支承零部件设计和机械系统连接零部件设计的体系进行编写；下篇为机械系统的结构设计，主要介绍机械系统结构设计的基本问题和一般规律,按照机械系统的装配结构设计和机械系统的功能结构设计的体系编写。通过这一新体系,力求达到使学生初步具有机械系统结构设计能力的教学目标。

(2) 为了加强学生理论联系实际的能力,教材中及时总结科研成果,引入了若干科研和工程设计案例,使课程内容跟上现代科技发展的步伐。

(3) 在下篇"机械系统的结构设计"中,增加了"机械系统结构方案的创新设计"和"机械系统设计实例"两章,内容上的更新,有利于培养学生的综合设计能力和创新设计能力,提高学生解决工程实际问题的能力。

参加本书编写的有:刘向锋(绪论、第 4 章、第 6 章、第 7 章),刘莹(第 1 章部分、第 2 章),高志(第 1 章部分、第 5 章、第 9 章、第 10 章),肖丽英(第 3 章、第 8 章)。全书由刘向锋担任主编,负责全书的统稿、修改和定稿。

衷心感谢清华大学精密仪器与机械学系学术委员会和本书的责任编辑。他们以全力支持教学改革为己任,在机械设计课程的改革和本教材的编写过程中,给予了热情的关注和大力支持。

作为清华大学机械设计系列课程负责人,申永胜教授也在本书的编写过程中给予了热情的关注和指导,在此表示诚挚的谢意。

限于编者的水平和时间仓促,误漏欠妥之处在所难免,敬请广大学界同仁和读者批评指正。

主编　刘向锋
2008 年 8 月于清华园

目录

0 绪论 1
  0.1 机械设计的任务、要求和一般程序 1
  0.2 机械设计课程的性质和任务 2
  0.3 机械设计课程的内容 3
  0.4 学习机械设计课程的方法 4

上篇 机械系统零部件的工作能力设计

1 机械零部件设计概述 7
  1.1 机械零部件设计应满足的要求 7
    1.1.1 工作能力要求 7
    1.1.2 工艺性要求 8
    1.1.3 经济性要求 8
  1.2 工作能力设计的基本方法 9
  1.3 机械零件的强度设计 10
    1.3.1 机械零件的静强度设计 10
    1.3.2 机械零件的疲劳强度设计 10
    1.3.3 机械零件的接触疲劳强度 18
  1.4 机械零部件的材料选择 19
    1.4.1 机械零件的常用材料 20
    1.4.2 机械零件材料的选择原则 20
  1.5 机械零部件的标准化 21
  附录 23
  习题 26

2 机械系统传动零部件的设计 ... 29

2.1 传动总论及机械传动方案的设计 ... 29
2.1.1 传动系统的功用及主要类型 ... 29
2.1.2 机械传动设计的一般原则 ... 29
2.1.3 机械传动系统的运动和动力学计算 ... 33

2.2 V带传动设计 ... 36
2.2.1 V带传动的主要几何尺寸及相关国家标准 ... 36
2.2.2 V带传动的工作原理 ... 38
2.2.3 单根V带传动的额定功率 ... 40
2.2.4 V带传动设计举例 ... 42
2.2.5 带传动的张紧装置 ... 46

2.3 链传动设计 ... 47
2.3.1 传动链与链轮 ... 47
2.3.2 链传动的运动特性及其影响 ... 48
2.3.3 链传动的设计 ... 50
2.3.4 滚子链传动设计举例 ... 54
2.3.5 链传动的张紧 ... 56

2.4 齿轮传动设计 ... 56
2.4.1 齿轮传动的受力分析 ... 57
2.4.2 齿轮传动的失效方式及设计准则 ... 61
2.4.3 齿轮常用材料及热处理 ... 64
2.4.4 齿轮传动的精度 ... 66
2.4.5 齿轮传动的疲劳强度设计 ... 66
2.4.6 齿轮传动的主要参数选择与设计举例 ... 76

2.5 蜗杆传动设计 ... 80
2.5.1 蜗杆传动与齿轮传动工作能力设计的主要区别 ... 80
2.5.2 蜗杆传动的受力分析 ... 82
2.5.3 蜗杆传动的失效形式及常用材料 ... 84
2.5.4 蜗杆传动的工作能力设计 ... 85
2.5.5 蜗杆传动主要参数的选择与设计举例 ... 91

2.6 螺旋传动设计 ... 95
2.6.1 螺纹的主要参数 ... 96
2.6.2 滑动螺旋副的受力、失效分析及常用材料 ... 98
2.6.3 滑动螺旋传动的工作能力设计 ... 98

2.6.4　滑动螺旋传动设计计算的一般步骤 …………………………………… 102
　习题 ……………………………………………………………………………………… 102

3　机械系统支承零部件设计 ………………………………………………………… 109
3.1　轴 ……………………………………………………………………………… 109
　　3.1.1　轴的分类与材料 …………………………………………………………… 109
　　3.1.2　轴的工作能力设计 ………………………………………………………… 111
　　3.1.3　提高轴的强度的措施 ……………………………………………………… 117
3.2　滚动轴承 ……………………………………………………………………… 121
　　3.2.1　滚动轴承的结构和国家标准 ……………………………………………… 122
　　3.2.2　滚动轴承的类型选择 ……………………………………………………… 126
　　3.2.3　滚动轴承的受力和失效分析 ……………………………………………… 127
　　3.2.4　滚动轴承的寿命计算 ……………………………………………………… 128
　　3.2.5　滚动轴承的静态承载能力计算 …………………………………………… 134
3.3　滑动轴承 ……………………………………………………………………… 137
　　3.3.1　滑动轴承的典型结构 ……………………………………………………… 137
　　3.3.2　滑动轴承的轴瓦结构和材料 ……………………………………………… 139
　　3.3.3　非流体润滑滑动轴承的承载能力设计 …………………………………… 143
　　3.3.4　流体动压滑动轴承的承载能力设计 ……………………………………… 145
　　3.3.5　滑动轴承与滚动轴承的性能比较 ………………………………………… 155
　习题 ……………………………………………………………………………………… 157

4　机械系统连接零部件的设计 ……………………………………………………… 162
4.1　螺纹连接 ……………………………………………………………………… 162
　　4.1.1　螺纹连接的类型 …………………………………………………………… 162
　　4.1.2　单个螺栓连接的强度计算 ………………………………………………… 166
　　4.1.3　螺纹连接件的材料与许用应力 …………………………………………… 171
　　4.1.4　螺栓组连接的受力分析与计算 …………………………………………… 173
　　4.1.5　提高螺纹连接强度的措施 ………………………………………………… 177
4.2　轴毂连接 ……………………………………………………………………… 181
　　4.2.1　轴毂连接的主要类型 ……………………………………………………… 182
　　4.2.2　键连接的设计 ……………………………………………………………… 186
　　4.2.3　花键连接的设计 …………………………………………………………… 189
4.3　联轴器和离合器 ……………………………………………………………… 190
　　4.3.1　联轴器 ……………………………………………………………………… 190

4.3.2 离合器 …… 197

习题 …… 200

5 弹簧 …… 203

5.1 概述 …… 203
5.1.1 弹簧的用途 …… 203
5.1.2 弹簧的类型 …… 203

5.2 弹簧的材料和制造方法 …… 204
5.2.1 弹簧的常用材料 …… 204
5.2.2 弹簧的制造方法 …… 208

5.3 圆柱螺旋压缩(拉伸)弹簧的设计 …… 208
5.3.1 圆柱螺旋弹簧的基本尺寸 …… 208
5.3.2 弹簧的强度 …… 209
5.3.3 弹簧的刚度 …… 210
5.3.4 弹簧的特性曲线 …… 210
5.3.5 弹簧的结构 …… 211
5.3.6 圆柱螺旋压缩(拉伸)弹簧的设计计算 …… 212

5.4 圆柱螺旋扭转弹簧的设计 …… 218
5.4.1 圆柱螺旋扭转弹簧的强度和刚度 …… 218
5.4.2 圆柱螺旋扭转弹簧的结构 …… 218
5.4.3 圆柱螺旋扭转弹簧的设计计算 …… 219

5.5 其他弹簧简介 …… 220
5.5.1 碟形弹簧 …… 220
5.5.2 平面涡卷弹簧 …… 220
5.5.3 橡胶弹簧 …… 221
5.5.4 空气弹簧 …… 222

习题 …… 223

下篇 机械系统的结构设计

6 机械系统结构设计的基本知识 …… 227
6.1 概述 …… 227
6.2 制造工艺性 …… 229
6.2.1 毛坯的成形方法 …… 229
6.2.2 零件的成形方法 …… 229

  6.2.3 工艺流程 …………………………………………………………… 229
6.3 装配工艺性 ………………………………………………………………… 233
习题 …………………………………………………………………………………… 236

7 机械系统的装配结构设计 ………………………………………………… 237
7.1 轴系结构设计 ……………………………………………………………… 237
  7.1.1 轴的结构设计 ……………………………………………………… 237
  7.1.2 轮体的结构设计 …………………………………………………… 243
  7.1.3 轴系的结构设计 …………………………………………………… 247
7.2 螺纹连接的组合设计 ……………………………………………………… 257
  7.2.1 螺纹连接件的布局 ………………………………………………… 257
  7.2.2 结构空间的合理性 ………………………………………………… 258
  7.2.3 螺纹连接的防松和装配要求 ……………………………………… 260
7.3 机械系统的精度设计 ……………………………………………………… 262
习题 …………………………………………………………………………………… 264

8 机械系统的功能结构设计 ………………………………………………… 268
8.1 润滑系统设计 ……………………………………………………………… 268
  8.1.1 常用润滑剂 ………………………………………………………… 268
  8.1.2 常用润滑方式和润滑装置介绍 …………………………………… 271
  8.1.3 典型零件的润滑方式选择 ………………………………………… 273
8.2 密封结构设计 ……………………………………………………………… 277
  8.2.1 静密封结构 ………………………………………………………… 277
  8.2.2 动密封结构 ………………………………………………………… 278
习题 …………………………………………………………………………………… 280

9 机械系统结构方案的创新设计 …………………………………………… 281
9.1 机械系统结构方案的变异设计 …………………………………………… 281
  9.1.1 工作表面的变异 …………………………………………………… 281
  9.1.2 连接的变异 ………………………………………………………… 283
  9.1.3 支承的变异 ………………………………………………………… 286
  9.1.4 材料的变异 ………………………………………………………… 288
9.2 提高机械系统性能的结构设计 …………………………………………… 289
  9.2.1 有利于提高强度的结构设计 ……………………………………… 290
  9.2.2 有利于提高刚度的结构设计 ……………………………………… 292

9.2.3　有利于提高精度的结构设计 …………………………………… 294
　　9.2.4　有利于提高工艺性的结构设计 ………………………………… 297
9.3　机械系统的宜人化设计 …………………………………………………… 300
　　9.3.1　适合人的生理特征的结构设计 ………………………………… 300
　　9.3.2　适合人的心理特征的结构设计 ………………………………… 302
9.4　新型机械结构设计 ………………………………………………………… 305
　　9.4.1　柔性(弹性)结构设计 …………………………………………… 305
　　9.4.2　快速连接结构设计 ……………………………………………… 307
　　9.4.3　组合结构设计 …………………………………………………… 308
习题 ………………………………………………………………………………… 310

10　机械系统设计实例 ………………………………………………………… 313
10.1　高杆灯提升装置设计 …………………………………………………… 313
10.2　硬币自动计数、包卷机设计 ……………………………………………… 317

参考文献 ……………………………………………………………………… 320

绪 论

机械存在于人类活动的各个领域。虽然机械学科是一门古老的学科,但至今仍然是创造人类文明的重要组成部分,它的发展程度标志着一个国家的整体科学技术水平,也是当今科学技术高速发展的基础。

0.1 机械设计的任务、要求和一般程序

1. 机械设计的任务

机械设计是一门应用技术科学,它是使用图纸、技术文件和计算机软件等相关技术手段描述机械产品的形状、尺寸、性能等参数,以满足功能、制造、使用、维护和销售等要求的一种实践活动。

随着科学技术的不断发展,机械制造业的面貌也在不断地发生变化,新工艺和新材料的出现对机械制造的发展起着巨大的推动作用,因此,机械设计的任务是运用最新的科技成果设计新产品和改造老产品,以满足市场的需求和推动社会的进步。

作为机械设计人员,应具备如下能力:

(1) 基本技能,如计算、绘图、结构设计、实验以及使用基本工具(计算机、基本测量仪器等)的能力。

(2) 创新能力,即善于寻求解决问题的新途径、新方法,善于发现社会的需求,具备勤奋学习、把握最新技术动态和对技术精益求精的品质。

(3) 决策能力,指对不同的设计方案,能通过调查研究进行独立分析和决策,选取最佳的设计方案。

(4) 团队合作精神。现代社会的各种工程实践都是集体行为,谦虚与合作态度是发挥个人和他人智慧,进行创造性实践的必备条件。

2. 机械设计的要求

机械设计是机械产品开发和技术改造的关键性环节,直接关系到社会和经济效益。据

分析,产品成本的 70%～80%决定于设计阶段。在设计中应考虑以下因素:

(1) 满足功能要求、性能好。实现预定的功能是设计的根本目标,性能好则是设计过程中追求的主要目标。功能是指某一特定的运行要求,性能是指运行质量。

(2) 工作可靠、安全程度高。可靠和安全是性能好的重要标志之一,这里单独提出,表明它的突出意义。在产品的整个生命周期内,必须保持正常工作。为了防止突发情况,应有必要的安全保障措施。

(3) 制造、安装工艺好。制造和安装是实现功能、保证设计预定目标的关键步骤,采用合理的工艺方法是确保制造和安装质量的前提,为此,设计人员必须具有丰富的制造、安装工艺知识。

(4) 操作简便、维护工作少。一切为了用户是产品生产的宗旨,操作简便、省力、安全、易于维护且省时是设计人员追求的重要目标。

(5) 造形美观、轮廓尺寸小。造形美观会给工作和生活环境带来快感,对于提高人们的工作效率和质量均有着积极的影响。体积小不但可以节省材料,还可以减少所占用的空间,有利于运输、起重和工作场所的布置。

(6) 价格低廉、经济效益高。降低成本是价廉的基础,在市场竞争中具有重要的意义。优良的性能价格比是占有市场的条件,也是取得高的社会效益和经济效益的保证。

3. 机械设计的一般程序

机械设计与其他设计一样,是一项创造性的工作,设计人员除了需要掌握先进的科技知识和具有丰富的实践经验外,还必须深入实际进行调查研究,以便提出创造性的设计方案和新颖的结构。机械设计的一般程序见图 0-1。

0.2 机械设计课程的性质和任务

机械设计课程是一门介绍机械设计基本知识、基本理论和基本方法的技术基础课,其主要任务是通过理论学习和设计实践,培养学生的综合设计能力,具体表现为以下几个方面:

(1) 掌握机械系统中通用零部件的设计原理、设计方法和机械设计的一般规律,具有机械系统的综合设计能力,能进行一般机械传动零部件和简单机械装置的设计;

(2) 树立创新意识,培养机械设计的创新能力;

(3) 提高计算机技术的应用能力,具有运用标准、规范、手册、图册和查阅相关技术资料的能力;

(4) 初步建立正确的设计思维方式和工作方法,知道应该有意识地关注国家相关的技术经济政策和国内外的发展情况;

(5) 了解实验与机械设计的关系和其重要性,主动学习一些机械设计的实验方法;

(6) 对机械设计的最新发展有所了解。

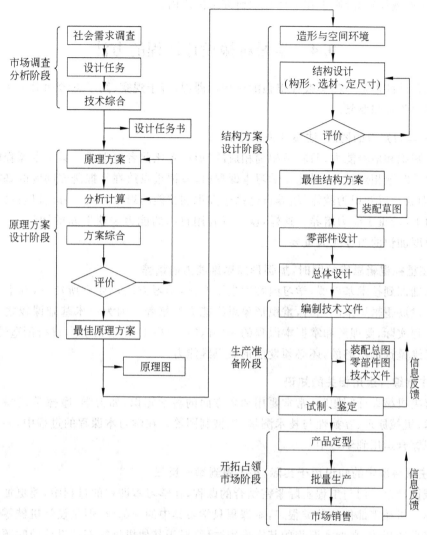

图 0-1 机械设计的一般程序

0.3 机械设计课程的内容

在机器中,一般可将机械零部件分为两大类:一类是在各种机器中经常都能用到的机械零部件,叫做通用零部件,如螺钉、齿轮、滚动轴承等;另一类则是在特定类型的机器中才会用到的零部件,叫做专用零部件,如汽车发动机中的曲轴、飞机上的螺旋桨等。机械设计课程主要介绍通用机械零部件的常用设计理论和设计方法。同时,对于通用机械零部件重点介绍常用参数范围的一般设计方法。至于一些在特殊工况条件下的机械零部件(如高速轴承、低速重载齿轮等)则不在本课程的研究范围之内。

0.4 学习机械设计课程的方法

机械设计课程是一门实践性很强的应用性课程,善于观察、勤于思考和勇于实践是学好本门课程的关键和要领。

1. 在学习知识的同时,注重能力的培养

学习知识和培养能力,两者是相辅相成的,但后者比前者更重要。鉴于本课程的教学内容较多而学时数相对较少,因此在学习本课程时,应把重点放在掌握研究问题的基本思路和方法上,即放在以知识为载体,培养自己高于知识和技能的思维方式和方法以及自主获取知识的能力上,着重于能力培养。这样,就可以利用自己的能力去获取新的知识,这一点在知识更新速度加快的当今尤为重要。

2. 在重视逻辑思维的同时,加强形象思维能力的培养

从基础课到技术基础课,学习内容发生了变化,学习方法也要有所转变,其中重要的一点是要在发展逻辑思维的同时,重视形象思维能力的培养。因为技术基础课较之基础课更加接近工程实际,要理解和掌握本课程的一些内容,解决工程实际问题,进行创造性设计,单靠逻辑思维是远远不够的,还必须发展形象思维能力。

3. 注意综合运用相关的知识

在解决机械设计问题时,常常要用到多方面的科学知识,如力学、摩擦学、材料学、机械制造技术、机械原理、互换性与技术测量、机械制图等。在学习本课程的过程中,要注意把相关的知识综合运用到学习中。

4. 注意将所学的知识用于实际,努力做到举一反三

机械设计是一门与工程实际紧密结合的课程,在学习本课程的过程中,要更加注重理论联系实际。机械零部件的种类很多,本课程只学习其中的一部分,但是设计机械零部件的方法和思路是通用的,掌握本课程的基本内容之后,对于其他机械零部件设计的问题就有了一定的基础,并对机械设计有了一定的了解。在学习过程中要认真总结、体会,努力做到举一反三。

上 篇

机械系统零部件的工作能力设计

1 机械零部件设计概述

1.1 机械零部件设计应满足的要求

机械设备通过各构件之间的相对运动实现对有用功的转换。为使机械设备以合理的成本保证机械功能的可靠实现，机械零部件的设计应满足以下基本要求。

1.1.1 工作能力要求

1. 强度要求

承担机械设备工作中出现的各种形式的载荷是机械零件的基本功能之一。零件在规定的载荷作用下，在规定的工作时间内应不发生损坏。有些零件的最大载荷不是出现在工作过程中，而是出现在零件的加工、运输、装配等工序中，应针对零件寿命周期中最危险的时刻、最危险的位置进行强度计算，保证零件在最危险情况下的安全性。

在零件设计过程中，可以通过合理地选择零件的材料及热处理方式、选择零件的截面形状及尺寸、选择零件之间的连接关系等方法提高零件的承载能力。

提高传动系统的精度，提高传递运动的平稳性，使载荷在各承载结构之间的分布更均匀，这些措施也有利于零件强度的提高。

2. 刚度条件

机械零件受力后发生的变形会影响零件之间的相对位置（如齿轮传动的中心距、轴与孔的平行度等），影响零件的受力（如滑动轴承与轴颈表面的接触），影响设备的工作性能（如机床的加工精度）。

零件的变形可以表现为整体变形和表面变形。整体变形是指零件在载荷作用下发生的拉伸、压缩、弯曲、扭转变形或由这些变形构成的复合变形。增大零件的截面尺寸、改善零件截面的材料分布、增大截面惯性矩、改善支承方式、缩短变形长度等方法都有利于减小零件的整体变形，提高整体刚度。表面变形是指零件表面在挤压应力或接触应力作用下发生在零件表面的变形以及表面微观形貌的变形。改善表面粗糙度、增大接触点的曲率半径、将高副改为低副等方法都可以有效地减小表面变形。

3. 寿命要求

零件的某些使用性能会随着使用时间的延长而发生变化。设计应使零件在给定的时间内具有足够的工作能力。

常见的引起零件性能变化的因素有材料的疲劳和磨损。

大量的机械零件在工作中承受交变应力的作用,对这类零件需要根据疲劳强度理论计算零件能够承受的载荷,或在给定载荷条件下的预期寿命。零件在交变应力作用下的强度与零件的应力循环特性、应力集中、零件尺寸以及表面状态有关。优化零件形状、减少应力集中、改善零件表面状况等措施可以有效地提高零件的疲劳强度,延长使用寿命。

磨损会使零件的尺寸、形状和相对位置关系发生改变,影响机械结构功能的实现。零件的磨损与表面的润滑状态、压强及相对滑动速度有关。通过在机械结构中设置补偿磨损的结构,可以自动或手动完成对零件尺寸或位置的调整,恢复因磨损而丧失的功能。

1.1.2 工艺性要求

机械设计的结果需要通过工业生产的方式进行生产加工,并需要通过运输、装配、调整等技术手段来实现。

设计者应了解包括毛坯制作、机械切削加工、运输及装配工艺在内的各种工艺手段的特点和限制条件,选择最适宜的工艺方法,并根据所选择的工艺方法确定合理的结构和参数。工艺方法的选择需要综合考虑功能要求、材料特性和工艺成本等条件,进行合理的选择。

1.1.3 经济性要求

设计的经济性是指可以通过较低的成本实现具有较高质量的功能。这里所说的成本既包括设计成本、制造成本,也包括产品在使用过程中发生的必要花费。经济性是设计所必须追求的重要目标。

在机械设计中,可以实现同样功能的设计方案是不唯一的,不同的方案所能实现的功能质量、实现功能所需要的成本差异巨大。根据设计要求,选择适当的设计方案是控制成本的根本性措施。

新的设计理论、高效率分析方法的采用对于降低设计成本、提高设计质量的作用是不容忽视的。

新材料、新工艺的不断发展是机械设计中非常活跃的技术要素,在设计中积极采用适宜的新材料和新工艺可以有效地降低制造成本和使用成本。

1.2 工作能力设计的基本方法

机械设计要使设计结果在给定的载荷、速度及环境条件下能够正常工作。

可能导致设计结果不能正常工作的事件称为失效。要使设计结果不发生失效,首先需要确定可能的失效形式。一种零件可能有多种失效形式。

大量的失效形式表现为零件的损坏,如轴的断裂、齿轮上轮齿的折断等。但是,失效并不等同于零件的损坏,很多失效形式是在零件并未损坏的情况下发生的。例如,摩擦传动的打滑使其丧失传动能力,制动器摩擦系数的变化使其丧失制动能力。有些零件的功能是通过零件自身的损坏实现的。例如,剪切销安全离合器在传动链过载的情况下通过销的剪断使传动链中断,实现对其他传动零件的过载保护。

确定失效形式的最有效方法是实践,在以往的实践中已经出现过的失效是确定失效形式的最重要的依据。对于没有被广泛使用过的新的结构形式,或零件没有经历过的新的工况,可以通过理论分析的方法确定可能出现的失效形式,但是理论分析的结果仍然需要通过实践的验证。

对所确定的失效形式,需要通过分析的方法确定引起失效的原因。有些零件因应力过大而失效,有些因变形过大而失效,有些因温度过高而失效,有些则因为表面摩擦状态变化而失效。根据对失效原因的判断,设计者要采取各种措施防止失效的发生,其中包括采取设计计算的方法,通过合理选择设计参数,使零件工作在安全的参数范围内。设计计算所依据的条件称为设计准则,常用的设计准则有:

(1) 强度准则。对于可能因应力过大而失效的零件,应通过设计计算使最大应力不超过材料的极限应力。考虑到偶然性因素的影响和计算精度的影响,对极限应力的选取应留有必要的安全裕量,表达式为

$$\sigma \leqslant [\sigma] = \frac{\sigma_{\lim}}{S} \tag{1-1}$$

(2) 刚度准则。零件在载荷作用下的弹性变形量 y 应小于结构的工作性能所允许的极限值 $[y]$,表达式为

$$y \leqslant [y] \tag{1-2}$$

(3) 振动稳定性准则。对于运转速度高的机械结构应避免发生共振,通过设计应使其工作频率远离固有频率。

(4) 耐热性准则。机械结构的工作温度过高会使润滑剂失效,造成零件胶合,使材料的硬度降低,使结构产生热应力,对这些结构应采取设计措施减少发热,增强散热能力,限制结构工作的最高温度,同时采取必要的结构措施,降低结构对温度变化的敏感性。

(5) 寿命准则。大量的机械零件承受交变应力的作用,零件的失效在应力循环作用一定次数后发生。有些机械结构的有效使用时间短,可以按照有限寿命进行设计,根据疲劳强

度设计理论可以估算零件的预期寿命。

通过对引起失效原因的理论分析,可以得到描述失效原因的数学模型,得到设计参数与失效原因之间的定量关系。依据数学模型,可以使设计者合理选择设计参数,防止失效的发生。

1.3 机械零件的强度设计

机械零件的强度是其抵抗外载荷的能力,与零件材料的性质有关,同时也受外载荷性质的影响。机械零件的强度设计可以分为两个方面:静强度设计和疲劳强度设计。

1.3.1 机械零件的静强度设计

机械零件的静强度设计是指承受静应力的机械零件,其工作应力应小于其许用应力,以保证工作的可靠性。静应力计算方法在工程力学中有详细的讲述,这里不再赘述。静强度设计的准则一般可以表示为

$$\sigma \leqslant [\sigma] = \frac{\sigma_{\lim}}{S_0} \quad \text{或} \quad \tau \leqslant [\tau] = \frac{\tau_{\lim}}{S_0} \tag{1-3}$$

式中,S_0 为静应力下的安全系数;$\sigma_{\lim}$,$\tau_{\lim}$ 分别为静应力下零件材料的强度极限或屈服极限。

1.3.2 机械零件的疲劳强度设计

实际工作中,绝大部分零件所受的应力都不是静应力,而是交变应力,如旋转的齿轮支承轴上任一点的工作应力、传递动力的齿轮表面应力等。此时,这类零件产生的失效将是疲劳失效。据统计,50%~90%的零件破坏为疲劳失效。疲劳失效的零件应采用疲劳强度设计。

1. 疲劳失效及其特点

材料在低于屈服强度的交变应力(或应变)的反复作用下,发生裂纹萌生和扩展并导致突然断裂的失效方式,称为疲劳失效。与静应力失效相比,疲劳失效具有以下显著特征:

(1) 在交变应力作用下,零件有可能在其工作应力远低于材料屈服强度的条件下发生破坏。

(2) 无论是脆性材料还是塑性材料,疲劳断裂在宏观上均表现为无显著塑性变形的脆性断裂(图1-1)。

(3) 疲劳失效是一个累积损伤的过程,一般要经过裂纹萌生、裂纹扩展和最终的快速断裂(图1-2)。

(4) 疲劳失效是一个复杂的现象,没有一个普遍适用的理论来描述受交变应力下的材料疲劳行为。但是,通过试验方法人们获得了许多针对某种特定材料的疲劳特性规律。

(5) 为了确保疲劳失效零件的工作可靠性,疲劳试验是必需的。

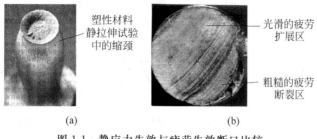

图 1-1 静应力失效与疲劳失效断口比较
(a) 静应力失效断口；(b) 疲劳失效断口

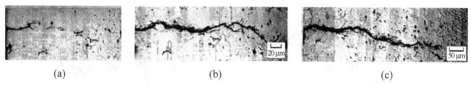

图 1-2 光学显微镜下试样表面疲劳裂纹的生长
(a) 96 000 次循环，裂纹长度 60 μm；(b) 96 800 次循环，裂纹长度 380 μm；
(c) 97 400 次循环，裂纹长度 570 μm

2. 变应力的类型及其表征

按照应力随时间的变化特征，应力可以分为静应力和变应力。变应力又可以分为多种，如图 1-3 所示。

$$
\text{变应力}\begin{cases} \text{循环变应力} \\ \text{(周期性变化的应力)} \begin{cases} \text{稳定性循环变应力} \begin{cases} \text{对称循环变应力(图 1-4(a))} \\ \text{脉动循环变应力(图 1-4(b))} \\ \text{非对称循环变应力(图 1-4(c))} \end{cases} \\ \text{规律性不稳定循环变应力(图 1-5)} \end{cases} \\ \text{随机变应力(图 1-6)} \end{cases}
$$

图 1-3 变应力的分类

变应力的特征可以用最大应力 σ_{max}、最小应力 σ_{min}、应力幅 σ_a、平均应力 σ_m 和应力循环特性系数 r 表示。它们之间具有下面的关系：

$$
\left.\begin{aligned} \sigma_m &= \frac{\sigma_{max} + \sigma_{min}}{2} \\ \sigma_a &= \frac{\sigma_{max} - \sigma_{min}}{2} \\ r &= \frac{\sigma_{min}}{\sigma_{max}} \end{aligned}\right\} \tag{1-4}
$$

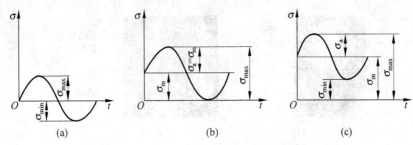

图 1-4 稳定性循环变应力的基本类型

(a) 对称循环变应力；(b) 脉动循环变应力；(c) 非对称循环变应力

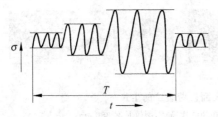

图 1-5 规律性不稳定循环变应力

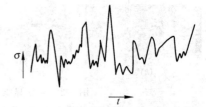

图 1-6 随机变应力

因此，对称循环变应力 $\sigma_{max}=-\sigma_{min}=\sigma_a,\sigma_m=0,r=-1$；脉动循环变应力 $\sigma_{min}=0,\sigma_m=\sigma_a,r=0$；非对称循环变应力时，$-1<r<1$。

静应力的循环特征系数 $r=1$，因为此时 $\sigma_{max}=\sigma_{min}=\sigma_m,\sigma_a=0$。

3. 材料的 S-N 曲线

S-N 曲线反映了材料的基本疲劳强度特性，是由材料的疲劳试验（一般采用对称循环变应力）获得的用于估算疲劳寿命和进行疲劳设计的基本依据。图 1-7 是塑性材料典型的 S-N 曲线。从图 1-7(a) 可以看出，变应力作用下的材料的疲劳极限应力与变应力的循环次数呈指数关系。为便于使用，常将 S-N 曲线表示在双对数坐标中（图 1-7(b)）。极限应力与循环次数的指数关系可以表示为

$$\sigma_{rN}^m N = \sigma_r^m N_0 = C（常数） \tag{1-5}$$

式中，N 为应力循环次数；σ_{rN} 为应力循环次数 N 对应的疲劳极限；N_0 为循环基数，对于一般的工程材料，N_0 在 $10^6 \sim 25 \times 10^7$ 之间；σ_r 为持久疲劳极限，指 S-N 曲线中对应循环基数 N_0 时的疲劳极限；m 为材料常数，由试验确定，在弯曲疲劳和拉压疲劳时，钢材的材料常数 $m=6\sim20, N_0=(1\sim10)\times10^6$。

图 1-7(b) 所示 S-N 曲线可以分成两个区域：

(1) 有限寿命区（$N<N_0$）。有限寿命区域中，材料的疲劳极限随着循环次数的增加有显著的递减趋势。其中，当 $N\leqslant 10^3\sim 10^4$ 时，疲劳极限的递减趋势比较缓慢，材料破坏伴随着显著的塑性变形，且应力循环次数较低，因此也称为低周循环（疲劳）。例如，车轮在不同

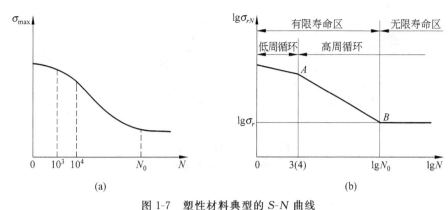

图 1-7 塑性材料典型的 S-N 曲线
(a) 普通直角坐标系中的 S-N 的曲线；(b) 双对数坐标系中的 S-N 曲线

功率下制动，就会在一些有应力集中的部位产生低周疲劳裂纹。对于具有焊接残余应力的零件或是在高温下工作的零部件，也常常有低周疲劳的问题。当 $10^4 < N < N_0$ 时，为高周循环（疲劳）。此阶段的疲劳极限随应力循环次数的增加，递减趋势较剧烈。高周疲劳失效的零件在达到最大应力时，会产生较小的塑性变形。传动齿轮和滚动轴承的常见失效形式一般是高周疲劳失效。

(2) 无限寿命区 ($N \geq N_0$)。当应力循环次数 $N \geq N_0$ 时，疲劳极限不再随着循环次数 N 的增加而继续减小，说明材料在无限长的使用期内不会发生疲劳失效。换言之，当零件材料的许用应力低于持久疲劳极限，即 $[\sigma] < \sigma_r$ 时，按照此许用应力设计的零件可以认为不会发生疲劳失效。例如，对承受几百万次近似等幅载荷的钢轨、桥梁和车轴就常采用无限寿命的设计。

对于脆性材料，如灰口铸铁和有色金属材料，它们的疲劳曲线（S-N 曲线）具有不同的分布规律，其详细资料可查阅有关文献。

4. 疲劳极限应力线图

决定机械零件疲劳强度的是变应力的应力幅，其平均应力的影响是第二位的。平均应力对疲劳强度的影响一般采用极限应力线图表示（一定循环次数，一般取为循环基数下的极限应力）。在疲劳设计中则常采用平均应力折算系数将平均应力换算成等效应力幅。图 1-8 为广泛使用的海夫（Haigh）极限应力线图。

图 1-8 中，A 点的纵坐标为对称循环疲劳极限 σ_{-1}，B 点的横、纵坐标均为脉动循环疲劳极限 σ_0 的一半，C 点的横坐标为材料的强度极限 σ_b。为便于计算，实际应用时常将图 1-8(a) 的曲线简化为图 1-9 的 $ABES$ 折线图（其中，S 点的横坐标为材料的屈服极限 σ_s）。

图 1-9 中，A、B 两点连线的斜率的绝对值即为平均应力的折算系数，也称应力幅的等效系数，表示为

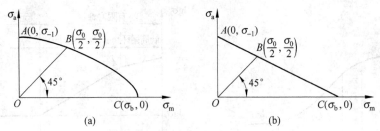

图 1-8 疲劳极限应力图

(a) 塑性材料；(b) 脆性材料

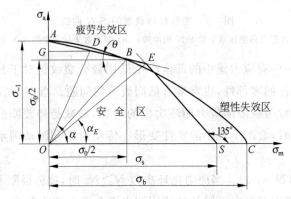

图 1-9 简化的塑性材料疲劳极限应力图

$$\psi_\sigma = \frac{2\sigma_{-1} - \sigma_0}{\sigma_0} = \tan\theta \tag{1-6}$$

在 AE 段，应力幅与平均应力之间的关系为

$$\sigma_a = \sigma_{-1} - \psi_\sigma \sigma_m \tag{1-7}$$

另外，因为 $r = \dfrac{\sigma_{\min}}{\sigma_{\max}} = \dfrac{1-\dfrac{\sigma_a}{\sigma_m}}{1+\dfrac{\sigma_a}{\sigma_m}}$，所以，从 O 点出发的任意一条射线都对应一个任意循环特性系数 r。该射线与疲劳极限应力图交点的横、纵坐标之和即是该循环特性下的疲劳极限应力值。因此，疲劳极限应力图也可用于根据特殊循环应力特征（如对称循环变应力、脉动循环变应力和静应力）下的极限应力求解一般循环特性系数下材料的疲劳极限。进一步地，疲劳极限应力图可以划分成两个区，即安全区和失效区（如图 1-9 所示）。又因为折线 ES 上每点都有 $\sigma_a + \sigma_m = \sigma_s$，所以为静强度设计。因此，ES 外侧称为塑性失效区，AE 段的外侧称为疲劳失效区。

5. 影响零件疲劳强度的主要因素

由材料疲劳失效的成因可以看出，零件表面的缺陷是造成疲劳失效的一种内因。因此，除了外载荷的影响外,零件的疲劳强度还受到应力集中(图 1-10)、尺寸效应(随零件尺寸的增大,疲劳强度降低的效应)及表面粗糙度和表面处理的影响。这些因素主要影响名义应力幅,可以用综合影响系数$(k_\sigma)_D$(下标 σ 代表正应力情况,下同)来加以修正:

$$(k_\sigma)_D = \frac{k_\sigma}{\beta \varepsilon_\sigma} \tag{1-8}$$

式中,k_σ 为零件的有效应力集中系数,见附表 1-1～附表 1-3;β 为零件的表面状态系数,见附表 1-4～附表 1-6;ε_σ 为零件的尺寸系数,见附表 1-7。

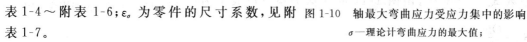

图 1-10 轴最大弯曲应力受应力集中的影响
σ——理论计算弯曲应力的最大值;
σ_{max}——实际工作时的最大弯曲应力

因此式(1-7)可以写为

$$(k_\sigma)_D \sigma_a = \sigma_{-1} - \psi_\sigma \sigma_m \tag{1-9}$$

6. 零件的疲劳强度设计

目前,零件的疲劳强度设计方法可以归纳为以下 4 种:

(1) 名义应力疲劳设计法。对受单向应力状态的零件,即在零件的工作寿命期内,满足

$$\sigma_{\lim} \geqslant \sigma[S] \quad \text{或} \quad S_{ca} = \frac{\sigma_{\lim}}{\sigma} \geqslant [S] \tag{1-10}$$

式中,$\sigma_{\lim}$ 为零件材料的疲劳极限应力;σ 为零件的实际工作应力;S_{ca} 为计算安全系数;$[S]$ 为许用安全系数。

(2) 局部应力应变分析法。这是一种在低周疲劳的基础上发展起来的疲劳寿命估算法。

(3) 损伤容限设计法。这是一种建立在断裂力学基础上的抗疲劳设计方法。

(4) 疲劳可靠性设计。这是一种概率统计方法与抗疲劳设计相结合的设计方法。

抗疲劳设计的后 3 种方法超出本书的范围。因此,这里我们只介绍第 1 种方法。

根据式(1-10),对于已知工作应力的零件进行疲劳强度计算,关键在于确定其疲劳极限。对于特殊循环变应力下具备 S-N 曲线的材料,可以根据工作循环次数 N 查出相对应的疲劳极限 σ_{rN}。而一般循环特性的材料,其疲劳极限应力就需利用疲劳极限应力图来确定。

一般机械零部件可能发生的典型应力变化规律,可以归纳为以下 3 种情况:

(1) 应力循环特性不变,即 $r=C$。绝大多数转轴所受弯曲应力属于此种情况。

(2) 平均应力保持不变,即 $\sigma_m=C$,例如受振动的承载弹簧(汽车减振弹簧)的应力状态。

(3) 最小应力保持不变,即 $\sigma_{\min}=C$,例如汽缸端盖紧固螺栓的受力状态。

当零部件所受应力状态不明时,可以按照 $r=C$ 来处理。

当 $r=C$ 时,即 $\dfrac{\sigma_a}{\sigma_{\min}}=C$。设一零件的工作应力幅和平均工作应力分别为 σ'_a 和 σ'_m(在疲劳

极限应力图中位于 n 点(或 m 点)),如图 1-11 所示。由疲劳极限应力图可知,O 和 n(或 m)点连线上的各点,其应力循环特性均与 n(或 m)点相同,因此,其连线与疲劳极限应力线图的交点 N(或 M)即为其疲劳极限点,其代表的最大应力值即是该工作应力循环特性下的极限应力。

对于 n 点所示的循环应力情况,其疲劳极限应力在 AE 线段上,表明其最终失效形式是疲劳失效,计算安全系数 $S_{ca} = \dfrac{\sigma_{ra} + \sigma_{rm}}{\sigma_a + \sigma_m}$,由图 1-11 的几何关系可以表示为

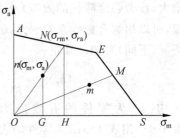

图 1-11　$r = C$ 时的极限应力图

$$S_{ca} = \frac{ON}{On}。$$

根据式(1-7)和式(1-8),$\sigma_{ra} + \sigma_{rm} = \dfrac{\sigma_{-1}(\sigma_a + \sigma_m)}{(k_\sigma)_D \sigma_a + \psi_\sigma \sigma_m}$,则疲劳强度的校核公式为

$$S_{ca} = \frac{\sigma_{-1}}{(k_\sigma)_D \sigma_a + \psi_\sigma \sigma_m} \geqslant [S] \tag{1-11}$$

对变应力 m 的情况,极限应力在 ES 线段上,其最终的失效形式为塑性变形。因此,其强度校核公式为

$$S_{ca} = \frac{\sigma_s}{\sigma_a + \sigma_m} \geqslant [S] \tag{1-12}$$

进一步分析式(1-11),可以看到,安全系数的分子是材料受到对称循环应力时的疲劳极限 σ_{-1},分母中的 $\psi_\sigma \sigma_m$ 是通过折算系数将平均应力进行转化后的等效应力幅,再与实际工作应力幅相加,其和 $(k_\sigma)_D \sigma_a + \psi_\sigma \sigma_m$ 可以看作是一个与原来作用的不对称循环变应力等效的对称循环变应力。

因为变应力的应力幅对材料的疲劳强度影响最大,所以还必须校核应力幅的安全系数 $S_a = \dfrac{\sigma_{ra}}{\sigma_a} = \dfrac{ON}{On}$。即当 $r = C$ 时,应力幅的安全系数与名义应力的安全系数相同。

对平均应力保持不变与最小应力不变的情况采用类似的原理,即按照相同的应力循环特性,在疲劳极限应力线图中作线段,求出疲劳极限,再进行安全系数校核。3 种变应力情况下的安全系数计算方法列于表 1-1。

这里提醒读者注意,上述公式都以正应力情况为例,如果零件受切应力作用,将上述公式中下标 σ 换成 τ 即可。当机械零件受到同相位的双向稳定循环变应力时,其安全系数可以由下式计算:

$$S_{ca} = \frac{S_\sigma S_\tau}{\sqrt{S_\sigma^2 + S_\tau^2}} \tag{1-13}$$

式中,S_σ 为零件仅受法向应力 σ 时的安全系数;S_τ 为零件仅受切向应力 τ 时的安全系数。

表 1-1 3 种典型变应力情况下的安全系数校核计算方法

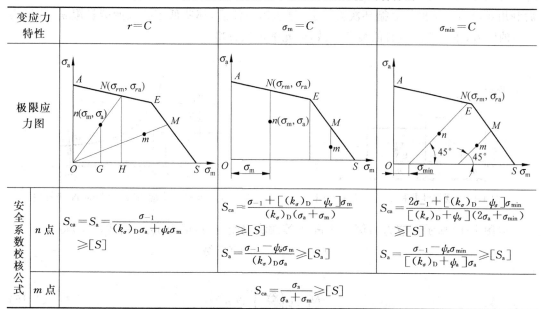

7. 规律性非稳定单向循环变应力下零件疲劳强度的计算

对于等幅载荷,可以采用材料的 S-N 曲线来估算在不同应力作用下到达破坏所经历的循环次数。但是,在整个寿命周期内,如果作用在零件上的载荷幅度是变化的(如图 1-12 所示),就无法用 S-N 曲线来估算寿命了。而这种情况在实际工程应用中是广泛存在的,如机床主轴、起重机械的吊钩等。此时,就需要采用疲劳损伤累积假说进行计算。

将图 1-12 中作用在零件上的规律性非稳定变应力,表示在 σ_{rN}-N 坐标内(图 1-13)。根据 σ_{rN}-N 曲线可以找到零件仅受应力 $\sigma_1, \sigma_2, \cdots$ 时对应的材料发生疲劳失效时的循环次数 $N_1, N_2, \cdots$,疲劳损伤累积假说认为损伤累积是线性的,应力损伤率相同,即应力每循环一次对材料的破坏作用是一样的。例如,σ_1 循环 1 次,对材料造成的损伤率为 $\dfrac{1}{N_1}$;σ_1 循环 n_1 次后,对材料造成的损伤率为 $\dfrac{n_1}{N_1}$;依此类推。当作用在零件上的规律性非稳定变应力总的损伤率满足如下关系时,材料将发生疲劳失效:

$$\sum_{i=1}^{k} \frac{n_i}{N_i} = 1 \tag{1-14}$$

式(1-14)也称为疲劳累积损伤的线性方程式。

在规律性非稳定变应力作用下的疲劳强度校核,一般采用等效方法。即找到一个对称循环变应力 σ_V,使其作用 N_V 次后产生的疲劳破坏效果与零件受到上述应力 $\sigma_1, \sigma_2, \cdots$ 作用 $N_1, N_2, \cdots$ 次后的效果一样。σ_V 称为上述应力的等效稳定变应力,N_V 为等效循环次数。

σ_V 一般可取循环变应力中的最大值(如图 1-12 中的 σ_1)或最小值(如图 1-12 中的 σ_3)。然后利用式(1-15)求出等效循环次数 N_V。这里需要注意,那些低于持久疲劳极限 σ_r(这里为 σ_{-1})的应力,不会造成材料的疲劳失效,因此都可以忽略。

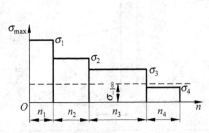

图 1-12　规律性非稳定变应力示意图

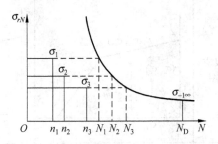

图 1-13　非稳定变应力转化到 σ_{rN}-N 坐标内

以图 1-12 所示变应力为例。选 σ_1 为等效稳定变应力,记为 σ_{V1}。由式(1-5)得

$$\sigma_{V1}^m N_{V1} = \sigma_i^m N_i = C(常数)$$

即

$$N_i = \left(\frac{\sigma_{V1}}{\sigma_i}\right)^m N_{V1} \tag{1-15}$$

将式(1-15)带入式(1-14),则当发生疲劳失效时,有

$$N_{V1} = \sum_{i=1}^{k} \left(\frac{\sigma_i}{\sigma_{V1}}\right)^m n_i$$

同理,根据式(1-15),循环次数为 N_{V1} 时的疲劳极限 σ_{-1V1} 为

$$\sigma_{-1V1} = \sigma_{-1} \sqrt[m]{\frac{N_0}{N_{V1}}} \tag{1-16}$$

此时的计算安全系数为

$$S_{ca} = \frac{\sigma_{-1V1}}{\sigma_{V1}} = \frac{\sigma_{-1}}{\sigma_{V1}} \sqrt[m]{\frac{N_0}{N_{V1}}} \tag{1-17}$$

1.3.3　机械零件的接触疲劳强度

机械零件的工作应力除了上述的内应力外,还存在一种表面作用力,如高副接触的表面(齿轮传动中的齿面线接触、滚动轴承滚动体与滚道之间的点接触等)。实际工作中这些理论上的点、线接触,在外载荷作用下,由于材料表面产生的弹性变形使得实际接触成为一个很小的区域(图 1-14)。在此区域中会产生很大的局部应力,这种应力称为接触应力。

机械零件中的接触强度设计都以其表面所受最大应力为依据。根据弹性力学的知识,点、线接触应力的最大值可以根据 Hertz 公式求得。

初始点接触时:

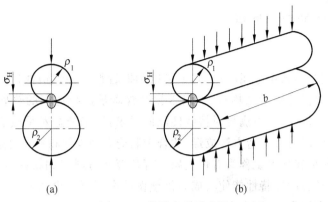

图 1-14 接触应力示意图
(a) 初始点接触；(b) 初始线接触

$$\sigma_H = \sqrt[3]{\frac{3F}{2\pi}\sqrt{\frac{4}{3F}\frac{\dfrac{1}{\rho_1}\pm\dfrac{1}{\rho_2}}{\dfrac{1-\mu_1^2}{E_1}+\dfrac{1-\mu_2^2}{E_2}}}}^{\,2} \tag{1-18}$$

式中，F 为作用在接触表面的法向载荷；ρ_1,ρ_2 分别为两个接触表面的曲率半径；E_1,E_2 分别为两个接触物体的弹性模量；μ_1,μ_2 分别为两接触物体材料的泊松比；"±"中的"+"号用于外接触，"−"号用于内接触。

初始线接触时：

$$\sigma_H = \sqrt{\frac{F}{b\pi}\frac{\dfrac{1}{\rho_1}\pm\dfrac{1}{\rho_2}}{\dfrac{1-\mu_1^2}{E_1}+\dfrac{1-\mu_2^2}{E_2}}} \tag{1-19}$$

式中，b 为初始接触线长。

接触区域内其他各点的接触应力及最大接触弹性变形可查阅有关资料。

机械零件中遇到的接触应力大多是随时间变化的。零件在交变应力反复作用下，最终产生接触疲劳失效。接触疲劳失效的强度条件为

$$\sigma_H \leqslant [\sigma_H] = \frac{\sigma_{H\lim}}{S} \tag{1-20}$$

1.4 机械零部件的材料选择

选择材料是机械设计的重要环节。材料的选择不但直接影响到零部件结构功能的优劣，而且也影响着对结构形式的选择和对零件加工及装配工艺的选择。随着材料科学与技术的发展，不断出现的新材料为机械性能的提高提供了可能。

1.4.1 机械零件的常用材料

1. 金属材料

机械结构中较多地采用金属材料,其中又以钢铁材料最多。钢铁材料具有良好的力学性能,价格便宜。对优质碳素结构钢,可以根据其含碳量选择适当的热处理方式以提高性能;合金结构钢性能优良,可以满足对特殊性能的要求,用来制造对承载能力要求高的重要零件;铸钢和铸铁可以通过铸造方法成形,适合于制造大型零件和形状复杂的零件。

除钢铁以外的金属材料统称为有色金属。有色金属材料与钢铁材料相比用量少,价格高,但是它们各自具有的独特性能使其成为机械设计中不可缺少的材料。有色金属材料的种类很多,常用的有铝合金、铜合金和钛合金。

纯铝的强度低,机械设计中常采用铝合金。铝合金相对密度小,塑性好,有些铝合金适合于铸造成形,有些则适合于压力加工成形;有些铝合金可以通过热处理方法强化,有些可以通过时效方法强化,有些可以通过塑性变形的方法强化。

铜和与锌为主的元素构成的合金称为黄铜,铜和锡、铅、铝等元素构成的合金称为青铜。用铜合金与钢材所构成的摩擦副具有较小的摩擦系数和磨损率,所以铜合金经常被用来制造滑动轴承、蜗轮等零件。

2. 高分子材料

高分子材料主要包括橡胶和塑料。与金属材料相比,高分子材料的强度和刚度较低,但比强度和比刚度较高,塑性和弹性较好,具有较好的减摩、耐磨、自润滑性能,容易加工成形。高分子材料的性能对温度较敏感,受环境因素(光、水、油等)影响大,易老化。

3. 陶瓷材料

陶瓷是各种无机非金属固体材料的总称。陶瓷材料具有很高的硬度、弹性模量和耐磨性,以及很低的塑性和韧性,熔点高,化学稳定性好。

4. 复合材料

机械设计对零件材料的要求经常是一种材料难以满足的,而通过人工合成的方法将多种材料通过复合所构成的复合材料可以人为地设定其各部位所具有的特性,可以满足同一种材料难以满足的设计要求。

复合材料通常是由在一种基体材料的不同位置添加一种或多种增强材料的方法构成的。增强材料的形态有粒子态和纤维态两种,常用的粒子态增强材料有金属粒子和陶瓷粒子;常用的纤维态增强材料有尼龙纤维、玻璃纤维、碳纤维等。

1.4.2 机械零件材料的选择原则

机械零件的材料选择应综合考虑使用功能要求、加工工艺要求和经济性要求,合理选择材料的种类及与之相关的热处理方式。

1. 使用功能要求

选择材料要保证零件具有足够的工作能力。在给定的工作时间内能够保持工作能力，要考虑使用功能对零件材料提出的特殊要求，例如防腐蚀要求、耐磨性要求、减轻质量的要求、表面硬度要求等。对于有直接接触的零件要共同考虑材料选择。很多材料的性能依赖于特定的制备工艺和强化方法，这些问题也需要和材料选择问题同步考虑。

2. 加工工艺要求

在满足使用功能要求的前提下，材料选择还要考虑毛坯制备工艺和切削加工工艺的需要。

零件尺寸的大小、生产批量的大小以及形状的复杂程度等因素都影响材料的选择。形状复杂、生产批量大的零件适合于采用铸造方法制备毛坯，如果承受载荷较小，可以选择铸铁材料，反之应选择铸钢材料。对于需要通过热处理强化的零件，选择材料要考虑材料的可淬性、淬火变形倾向以及对热处理介质的渗透能力等。对于需要焊接成形的零件，要选择可焊接性能好、焊后不易产生裂纹的材料。

不断出现的新材料和新工艺为提高性能、简化工艺提供了可能，设计者要关注并积极采用被实践证明有效的新材料和新工艺。

3. 经济性要求

选择材料不但要考虑材料本身的成本，而且要考虑它对设计的整体成本的影响，包括对加工成本的影响、对一个零件与相关零件之间连接结构成本的影响、材料的可利用程度等因素。有些材料的资源缺乏，使用时应节省，在满足使用要求的情况下可以采用其他代用材料。对耗用贵重材料较多的零件可以采用结构组合设计的方法，在零件的工作位置采用贵重材料，而在非工作位置用其他材料取代。例如，蜗轮的轮缘常采用青铜材料，而其他部分则采用价格便宜的钢或铸铁。

结构设计应使可重复利用的材料更容易与其他材料分离，以利于在零件报废时对不同材料分别回收利用。

1.5 机械零部件的标准化

标准化指对零部件的特征参数、结构要素、材料特征、表示方法等制定出大家共同遵守的规范。

标准化有利于对使用广泛的零部件采用先进的制造方法，以专业化生产的方式进行生产，保证质量，降低成本；有利于不同零部件上相同结构的互换；有利于简化设计过程，提高设计质量；有利于设计信息的表达与交流。

在机械设计中经常使用的标准包括：

（1）零部件标准。例如，螺栓、螺母、垫圈、滚动轴承等都属于标准零件，使用者不需要自行设计，可以根据需要在市场上购买。

（2）结构要素标准。如螺纹、齿轮齿廓、花键等，设计者只需要确定结构的特征参数，不需要详细定义结构细节。采用标准结构要素有利于选用由专业化生产企业制造的刀具、量具及其他工具。

（3）材料标准，包括材料的性能标准和型材的尺寸标准。采用标准材料有利于保证设计质量。

（4）检验标准。有关标准规定了对零件的不同特征的检验标准，如尺寸精度、形状与位置精度、表面形貌、表面硬度等。

（5）设计方法标准。对应用广泛的重要零部件和结构要素，有关标准规定了设计及选用方法标准。

（6）表达方法标准。机械制图标准规定了以图形和符号表达机械结构及其参数的方法，各种标准结构和标准零部件也有相应的文字表达方法。

附 录

附表 1-1 螺纹、键槽、花键、横孔及配合边缘处的有效应力集中系数 k_σ 和 k_τ 值

σ_b/MPa	螺纹 k_σ ($k_\tau=1$)	键槽 k_σ A型	键槽 k_σ B型	键槽 k_τ A,B型	花键 k_σ (齿轮轴 $k_\sigma=1$)	花键 k_τ 矩形	花键 k_τ 渐开线(齿轮轴)	横孔 k_σ $d_0/d=$ 0.05~0.15	横孔 k_σ $d_0/d=$ 0.15~0.25	横孔 k_τ $d_0/d=$ 0.05~0.15	横孔 k_τ $d_0/d=$ 0.15~0.25	配合 H7/r6 k_σ	配合 H7/r6 k_τ	配合 H7/k6 k_σ	配合 H7/k6 k_τ	配合 H7/h6 k_σ	配合 H7/h6 k_τ
400	1.45	1.51	1.30	1.20	1.35	2.10	1.40	1.90	1.70	1.70	2.05	1.55	1.55	1.25	1.33	1.14
500	1.78	1.64	1.38	1.37	1.45	2.45	1.43	1.95	1.75	1.75	2.30	1.69	1.72	1.36	1.49	1.23
600	1.96	1.76	1.46	1.54	1.55	2.35	1.46	2.00	1.80	1.80	2.52	1.82	1.89	1.46	1.64	1.31
700	2.20	1.89	1.54	1.71	1.60	2.45	1.49	2.05	1.85	1.80	2.73	1.96	2.05	1.56	1.77	1.40
800	2.32	2.01	1.62	1.88	1.65	2.55	1.52	2.10	1.90	1.85	2.96	2.09	2.22	1.65	1.92	1.49
900	2.47	2.14	1.69	2.05	1.70	2.65	1.55	2.15	1.95	1.90	3.18	2.22	2.39	1.76	2.08	1.57
1000	2.61	2.26	1.77	2.22	1.72	2.70	1.58	2.20	2.00	1.90	3.41	2.36	2.56	1.86	2.22	1.66
1200	2.90	2.50	1.92	2.39	1.75	2.80	1.60	2.30	2.10	2.00	3.87	2.62	2.90	2.05	2.50	1.83

注：① 滚动轴承与轴的配合按 H7/r6 配合选择系数。

② 蜗杆螺旋根部有效应力集中系数可取 $k_\sigma=2.3\sim 2.5$，$k_\tau=1.7\sim 1.9$（$\sigma_b\leqslant 700$ MPa 时取小值，$\sigma_b\geqslant 1000$ MPa 时取大值）。

附表 1-2 环槽处的有效应力集中系数 k_σ 和 k_τ 值

系数	$\dfrac{D-d}{r}$	$\dfrac{r}{d}$	σ_b/MPa						
			400	500	600	700	800	900	1000
k_σ	1	0.01	1.88	1.93	1.98	2.04	2.09	2.15	2.20
		0.02	1.79	1.84	1.89	1.95	2.00	2.06	2.11
		0.03	1.72	1.77	1.82	1.87	1.92	1.97	2.02
		0.05	1.61	1.66	1.71	1.77	1.82	1.88	1.93
		0.10	1.44	1.48	1.52	1.55	1.59	1.62	1.66
	2	0.01	2.09	2.15	2.21	2.27	2.34	2.39	2.45
		0.02	1.99	2.05	2.11	2.17	2.23	2.28	2.35
		0.03	1.91	1.97	2.03	2.08	2.14	2.19	2.25
		0.05	1.79	1.85	1.91	1.97	2.03	2.09	2.15
	4	0.01	2.29	2.36	2.43	2.50	2.56	2.63	2.70
		0.02	2.18	2.25	2.32	2.38	2.45	2.51	2.58
		0.03	2.10	2.16	2.22	2.28	2.35	2.41	2.47
	6	0.01	2.38	2.47	2.56	2.64	2.73	2.81	2.90
		0.02	2.28	2.35	2.42	2.49	2.56	2.63	2.70
k_τ	任何比值	0.01	1.60	1.70	1.80	1.90	2.00	2.10	2.20
		0.02	1.51	1.60	1.69	1.77	1.86	1.94	2.03
		0.03	1.44	1.52	1.60	1.67	1.75	1.82	1.90
		0.05	1.34	1.40	1.46	1.52	1.57	1.63	1.69
		0.10	1.17	1.20	1.23	1.26	1.28	1.31	1.34

附表 1-3 圆角处的有效应力集中系数 k_σ 和 k_τ 值

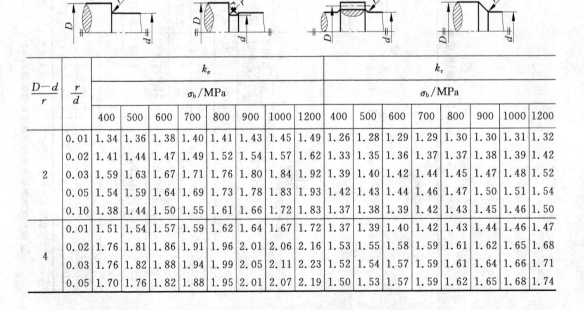

$\dfrac{D-d}{r}$	$\dfrac{r}{d}$	k_σ								k_τ							
		σ_b/MPa								σ_b/MPa							
		400	500	600	700	800	900	1000	1200	400	500	600	700	800	900	1000	1200
2	0.01	1.34	1.36	1.38	1.40	1.41	1.43	1.45	1.49	1.26	1.28	1.29	1.29	1.30	1.30	1.31	1.32
	0.02	1.41	1.44	1.47	1.49	1.52	1.54	1.57	1.62	1.33	1.35	1.36	1.37	1.37	1.38	1.39	1.42
	0.03	1.59	1.63	1.67	1.71	1.76	1.80	1.84	1.92	1.39	1.40	1.42	1.44	1.45	1.47	1.48	1.52
	0.05	1.54	1.59	1.64	1.69	1.73	1.78	1.83	1.93	1.42	1.43	1.44	1.46	1.47	1.50	1.51	1.54
	0.10	1.38	1.44	1.50	1.55	1.61	1.66	1.72	1.83	1.37	1.38	1.39	1.42	1.43	1.45	1.46	1.50
4	0.01	1.51	1.54	1.57	1.59	1.62	1.64	1.67	1.72	1.37	1.39	1.40	1.42	1.43	1.44	1.46	1.47
	0.02	1.76	1.81	1.86	1.91	1.96	2.01	2.06	2.16	1.53	1.55	1.58	1.59	1.61	1.62	1.65	1.68
	0.03	1.76	1.82	1.88	1.94	1.99	2.05	2.11	2.23	1.52	1.54	1.57	1.59	1.61	1.64	1.66	1.71
	0.05	1.70	1.76	1.82	1.88	1.95	2.01	2.07	2.19	1.50	1.53	1.57	1.59	1.62	1.65	1.68	1.74

续表

$\dfrac{D-d}{r}$	$\dfrac{r}{d}$	k_σ								k_τ							
		σ_b/MPa								σ_b/MPa							
		400	500	600	700	800	900	1000	1200	400	500	600	700	800	900	1000	1200
6	0.01	1.86	1.90	1.94	1.99	2.03	2.08	2.12	2.21	1.54	1.57	1.59	1.61	1.64	1.66	1.68	1.73
	0.02	1.90	1.96	2.02	2.08	2.13	2.19	2.25	2.37	1.59	1.62	1.66	1.69	1.72	1.75	1.79	1.86
	0.03	1.89	1.96	2.03	2.10	2.16	2.23	2.30	2.44	1.61	1.65	1.68	1.72	1.74	1.77	1.81	1.88
10	0.01	2.07	2.12	2.17	2.23	2.28	2.34	2.39	2.50	2.12	2.18	2.24	2.30	2.37	2.42	2.48	2.60
	0.02	2.09	2.16	2.23	2.30	2.38	2.45	2.52	2.66	2.03	2.08	2.12	2.17	2.22	2.26	2.31	2.40

附表 1-4 加工表面的表面状态系数 β 值

加工方法	轴表面粗糙度/μm	σ_b/MPa		
		400	800	1200
磨削	$Ra=0.4\sim0.2$	1	1	1
车削	$Ra=3.2\sim0.8$	0.95	0.90	0.80
粗车	$Ra=25\sim6.3$	0.85	0.80	0.65
未加工面		0.75	0.65	0.45

附表 1-5 强化表面的表面状态系数 β 值

表面强化方法	心部材料的强度 σ_b/MPa	表面状态系数 β		
		光轴	有应力集中的轴	
			$k_\sigma \leqslant 1.5$	$k_\sigma \geqslant 1.8\sim2$
高频淬火[1]	600~800 800~1100	1.5~1.7 1.3~1.5	1.6~1.7 —	2.4~2.8 —
渗氮[2]	900~1200	1.1~1.25	1.5~1.7	1.7~2.1
渗碳淬火	400~600 700~800 1000~1200	1.8~2.0 1.4~1.5 1.2~1.3	3 — 2	— — —
喷丸处理[3]	600~1500	1.1~1.25	1.5~1.6	1.7~2.1
滚子碾压[4]	600~1500	1.1~1.3	1.3~1.5	1.6~2.0

注：[1] 数据是在试验室中用 $d=10\sim20$ mm 的试件求得的，淬透深度 $(0.05\sim0.2)d$；对于大尺寸的试件，表面状态系数宜取低些。
[2] 氮化层深度为 $0.01d$ 时，宜取低限值；深度为 $(0.03\sim0.04)d$ 时，宜取高限值。
[3] 数据是用 $d=8\sim40$ mm 的试件求得的；喷射速度较小时宜取低值，较大时宜取高值。
[4] 数据是用 $d=17\sim130$ mm 的试件求得的。

附表 1-6 腐蚀环境的表面状态系数 β 值

工作条件	抗拉强度 σ_b/MPa										
	400	500	600	700	800	900	1000	1100	1200	1300	1400
淡水中,有应力集中	0.7	0.63	0.56	0.52	0.46	0.43	0.40	0.38	0.36	0.35	0.33
淡水中,无应力集中 海水中,有应力集中	0.58	0.50	0.44	0.37	0.33	0.28	0.25	0.23	0.21	0.20	0.19
海水中,无应力集中	0.37	0.30	0.26	0.23	0.21	0.18	0.16	0.14	0.13	0.12	0.12

附表 1-7 尺寸系数 ε_σ 和 ε_τ 值

直径 d/mm		>20~30	>30~40	>40~50	>50~60	>60~70	>70~80	>80~100	>100~120	>120~150	>150~500
ε_σ	碳钢	0.91	0.88	0.84	0.81	0.78	0.75	0.73	0.70	0.68	0.60
	合金钢	0.83	0.77	0.73	0.70	0.68	0.66	0.64	0.62	0.60	0.54
ε_τ	各种钢	0.89	0.81	0.78	0.76	0.74	0.73	0.72	0.70	0.68	0.60

习 题

1-1 评价机械装置的性能通常采用哪些指标？当这些指标之间发生矛盾时通常采用什么方法解决？

1-2 列举自行车可能发生的失效形式。哪些失效发生在零件的表面？哪些失效发生在零件内部？引起失效的原因是什么？是否可以避免？

1-3 零件承受的变应力是否都是由于载荷变化引起的？列举静载荷引起变应力的实例。

1-4 偏心夹具如图所示。偏心夹具用于夹持加工零件,要求夹紧力 $F=10.8$ kN。压板 2 用铸铁制造,许用应力如下：

$$弯曲[\sigma_b] = 80 \text{ MPa}$$
$$挤压[\sigma_p] = 120 \text{ MPa}$$
$$剪切[\tau] = 40 \text{ MPa}$$

杆 1 用 Q275 钢制造,许用应力如下：

$$拉伸[\sigma]' = 100 \text{ MPa}$$
$$挤压[\sigma_p]' = 150 \text{ MPa}$$
$$剪切[\tau]' = 60 \text{ MPa}$$

试判断卡具工作中可能发生的失效形式,针对各种强度失效形式建立强度条件,并根据这些强度条件确定杆 1 的尺寸 d,D,δ 及压板 2 的厚度 h。

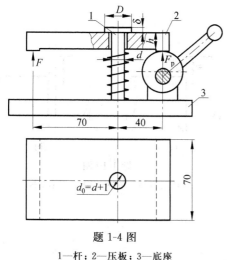

题 1-4 图

1—杆；2—压板；3—底座

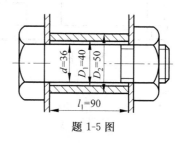

题 1-5 图

1-5 图示的两块厚度为 5 mm 的钢板，用内径 40 mm、外径 50 mm、长度 90 mm 的黄铜管隔开，用 M36 的碳钢螺栓固定，从刚刚接触无应力状态开始，将螺母向拧紧方向旋转 30°。已知黄铜管的弹性模量 $E_1=1.1\times 10^5$ MPa，碳钢的弹性模量 $E_2=2.1\times 10^5$ MPa，黄铜管材抗压强度极限 $\sigma_c=295$ MPa，碳钢的屈服极限 $\sigma_s=480$ MPa。求螺栓和黄铜管所受的轴向力，以及螺栓和黄铜管的安全系数。

1-6 图示装置的齿轮齿数分别为 z_1,z_2,z_3，各轴自身的扭转刚度分别为 k_1,k_2,k_3（扭矩与扭转角度之比），B 端为固定端。试分析传动装置在 A 端作用有扭矩 T_A 时，A 端的转角 φ_A。

1-7 某钢材无限寿命对称循环疲劳极限 $\sigma_{-1}=200$ MPa，循环基数 $N_0=1\times 10^7$，$m=9$。试求循环次数分别为 9×10^3，5×10^4 和 1×10^6 次的有限寿命疲劳极限。

1-8 某钢材无限寿命对称循环疲劳极限 $\sigma_{-1}=200$ MPa，循环基数 $N_0=1\times 10^7$，$m=9$。试求有限寿命疲劳极限 $\sigma=250$ MPa，300 MPa 和 350 MPa 所对应的应力循环次数。

1-9 一转轴受规律性非稳定对称循环变应力作用，各应力值及相对作用时间如图所示，零件工作时间为 800 h，轴转速 $n=45$ r/min，轴材料 $\sigma_{-1}=320$ MPa，循环基数 $N_0=1\times 10^7$，$m=9$，$k_\sigma=1.8$，$\beta=1$，$\varepsilon_\sigma=0.75$，许用安全系数 $[S]=1.4$。求计算安全系数 S_{ca}。

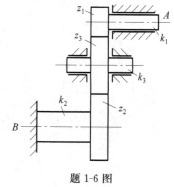

题 1-6 图

1-10 图示为轴台阶处的两种结构，图(a)为过渡圆角结构，图(b)为退刀槽结构，其中尺寸 $r=2.5$ mm，$h=5$ mm，$d=50$ mm，轴表面经车削加工，$Ra=6.3$ mm，两种结构在 A—A 截

面处的应力为 $\sigma_a=63$ MPa,$\sigma_m=0$ MPa,$\tau_a=\tau_m=39$ MPa,轴材料为碳钢,$\sigma_b=640$ MPa。求两种结构 $A-A$ 截面的疲劳强度安全系数。

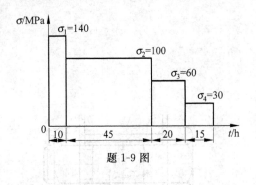

题 1-9 图

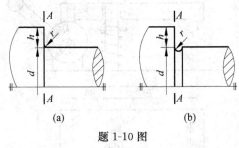

题 1-10 图
(a) 过渡圆角结构;(b) 退刀槽结构

2 机械系统传动零部件的设计

2.1 传动总论及机械传动方案的设计

2.1.1 传动系统的功用及主要类型

传动系统是连接动力系统和执行机构的纽带。它的主要功用包括以下 3 个方面：

(1) 传递动力。如果不考虑传动的效率，通过传动系统，动力系统的能量将全部传给执行机构，以完成机械的功能要求。

(2) 传递运动。传动系统可以根据执行机构的运动要求，改变动力系统的运动规律。例如，将动力系统的回转运动转变成直线运动、间歇运动或执行机构所需的更低或更高转动；进行运动的起停控制等。

(3) 分配运动和动力。对于有多个执行机构的机械系统，通过传动系统可以将一个动力源的运动与动力分配给所有的执行机构。如图 2-1 所示的自动包装机的传动系统，通过分配轴上的各凸轮和锥齿轮、圆柱齿轮等，将动力系统的动力和运动分配给热封机构、拉袋机构、计数机构、送出机构等。

根据工作原理，传动系统可以分为机械传动、液压(气动)传动和电力传动。本书中只介绍其中的机械传动。

机械传动的分类方法有很多，这里我们按照传力原理将机械传动分为 3 大类，即摩擦传动、啮合传动和推压传动，每一大类又可以细分，如图 2-2 所示。

2.1.2 机械传动设计的一般原则

机械传动的设计一般都是在给定输入或输出功率、转速，或者给定工作功率及总传动比条件下进行的。此时，要考虑选用何种传动方式来满足工作要求。表 2-1 给出了常用机械传动形式的主要性能特点和一般的使用场合。传动方案设计时除考虑传动形式，如输入与输出轴的布置方式、运动形式的变化(如直线与回转运动转换)外，还要考虑传动效率、外形尺寸、变速器质量、工作寿命、可靠性、结构工艺性及维护性能等。

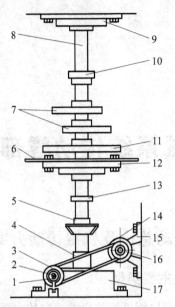

图 2-1 自动包装机传动系统简图

1—调速螺杆；2—调速锁母；3—滑动调速轮；4—轴套；5—送出锥齿轮；6—支承板；
7—热封凸轮；8—分配轴；9—带座轴承；10—小齿轮；11—拉袋凸轮；12—带座轴承；
13—计数凸轮；14—A型710皮带；15—主电机；16—固定调速轮；17—减速器

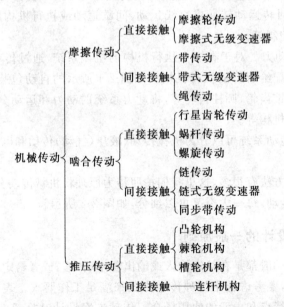

图 2-2 常用机械传动类型

1. 功率和效率

由表 2-1 可知,在常用的机械传动形式中,传动功率和效率由高到低的顺序是:齿轮传动(润滑良好时)、蜗杆传动、链传动、带传动和螺旋传动。因此,在小功率、满足工作要求的前提下,可选用结构简单、初始费用低的传动,如带传动、链传动、普通精度的齿轮传动等。而大功率传动且工作寿命要求长的场合宜选用传动效率高的传动,如齿轮传动或蜗杆传动等,以节约能源,降低运行与维护费用。但由于蜗杆传动的发热较大,所以功率不宜过大。

表 2-1 常用机械传动机构的特性与一般使用场合

指标\类型		带传动		链传动（滚子链）	螺旋传动		齿轮传动		蜗杆传动
		V 带	窄 V 带		滑动螺旋	滚动螺旋	圆柱齿轮	锥齿轮	
常用功率值/kW		50～100		≤100	中小功率		极小至 60 000		800
单级传动比	常用值	2～4		2～5	—		3～5	2～3	10～40
	最大值	8(15)		6(10)	—		8	5	80
传动效率（不计轴承中的摩擦损失）	闭式传动			0.97～0.98	≥0.9		0.96～0.99		自锁：0.40～0.45 不自锁：0.7～0.98
	开式传动	0.92～0.97		0.90～0.93	0.3～0.4	—	0.92～0.95		自锁：0.30～0.35 不自锁：0.6～0.93
许用线速度/(m/s)		25～30	35～40	40			20～50		15～35（滑动速度）
外廓尺寸		大		大	较小		小		小
传动精度		低		中等	高	高	高		高
工作平稳性		好		较差	较好		一般		好
自锁性能		无		无	可有		无		可有
过载保护作用		有		无	无		无		无
使用寿命		短		中等	中等	高	长		中等
缓冲吸振能力		好		中等	差		差		差
制造和安装精度要求		低		中等	低	高	高		高
润滑要求		无		中等	无	高	高		高
环境适应性		不能接触酸、碱、油类、爆炸性气体		好,可在高温和潮湿环境下工作	一般		一般		一般

续表

类型\指标	带传动 V带	带传动 窄V带	链传动（滚子链）	螺旋传动 滑动螺旋	螺旋传动 滚动螺旋	齿轮传动 圆柱齿轮	齿轮传动 锥齿轮	蜗杆传动
常用场合	中心距大的场合，如农业机械、食品机械、汽车、自动化设备等		要求工作可靠、中心距大、低速重载、工作环境恶劣的环境，以及不宜采用齿轮传动的场合。如摩托车、自行车	起重或加压装置	机床进给机构、仪器及测试装置中的微调机构、自动控制系统中的螺旋传动等	开式传动成本低，维护简单，可用于低精度、低速传动，如建筑搅拌机；闭式齿轮精度高，可保证良好的润滑和精确啮合，因此广泛应用于汽车、机床行业		用于两轴交错90°的减速传动，广泛应用于机床、起重、运输、冶金、矿山、轻工和化工行业

2. 外形尺寸与质量要求

传动装置的外形尺寸和质量大小与其传递的功率和速度大小相关，也与零件材料有关。在以上条件相同时，传动装置的外形尺寸和质量主要取决于传动形式。一般说来，齿轮传动和蜗杆传动的结构比较紧凑。表 2-2 给出了某种特定功率、传动比下，不同传动方式传动装置的尺寸和质量。从表中可以看出，在传动比较小时，蜗杆传动的尺寸和质量最小。但当传动比很大时，由于蜗轮直径的增大和轴承结构尺寸的增大，其外廓尺寸就不能保持最小，此时可考虑选用齿轮传动，如行星摆线针轮、谐波齿轮传动等。但此类齿轮减速器结构较复杂，制造精度要求较高，在设计中一般按样本选用。

表 2-2 几种典型传动形式特定工况下的尺寸、质量和成本比较
（功率 $P=75$ kW，传动比 $i=4$）

传动类型（圆周速度/(m/s)）	V带传动(23.6)	滚子链传动(7)	齿轮传动(5.85)	蜗杆传动(5.85)
中心距/mm	1800	830	280	280
轮宽/mm	130	360	160	60
质量概值/kg	500	500	600	450
相对成本	1	1.4	1.65	1.25

3. 安全和可靠性的要求

机械传动设计必须考虑其运转的安全性，防止由于机械故障或事故引起人身安全事故。例如，起重或提升装置的设计要考虑过载而引起的故障，传动结构中要在适当的环节设计安全保护装置，如具有自锁功能的机构、刹车制动机构、防过载安全联轴器或离合器等。

传动系统设计应遵循在满足要求的前提下尽可能采用简短的传动链、机构尽可能简单的原则,这样不仅可以减小尺寸和质量,更重要的是可以提高系统的可靠性。为提高系统的可靠性,传动方案的选取也可借鉴同类设备已采用的经过实际应用考验的方案,注意继承性。

4. 经济性要求

传动系统方案的经济性体现在设计制造、能源、原材料的消耗、合理经济的使用寿命、管理和维护等各个方面。要通过对上述因素的综合考察选择满足工作要求、费用最低的传动方案。例如,一般农用机械中常采用带传动作为主要传动方式,因为带传动不仅便于自行维护和更换,而且因为一般农业机械使用周期的季节性明显,寿命半年左右比较合理,来年再进行更换与维修,经济适用。如果采用链传动,虽然可以提高寿命,但维修和保养都比较复杂,经济性不好。另外,在传动零部件的设计中采用由专业厂家生产的标准零部件不仅可以缩短设计与制造周期,而且可以保证质量和降低成本。如果传动装置只进行变速,而对具体尺寸和结构没有特殊要求,则可将传动装置设计成独立部件,以便于选择标准的系列化产品。

以上仅讨论了一些常用机械传动装置选择时的基本原则,在实际应用中还要具体问题具体分析。一个优秀的设计需要不断的经验积累和创新。

2.1.3 机械传动系统的运动和动力学计算

传动系统设计中的主要参数包括两大类:运动参数,如转速、圆周速度、传动比等;动力参数,如功率、转矩、力、机械效率等。

1. 转速 n 和圆周速度 v

转速和圆周速度是传动的主要运动特性之一。提高传动速度是机器发展的重要方向,而最大转速和最大圆周速度在不同的传动装置中受到不同因素的影响,如载荷、温度、离心力和振动的稳定性等。因此,传动系统设计必须关注转速和圆周速度。两者的换算关系可以表示为

$$v = \frac{\pi d n}{60 \times 1000} \tag{2-1}$$

式中,d 为回转体上某一点的回转直径,mm;n 为回转体转速,r/min;v 为圆周速度,m/s。

2. 传动比 i

当机械传动传递回转运动时,传动装置的总传动比等于原动机转速 n_1(输入转速)与工作机转速 n_j(输出转速)之比,即

$$i = \frac{n_1}{n_j} \tag{2-2}$$

由此可知,$i>1$ 时为减速传动;$i<1$ 时为增速传动。

若传动装置由 j 级传动组成,各级传动比分别为 $i_1, i_2, \cdots, i_j$,则总传动比 i 为

$$i = i_1 i_2 \cdots i_j \tag{2-3}$$

3. 工作功率 P_o、转矩 T 和力 F

工作功率是工作机拖动负载(阻力或阻力矩)在单位时间内所做的功。三者之间的关系为

直线运动时,
$$P_o = \frac{Fv}{1000} \tag{2-4}$$

回转运动时,
$$P_o = \frac{Tn}{9.55 \times 10^6} \tag{2-5}$$

式中,F 为工作机拖动负载所需的力,N;v 为工作机负载移动速度,m/s;T 为工作机的工作转矩,N·mm;n 为工作机的转速,r/min;P_o 为工作机功率,kW。

4. 机械效率 η

机械效率表示机械装置输出功率与输入功率的比值,即

$$\eta = \frac{P_o}{P_i} \times 100\% \tag{2-6}$$

机械效率一般包括传动件、支承轴承和联轴器的效率。设传动装置中 j 个传动件的效率分别为 $\eta_1, \eta_2, \cdots, \eta_j$;$n$ 对轴承的效率分别为 $\eta_{b1}, \eta_{b2}, \cdots, \eta_{bn}$;$m$ 个联轴器的效率为 $\eta_{c1}, \eta_{c2}, \cdots, \eta_{cm}$,则传动装置的总效率为

$$\eta = \eta_1 \eta_2 \cdots \eta_j \eta_{b1} \eta_{b2} \cdots \eta_{bn} \eta_{c1} \eta_{c2} \cdots \eta_{cm} \tag{2-7}$$

由工作功率和机械效率,可以得到所需原动机的功率 P_d:

$$P_d = P_i = P_o / \eta \tag{2-8}$$

例 2-1 图 2-3 所示为带式运输机传动装置。已知运输带的有效拉力为 $F=4500$ N(已计入卷筒及其支承轴承的效率损失),带速度 $v=1$ m/s,卷筒直径 $D=600$ mm。原动机选用 Y132M2-6 型三相异步电动机,电动机额定功率 $P_{ed}=5.5$ kW,满载转速 $n_d=960$ r/min。带传动效率 $\eta_{bc}=0.96$,闭式齿轮传动效率 $\eta_g=0.97$,每对滚动轴承效率 $\eta_b=0.99$,联轴器效率 $\eta_c=0.99$。带传动的传动比为 3。

试求:电动机的实际输出功率 P_d、总传动比 i 及作用在轴 1、轴 4 上的转矩 T_1 和 T_4。

解:

1. 计算电动机的实际输出功率 P_d

由式(2-8)得 $P_d = \dfrac{P_o}{\eta}$。此时,

$$P_o = \frac{Fv}{1000} = \frac{4500 \times 1}{1000} = 4.5 (\text{kW})$$

根据式(2-7),总传动效率为

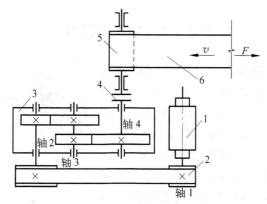

图 2-3 带式运输机传动方案简图

1—电动机；2—带传动；3—减速器；4—联轴器；5—卷筒；6—运输带

$$\eta = \eta_{bc}\eta_b^3\eta_g^2\eta_c^1 = 0.96 \times 0.99^3 \times 0.97^2 \times 0.99 = 0.868$$

则

$$P_d = \frac{P_o}{\eta} = \frac{4.5}{0.868} = 5.19(\text{kW})$$

2. 计算传动装置的总传动比 i

由式(2-1)得轴 4(传动装置输出轴)的转速为

$$n_w = \frac{60 \times 1000v}{\pi D} = \frac{60000 \times 1}{3.14 \times 600} = 31.83(\text{r/min})$$

因为电动机的满载转速为 960 r/min，所以传动装置总的传动比为

$$i = \frac{n_d}{n_w} = \frac{960}{31.83} = 30.16$$

3. 计算作用在轴 1、轴 4 上的转矩 T_1 和 T_4

由式(2-5)得

$$T_1 = 9.55 \times 10^6 \frac{P_1}{n_1} = 9.55 \times 10^6 \frac{P_d}{n_1} = 9.55 \times 10^6 \times \frac{5.19}{960} = 51.58(\text{N} \cdot \text{m})$$

$$T_4 = 9.55 \times 10^6 \frac{P_4}{n_4}$$

又，

$$P_4 = P_1(\eta_{bc}\eta_g^2\eta_b^2) = 5.19 \times 0.96 \times 0.97^2 \times 0.99^2 = 4.59(\text{kW})$$

$$n_4 = n_1/i = n_w = 31.83(\text{r/min})$$

则

$$T_4 = 9.55 \times 10^6 \frac{P_4}{n_4} = 9.55 \times 10^6 \times \frac{4.59}{31.83} = 1378.5(\text{N} \cdot \text{m})$$

注：为安全考虑，每轴上的转矩计算均为输入转矩，即不计入该轴支承轴承的效率损失。

2.2 V带传动设计

带传动分摩擦传动和啮合传动两类,由带轮和绕在其上具有弹性和柔性的带组成(图2-4)。

根据带截面形状的不同,带传动可分为:平带传动、V带(及窄V带)传动、多楔带传动、同步带传动等。在一般机械中由于V带的楔形增压原理,结构紧凑,且多已标准化并大批量生产,所以被广泛应用。本章将以V带传动为例,介绍靠摩擦原理工作的带传动的一般设计方法。

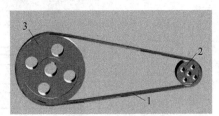

图2-4 带传动的组成
1—带;2—主动轮;3—从动轮

2.2.1 V带传动的主要几何尺寸及相关国家标准

V带传动设计的典型问题,一般已知带传动系统的传动功率和传动比,或输入与输出轴的转速。由于V带传动中的带及带轮槽型均已标准化,所以带传动设计的主要任务就是选择满足工作要求的带类型(或截面尺寸)、大小带轮的基准直径、带的基准长度、带传动的中心距、小轮包角、带根数、压轴力等参数。

1. V带的截面尺寸

根据单根带承载能力的大小,V带的截面尺寸由小至大分为 Y,Z,A,B,C,D,E 共7种,见表2-3,带的楔角为40°。

表2-3 V带的截面尺寸特性数据(摘自 GB/T 11544—1997)

截面类型	节宽 b_p/mm	顶宽 b/mm	高度 h/mm	截面积 A/mm²	顶高 h_a/mm	单位长度质量 q/(kg/m)
Y	5.3	6	4	18	1.60	0.02
Z	8.5	10	6	47	2.00	0.06
A	11.0	13	8	81	2.75	0.10
B	14.0	17	11	138	3.50	0.17
C	19.0	22	14	230	4.80	0.30
D	27.0	32	19	476	8.10	0.62
E	32.0	38	23	692	9.60	0.90

注:当V带垂直于顶面弯曲时,在剖面的某个位置处带宽保持不变,这个宽度称为带的节宽 b_p。

2. 带轮基准直径 d_{d1} 和 d_{d2}

GB/T 10412—2002规定了V带轮的基准直径系列,见表2-4。根据传动比要求,主动

带轮的基准直径 d_{d1} 与从动轮的基准直径 d_{d2} 应满足

$$i = \frac{d_{d2}}{d_{d1}} \tag{2-9}$$

表 2-4　V 带轮的基准直径系列（摘自 GB/T 10412—2002）　　　　　　mm

槽型	带轮基准直径
Y	20,22.4,25,28,31.5,35.5,40,45,50,56,63,71,80,90,100,112,125
Z	50,56,63,71,75,80,90,100,112,125,132,140,150,160,180,200,224,250,280,315,355,400,500,630
A	75,80,85,90,95,100,106,112,118,125,132,140,150,160,180,200,224,250,280,315,355,400,450,500,560,630,710,800
B	125,132,140,150,160,170,180,200,224,250,280,315,355,400,450,500,560,600,630,710,750,800,900,1000,1120
C	200,212,224,236,250,265,280,300,315,335,355,400,450,500,560,600,630,710,750,800,900,1000,1120,1250,1400,1600,2000
D	355,375,400,425,450,475,500,560,600,630,710,750,800,900,1000,1060,1120,1250,1400,1500,1600,1800,2000
E	500,560,600,630,670,710,800,900,1000,1120,1250,1400,1500,1600,1800,1900,2000,2240,2800

3. V 带的基准长度 L_d

V 带都制成无接头环形。把 V 带套在规定尺寸的测量带轮上，在规定的张紧力下，沿 V 带节宽环绕 1 周，测得的带长即为带的基准长度 L_d。GB/T 13575.1—1992 规定了 V 带的基准长度，见表 2-5。

表 2-5　V 带基准长度 L_d 和带长修正系数 K_L（摘自 GB/T 13575.1—1992）

基准长度 L_d/mm	带长修正系数 K_L						
	Y	Z	A	B	C	D	E
400	0.96	0.87					
450	1.00	0.89					
500	1.02	0.91					
560		0.94					
630		0.96	0.81				
710		0.99	0.83				
800		1.00	0.85				
900		1.03	0.87	0.82			

续表

基准长度 L_d/mm	带长修正系数 K_L						
	Y	Z	A	B	C	D	E
1000		1.06	0.89	0.84			
1120		1.08	0.91	0.86			
1250		1.11	0.93	0.88			
1400		1.14	0.96	0.90			
1600		1.16	0.99	0.92	0.83		
1800		1.18	1.01	0.95	0.86		
2000			1.03	0.98	0.88		
2240			1.06	1.00	0.91		
2500			1.09	1.03	0.93		
2800			1.11	1.05	0.95	0.83	
3150			1.13	1.07	0.97	0.86	
3550			1.17	1.09	0.99	0.89	
4000			1.19	1.13	1.02	0.91	
4500				1.15	1.04	0.93	0.90
5000				1.18	1.07	0.96	0.92

4. 中心距 a 和包角 α_1

如图 2-5 所示，带传动的中心距、小轮包角与带的基准长度之间的几何关系为

$$L_d \approx 2a + \frac{\pi}{2}(d_{d1} + d_{d2}) + \frac{(d_{d2} - d_{d1})^2}{4a} \quad (2\text{-}10)$$

$$\alpha_1 = 180° - \frac{d_{d2} - d_{d1}}{a} \times 57.3° \geqslant 120° \quad (2\text{-}11)$$

为保证带传动的效率，一般要求 $\alpha_1 \geqslant 120°$。

带传动设计中的带根数计算与带传动的承载能力与疲劳寿命有关，将在 2.2.3 节作详细介绍。

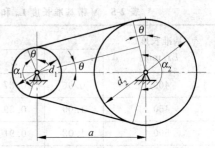

图 2-5　V 带传动的几何关系

2.2.2　V 带传动的工作原理

1. 带上的力

为保证带能够通过摩擦力传递一定的功率，在工作前，V 带需要一定的初拉力 F_0 张紧

在带轮上(见图 2-6(a))。正常工作时,因带与带轮之间的摩擦力作用使带的一端拉力增加到 F_1(带的紧边),假设工作中带长不变,则带的另一端拉力减小为 F_2(带的松边)(见图 2-6(b))。

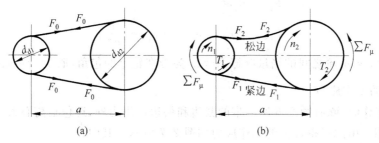

图 2-6 带的摩擦传动原理
(a) 初始状态;(b) 工作状态

带与带轮之间的总摩擦力之和即为带传动的有效工作拉力 F_e。各力之间的关系为

$$F_e = F_1 - F_2 \tag{2-12}$$

$$2F_0 = F_1 + F_2 \tag{2-13}$$

带传递的功率 $P(kW)$ 为

$$P = \frac{F_e v}{1000} \tag{2-14}$$

2. 带的弹性滑动与打滑

观察图 2-6(b) 中小带轮一侧,绕在小带轮上的带正常工作时,带上的作用力由紧边拉力 F_1 会逐渐减小到松边拉力 F_2。因为带材料具有弹性,因此拉力大小的变化必然带来带长微观的变化,即小带轮上的带会产生收缩。此时,带与小带轮之间产生了相对滑动。同理,可以得到带与大带轮之间由于带的伸长而产生的相对滑动。这种现象,称为带的弹性滑动。带的弹性滑动是由于带的摩擦传动原理及带的弹性产生的必然结果,它对带传动造成以下几方面的影响。

(1) 造成带传动圆周速度的损失。当带在小带轮上产生微段收缩时,带速与轮速的关系为 $v_b < v_1$;而大轮一侧有 $v_b > v_2$,即 $v_2 < v_1$,大轮的圆周速度低于了小轮的圆周速度。其相对降低率称为滑动率 ε,一般为 1%~2%,其值为

$$\varepsilon = \frac{v_1 - v_2}{v_1} = 1 - \frac{d_{d2}}{d_{d1}} \frac{1}{i} \tag{2-15}$$

式中,i 为带传动的传动比。

(2) 降低带传动的效率。

(3) 引起带的磨损和温升,降低带的使用寿命。

试验表明,带正常工作时,带的弹性滑动只发生在包角内的一段弧上。但是,随着带的负载增加,滑动弧会不断增加,最终发展到整个包角范围内,这种现象称为带的打滑。此时,

带传动失效。

带的打滑现象说明带传动存在最大的极限承载能力,即 F_{emax}。打滑时,带的紧边拉力与松边拉力之间的关系可以通过带的微元体力平衡分析得到[6]:

$$F_1 = F_2 e^{f\alpha} \tag{2-16}$$

$$F_{emax} = F_1 - F_2 = F_1\left(1 - \frac{1}{e^{f\alpha}}\right) \tag{2-17}$$

式中,f 为带与 V 带轮之间的当量摩擦系数;α 为带在轮上的包角,取 $\alpha = \min(\alpha_1, \alpha_2)$。

3. 带上的工作应力

带正常工作时,除有图 2-6 所示带的紧边和松边作用力外,还包括离心力和弯曲产生的弯曲应力作用。由此可得带上的工作应力如图 2-7 所示。其中:

紧边拉应力 $\qquad\qquad\qquad \sigma_1 = \dfrac{F_1}{A}$

松边拉应力 $\qquad\qquad\qquad \sigma_2 = \dfrac{F_2}{A}$

环绕轮上受到的弯曲应力 $\qquad \sigma_b = E\dfrac{y}{r} = E\dfrac{2h_a}{d_d}$

离心应力 $\qquad\qquad\qquad \sigma_c = \dfrac{F_c}{A} = \dfrac{qv^2}{A}$

4. 带传动的主要失效形式及设计准则

由图 2-7 可知,带上作用的应力是周期性循环变应力,所以其主要的失效形式之一是疲劳断裂;另外,由于过载造成的带的打滑及带的磨损也是带的主要失效形式。因此,带传动设计的准则可以表述为,在保证不打滑的前提下,使带具有一定的疲劳寿命。

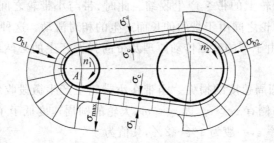

图 2-7 V 带传动的应力分析

2.2.3 单根 V 带传动的额定功率

带的疲劳强度应满足 $\sigma_{max} \leqslant [\sigma]$。其中,$[\sigma]$ 为由疲劳寿命决定的带的许用拉应力。根据疲劳强度理论,有

$$[\sigma]^m N = C \tag{2-18}$$

式中，N 为应力循环次数，$N = \dfrac{3600vz_{\mathrm{p}}t}{L_{\mathrm{d}}}$（$z_{\mathrm{p}}$ 为带轮数，一般取 2；t 为带的使用寿命，h）；m 为指数，试验测得普通 V 带的 $m = 11.1$；C 由试验确定，和带的材料与结构有关。

对 V 带传动，在平稳载荷、传动比为 1、特定带长 L_0 时，式(2-18)可以表示为

$$[\sigma] = \sqrt[11.1]{\dfrac{CL_0}{7200vt}} \tag{2-19}$$

由图 2-7 可知，带上的最大应力在紧边靠近小轮入口处，其大小为

$$\sigma_{\max} = \sigma_{\mathrm{b1}} + \sigma_{\mathrm{c}} + \sigma_1$$

即带的疲劳强度应满足

$$\sigma_1 \leqslant [\sigma] - \sigma_{\mathrm{b1}} - \sigma_{\mathrm{c}} \tag{2-20}$$

为便于试验测量及满足实际设计需要，式(2-20)的强度条件，按照国家标准，采用单根带可传递的基本额定功率 P_0 来表示：

$$P_0 = \dfrac{F_{\mathrm{emax}}v}{1000} = \dfrac{F_1(1-\mathrm{e}^{-f\alpha})v}{1000} = \dfrac{\sigma_1 A(1-\mathrm{e}^{-f\alpha})v}{1000} = \dfrac{([\sigma] - \sigma_{\mathrm{b1}} - \sigma_{\mathrm{c}})A(1-\mathrm{e}^{-f\alpha})v}{1000}$$

$$= 10^{-3}\left(\sqrt[11.1]{\dfrac{CL_0}{7200tv}} - \dfrac{Eh}{d_{\mathrm{d1}}} - \dfrac{qv^2}{A}\right)(1-\mathrm{e}^{-f\alpha})Av \tag{2-21}$$

单根 V 带的基本额定功率是在特定条件下得到的，见表 2-6。实际的工作条件下，带传动的传动比、带的基准长度、带轮包角等都可能与试验条件不同，所以需要对单根带的基本额定功率进行修正来得到实际的单根 V 带传递的额定功率 P_{r}：

$$P_{\mathrm{r}} = (P_0 + \Delta P_0)K_\alpha K_{\mathrm{L}} \tag{2-22}$$

式中，ΔP_0 为当带的传动比不是 1 时，单根 V 带额定功率的增量，见表 2-7；K_α 为当带包角不等于 180°时的修正系数，见表 2-8；K_{L} 为当带长不等于试验规定的特定带长时的修正系数，见表 2-5。

表 2-6 单根 V 带的基本额定功率 P_0（节录）　　　　　　　　　　　kW

带型号	小带轮的基准直径 d_{d1}/mm	小带轮的转速 n_1/(r/min)													
		200	400	700	800	950	1200	1450	1600	2000	2400	2800	3200	4000	5000	6000
Z	50	0.04	0.06	0.09	0.10	0.12	0.14	0.16	0.17	0.20	0.22	0.26	0.28	0.32	0.34	0.31
	63	0.05	0.08	0.13	0.15	0.18	0.22	0.25	0.27	0.32	0.37	0.41	0.45	0.49	0.50	0.48
	71	0.06	0.09	0.17	0.20	0.23	0.27	0.30	0.33	0.39	0.46	0.50	0.54	0.61	0.62	0.56
	80	0.10	0.14	0.20	0.22	0.26	0.30	0.35	0.39	0.44	0.50	0.56	0.61	0.67	0.66	0.61
	90	0.10	0.14	0.22	0.24	0.28	0.33	0.36	0.40	0.48	0.54	0.60	0.64	0.72	0.73	0.56
A	75	0.15	0.26	0.40	0.45	0.51	0.60	0.68	0.73	0.84	0.92	1.00	1.04	1.09	1.02	0.80
	90	0.22	0.39	0.61	0.68	0.77	0.93	1.07	1.15	1.34	1.50	1.64	1.75	1.87	1.82	1.50
	100	0.26	0.47	0.74	0.83	0.95	1.14	1.32	1.42	1.66	1.87	2.05	2.19	2.34	2.25	1.80
	125	0.37	0.67	1.07	1.19	1.37	1.66	1.92	2.07	2.44	2.74	2.98	3.16	3.28	2.91	1.87
	160	0.51	0.94	1.51	1.69	1.95	2.36	2.73	2.54	3.42	3.80	4.06	4.19	3.98	2.67	—

续表

带型号	小带轮的基准直径 d_{d1}/mm	小带轮的转速 n_1/(r/min)													
		200	400	700	800	950	1200	1450	1600	2000	2400	2800	3200	4000	5000	6000
B	125	0.48	0.84	1.30	1.44	1.64	1.93	2.19	2.33	2.64	2.85	2.96	2.94	2.51	1.09	—
	160	0.74	1.32	2.09	2.32	2.66	3.17	3.62	3.86	4.40	4.75	4.89	4.80	3.82	0.81	—
	200	1.02	1.85	2.96	3.30	3.77	4.50	5.13	5.46	6.13	6.47	6.43	5.95	3.47	—	—
	250	1.37	2.50	4.00	4.46	5.10	6.04	6.82	7.20	7.87	7.89	7.14	5.60	—	—	—
	280	1.58	2.89	4.61	5.13	5.85	6.90	7.76	8.13	8.60	8.22	6.80	4.26	—	—	—

表 2-7 单根 V 带额定功率的增量 ΔP_0 kW

带型号	传动比 i	小带轮转速 n_1/(r/min)												
		400	700	800	980	1200	1450	1600	2000	2400	2800	3200	3600	4000	5000
Z	1.51~1.99	0.01	0.01	0.02	0.02	0.02	0.02	0.03	0.03	0.04	0.04	0.04	0.05	0.05	0.06
	≥2	0.01	0.02	0.02	0.02	0.03	0.03	0.03	0.04	0.04	0.04	0.05	0.05	0.06	0.06
A	1.51~1.99	0.04	0.08	0.09	0.10	0.13	0.15	0.17	0.22	0.26	0.30	0.34	0.39	0.43	0.54
	≥2	0.05	0.09	0.10	0.11	0.15	0.17	0.20	0.25	0.29	0.34	0.39	0.44	0.48	0.60
B	1.51~1.99	0.11	0.20	0.23	0.26	0.34	0.40	0.45	0.56	0.62	0.79	0.90	1.01	1.13	1.42
	≥2	0.13	0.22	0.25	0.30	0.38	0.45	0.51	0.63	0.76	0.89	1.01	1.14	1.27	1.60
C	1.51~1.99	0.31	0.55	0.63	0.74	0.94	1.14	1.25	1.57	1.88	2.19	2.44	—	—	—
	≥2	0.35	0.62	0.71	0.83	1.06	1.27	1.41	1.76	2.12	2.47	2.75	—	—	—

表 2-8 包角修正系数 K_α

小轮包角 α_1/(°)	180	175	170	165	160	155	150	145	140	135	130	125	120
K_α	1.00	0.99	0.98	0.96	0.95	0.93	0.92	0.91	0.89	0.88	0.86	0.84	0.82

在给定传动功率下,所需要的实际带根数 z 为

$$z = \frac{P_{ca}}{P_r} = \frac{K_A P}{(P_0 + \Delta P_0) K_\alpha K_L} \tag{2-23}$$

式中,K_A 为工作情况系数,见表 2-9;P_{ca} 为带传动的计算功率,kW。

2.2.4 V 带传动设计举例

本节以一个典型的 V 带传动设计实例说明 V 带传动设计的一般步骤和方法,以及 V 带设计中主要参数选择的范围。

表 2-9 工作情况系数 K_A

载荷性质	工作机	原动机					
		空、轻载起动			重载起动		
		每天工作时间/h					
		<10	10~16	>16	<10	10~16	>16
载荷变动微小	液体搅拌机、通风机和鼓风机($\leqslant 7.5$ kW)、离心式水泵和压缩机、轻型输送机	1.0	1.1	1.2	1.1	1.2	1.3
载荷变动小	带式输送机(不均匀载荷)、通风机(>7.5 kW)、旋转式水泵和压缩机(非离心式)、发电机、金属切削机床、旋转筛、锯木机和木工机械	1.1	1.2	1.3	1.2	1.3	1.4
载荷变动较大	制砖机、斗式提升机、往复式水泵和压缩机、起重机、磨粉机、冲剪机床、橡胶机械、振动筛、纺织机械、重载输送机	1.2	1.3	1.4	1.4	1.5	1.6
载荷变动很大	破碎机(旋转式、颚式等)、磨碎机(球磨、棒磨、管磨)	1.3	1.4	1.5	1.5	1.6	1.8

例 2-2 已知电动机输出功率 $P_d = 5.5$ kW,转速 $n_1 = 1440$ r/min,传动比 $i = 3.9$,工作情况系数 $K_A = 1.3$,速度误差 $\pm 5\%$。试设计此 V 带传动。

解:

1. 选择 V 带的类型

根据已知条件,V 带传动的计算功率为

$$P_{ca} = K_A P_d = 1.3 \times 5.5 = 7.15 (\text{kW})$$

带型选择与所要传递的功率和小带轮的转速有关,查图 2-8,可知可选用 A 型带。

2. 确定带轮直径 d_{d1} 和 d_{d2}

根据表 2-4 中国标规定,A 型带的小轮直径最小为 75 mm。而由图 2-8 查得此带传动的工作点靠近 B 型,所以选用较大一些的小带轮直径,取 $d_{d1} = 160$ mm。

根据传动比,由式(2-15)得大带轮直径为

$$d_{d2} = i d_{d1}(1-\varepsilon) = 3.9 \times 160 \times 0.98 = 611.52 (\text{mm})$$

同理,由表 2-4,取大轮直径 $d_{d2} = 630$ mm。

传动比误差为

$$\frac{\frac{630}{160 \times 0.98} - 3.9}{3.9} = 3.0\% < 5\%$$

满足工作要求。

验算带速 v:$v = \frac{\pi d_{d1} n_1}{60 \times 1000} = \frac{\pi \times 160 \times 1440}{60000} = 12.1 (\text{m/s})$,即 v 在 2~25 m/s 之间,满足工作要求。

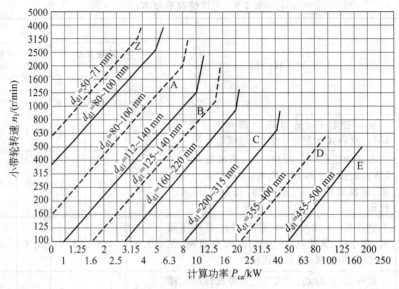

图 2-8 V 带的选型图

3. 确定中心距 a，并选择带的基准长度 L_d

带传动的中心距大，可以增加小轮的包角，减少单位时间带的循环次数，有利于提高使用寿命。但是，中心距过大，不仅会增加传动链的尺寸，而且会造成带的跳动，降低带传动的平稳性。因此，除非设计问题中已经给定了传动中心距的范围，否则建议初选中心距时按照下式选取：

$$0.7(d_{d1}+d_{d2}) \leqslant a_0 \leqslant 2(d_{d1}+d_{d2}) \tag{2-24}$$

式中，a_0 为初选的中心距，mm。

由此可知，本设计中的初始中心距范围是 $0.7(160+630)\,\text{mm} \leqslant a_0 \leqslant 2(160+630)\,\text{mm}$，即 $553\,\text{mm} \leqslant a_0 \leqslant 1580\,\text{mm}$。取 $a_0=790\,\text{mm}$。由式(2-10)得 V 带的初始长度 L_d' 为

$$L_d' = 2a_0 + \frac{\pi}{2}(d_{d1}+d_{d2}) + \frac{(d_{d2}-d_{d1})^2}{4a_0}$$

$$= 2\times 790 + \frac{\pi}{2}\times 790 + \frac{470^2}{4\times 790} = 2890\,(\text{mm})$$

查表 2-5，选 V 带标准的基准长度 $L_d=2800\,\text{mm}$。

计算实际中心距

$$a = a_0 + \frac{L_d - L_d'}{2} = 790 + \frac{2800-2890}{2} = 745\,\text{mm}$$

4. 验算小轮包角 α_1

由式(2-11)，有

$$\alpha_1 = 180° - \frac{d_{d2}-d_{d1}}{a}\times 57.3° = 180° - \frac{630-160}{745}\times 57.3° = 143.9° > 120°$$

结论：小轮包角满足要求。

5. 求带根数 z

由式(2-23)，有

$$z = \frac{P_{ca}}{P_r} = \frac{K_A P}{(P_0 + \Delta P_0) K_a K_L}$$

分别查表 2-6～表 2-8、表 2-5，得到单根 V 带的基本额定功率、额定功率增量、包角和带长系数为

$$P_0 = 2.73 \text{ kW}, \quad \Delta P_0 = 0.17 \text{ kW}, \quad K_a = 0.91, \quad K_L = 1.11$$

则传动所需带根数为

$$z = \frac{P_{ca}}{P_r} = \frac{K_A P}{(P_0 + \Delta P_0) K_a K_L} = \frac{7.15}{(2.73 + 0.17) \times 0.91 \times 1.11} = 2.44$$

取 $z = 3$(根)。

6. 求带传动的压轴力

如图 2-9 所示，带传动工作过程中作用在带轮支承轴上的力（称为压轴力）是设计带轮支承轴及选用支承轴承的主要依据，因此，设计带传动时还需计算此力的大小。

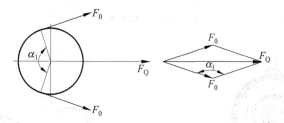

图 2-9 作用在带轮支承轴上的压轴力

压轴力的大小为

$$F_Q = 2 z F_0 \sin \frac{\alpha_1}{2} \tag{2-25}$$

对于 V 带传动，单根带的张紧力为

$$F_0 = 500 \frac{P}{vz} \left(\frac{2.5}{K_a} - 1 \right) + q v^2 \tag{2-26}$$

查表 2-3，A 型带单位长度的质量 $q = 0.1$ kg/m，将式(2-26)代入式(2-25)，得带的压轴力为

$$\begin{aligned} F_Q &= 2 z F_0 \sin \frac{\alpha_1}{2} = \left[1000 \frac{P}{v} \left(\frac{2.5}{K_a} - 1 \right) + 2 z q v^2 \right] \sin \frac{\alpha_1}{2} \\ &= \left[1000 \times \frac{7.15}{12.1} \left(\frac{2.5}{0.91} - 1 \right) + 2 \times 3 \times 0.1 \times 12.1^2 \right] \sin \frac{143.9}{2} \\ &= 1065.2 \text{(N)} \end{aligned}$$

7. 带轮的结构设计

参见本书第 7 章的相关内容，此处略。

2.2.5 带传动的张紧装置

带的材料虽然有弹性,但不是完全弹性体,随着使用时间的推移,带材料会发生塑性伸长而使带松弛,传动的张紧力下降,影响带传动的正常工作。因此,带传动设计一般都要考虑带的张紧。带的张紧装置分为两大类:定期张紧装置(图 2-10)和自动张紧装置(图 2-11)。

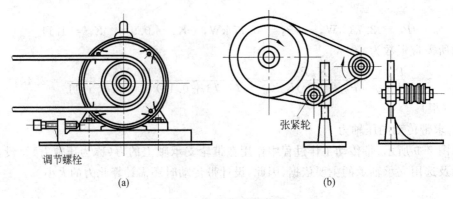

图 2-10 定期张紧装置

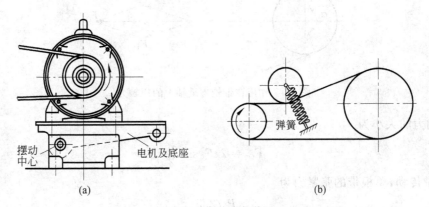

图 2-11 自动张紧装置

1. 定期张紧

图 2-10(a)是将电动机安装在张紧导轨上,利用调节螺栓通过调整中心距进行带轮的张紧。当中心距不可调时,可采用图 2-10(b)所示的可调整位置的张紧轮。

定期张紧结构简单,成本低,但张紧力不易控制。

2. 自动张紧

图 2-11(a)为一种利用电机及底座的自重对摆动中心的力矩来张紧带轮的装置。对水

平传动,还可利用弹簧力的作用使带始终在一定的张紧力下工作(见图2-11(b))。

自动张紧结构较复杂,但初始安装时方便,使用中不需人为定期张紧,运行的可靠性高。

2.3 链传动设计

链传动与带传动一样属于挠性传动。同时,由于链传动靠链条之间的节距间隙与链轮啮合传递运动和动力,所以也具有啮合传动的一些特点(见表2-1)。链传动按照功能可以分为传动链、曳引链和起重链。本书只介绍传动链。

2.3.1 传动链与链轮

图2-12是典型链传动的结构,由传动链、主动链轮、从动链轮3部分组成。

链条按照结构不同可以分为套筒链、套筒滚子链(简称滚子链)和齿形链3种。其中,套筒链除了没有滚子外,其他结构与滚子链相同,如图2-13所示。滚子链由5部分组成:外链板、内链板、销轴、套筒和滚子。其中,外链板和销轴、内链板和套筒采用过盈配合;滚子与套筒、套筒与销轴之间采用间隙配合。

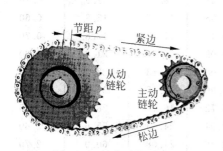

图2-12 链传动的组成

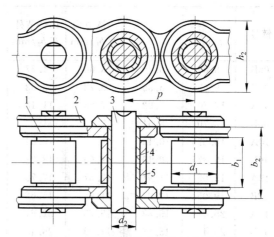

图2-13 滚子链的基本结构与主要参数
1—内链板;2—外链板;3—销轴;4—套筒;5—滚子

滚子链的结构特性尺寸包括:

(1) 链的节距 p,即相邻两个销轴之间的中心距。p 值越大,链的尺寸及传递功率的能力就越强。

(2) 链节数,即链的长度。一般链节数取偶数以便于连接,接头处采用连接链节,用开口销或弹簧卡片固定(图2-14(a),(b));当链节数为奇数时,需要增加过渡链节(图2-14(c),(d))。

其他参数还包括滚子直径 d_1、销轴直径 d_2、内链节内宽 b_1、内链节外宽 b_2、内链板高度

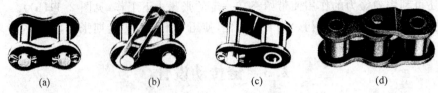

图 2-14 滚子链的接头形式

(a) 开口销接头；(b) 弹簧卡片接头；(c) 过渡链节；(d) 过渡链节连接

h_2 等，如图 2-13 所示。

滚子链的结构已经标准化，分为 A、B 两个系列。国内成套产品及出口到以美国为中心区域的国家时，推荐采用 A 系列；出口欧洲国家时，建议采用 B 系列。GB/T 1243—2006 给出了链的系列、尺寸及极限拉伸载荷。表 2-10 摘录了部分基本数据，供读者参考。

滚子链与链轮的啮合属于非共轭啮合，链轮齿形有较大的灵活性，因此国标 GB/T 1243—1997 中仅规定了链轮的最大齿槽和最小齿槽形状。实际的齿槽形状决定于加工刀具和加工方法。具体的链轮结构参看第 7 章的有关内容。

表 2-10 滚子链的主要尺寸和极限拉伸载荷

链号	节距 p/mm	滚子外径 d_1/mm	内链节内宽 b_1/mm	内链节外宽 b_2/mm	销轴直径 d_2/mm	内链板高度 h_2/mm	极限拉伸载荷(单排) Q/kN	每米质量(单排) q/(kg/m)
05B	8.00	5.00	3.00	4.77	2.31	7.11	4.4	0.18
06B	9.525	6.35	5.72	8.53	3.28	8.26	8.9	0.40
08A	12.70	7.92	7.85	11.18	3.98	12.07	13.8	0.60
08B	12.70	8.51	7.75	11.3	4.45	11.81	17.8	0.70
10A	15.875	10.16	9.40	13.84	5.09	15.09	21.8	1.00
10B	15.875	10.16	9.65	13.28	5.08	14.73	22.2	0.95
12A	19.05	11.91	12.57	17.75	5.96	18.08	31.1	1.50
12B	19.05	12.07	11.68	15.62	5.72	16.13	28.9	1.25
16A	25.4	15.88	15.75	22.61	7.94	24.13	55.6	2.60
16B	25.4	15.88	17.02	25.45	8.28	21.08	60.0	2.70
20A	31.75	19.05	18.90	27.46	9.54	30.18	86.7	3.80
20B	31.75	19.05	19.56	29.01	10.19	26.42	95.0	3.60
24A	38.10	22.23	25.22	35.46	11.11	36.20	124.6	5.60
24B	38.10	25.4	25.4	37.92	14.63	33.4	160.0	6.70

注：使用过渡链节时，其极限拉伸载荷按表列数值的 80% 计算。

2.3.2 链传动的运动特性及其影响

链条是挠性的，但链节是刚性的，因此链条是以折线方式绕在链轮上的(图 2-15)。设链节距为 p，链轮齿数为 z，则链轮转过 1 周，随之转过的链长为 zp。若主、从动轮的转速分

别为 n_1 和 n_2，链速为 v，则

$$v = \frac{z_1 p n_1}{60 \times 1000} = \frac{z_2 p n_2}{60 \times 1000} \tag{2-27}$$

链传动的平均传动比为 $i = \dfrac{n_1}{n_2} = \dfrac{z_2}{z_1} = C$，即平均传动比为常数。

观察图 2-15(a)，某一时刻小链轮一侧某一销轴处的切线速度为 $v_1 = \omega_1 R_1$，其中 ω_1 是小链轮的角速度；R_1 是小链轮的分度圆半径。设此时销轴的相位角（链条销轴中心连线与通过链轮中心的铅垂线之间的夹角）为 β（图 2-15(a)），则瞬时切线速度可以分解为水平和垂直两个分量：

$$v_{1x} = v_1 \cos\beta, \quad v_{1y} = v_1 \sin\beta$$

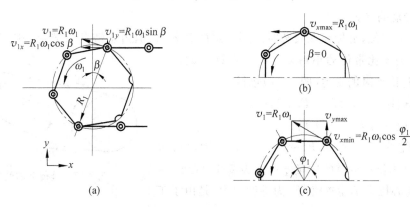

图 2-15 链传动速度图

在链传动过程中，相位角 β 是变化的，其范围是 $-\dfrac{\varphi_1}{2} \leqslant \beta \leqslant +\dfrac{\varphi_1}{2}$，中心角 $\varphi_1 = \dfrac{360°}{z_1}$。当 $\beta = 0$ 时，水平分速度达到最大值，即 $v_{1x\max} = v_1 = \omega_1 R_1$；$\beta = \pm\dfrac{\varphi_1}{2}$ 时，垂直分速度达到最大值，即 $v_{1y\max} = \omega_1 R_1 \cos\dfrac{\varphi_1}{2}$，如图 2-15(b)，(c)所示。由此可知，链条的速度是周期性变化的，如图 2-16 所示。同理可得，从动轮的速度分布与链条的前进速度具有同样的规律。链传动中，瞬时速度的这种周期性变化随着链轮齿数的减小和中心角 φ 的增大而变得剧烈。链传动的瞬时传动比为

$$i = \frac{\omega_1}{\omega_2} = \frac{R_2 \cos\gamma}{R_1 \cos\beta} \tag{2-28}$$

式中，γ 为从动轮上的相位角。

链速的周期性变化是由于围绕在链轮上的链条形成

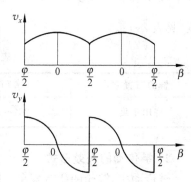

图 2-16 链速的周期变化

了正多边形造成的,这个特点称为链传动的多边形效应,它对链传动的载荷和运动的平稳性等都产生不利的影响。因为:

(1) 它会使链传动产生周期性的动载荷;

(2) 链速垂直分量的周期性变化,会产生垂直方向的加速度,引起链沿链轮径向的振动,从而加剧链与链轮的磨损,严重时可能发生跳齿;

(3) 速度的瞬时变化会使链与链轮在进入啮合状态的瞬间产生冲击,引起噪声和加剧磨损。

2.3.3 链传动的设计

1. 链传动的受力分析

与带传动相似,链传动在安装时需要一定的张紧力,但由于链条与链轮是啮合的,所以需要的张紧力要比带传动小得多。如果不计动载荷的影响,那么链传动时的受力(图 2-17)包括:

(1) 紧边拉力 $F_1 = F_e + F_c + F_f$;

(2) 松边拉力 $F_2 = F_c + F_f$。

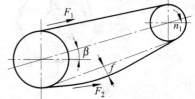

图 2-17 链传动的受力

其中, F_e 为工作拉力, $F_e = F_1 - F_2$; F_c 为离心拉力, $F_c = qv^2$(单位长度链的质量 q 可查表 2-10),当 $v > 7$ m/s 时,离心拉力不能忽略; F_f 为垂度拉力,是由于工作时链条松弛下垂而引起的拉力,其大小与链的布置形式及链在工作时的许用垂度有关,其计算公式为

$$F_f \approx \frac{1}{f}\left(\frac{qga}{2} \cdot \frac{a}{4}\right) = \frac{qga}{8\left(\frac{f}{a}\right)} \tag{2-29}$$

式中, g 为重力加速度, 9.81 m/s²; f 为悬索垂度,m; a 为链传动的中心距,m; $\dfrac{f}{a}$ 为许用垂度,见表 2-11。

表 2-11 链传动的许用垂度值

链的布置方式	$\beta = 0°$	$45° \leqslant \beta \leqslant 90°$	$\beta < 45°$
许用垂度 $\dfrac{f}{a}$	2%~3%	0.5%~1%	1%~2%

2. 链传动的失效形式

链传动中,链轮的疲劳寿命一般是链条的 2 倍以上,因此失效分析和强度设计主要针对链条进行。

(1) 链的疲劳破坏。在工作过程中,链的各个零部件均承受交变应力,经过一定的循环次数后,链板会发生疲劳断裂,套筒、滚子表面会出现疲劳点蚀。因此,链条的疲劳强度是决定链传动承载能力的主要因素。

(2) 链条铰链的磨损。链条中的销轴和套筒之间不仅承受较大的压力,而且具有相对转动,导致接触面的磨损,其结果使得链节距增大,链条总长度增加,也使链的松边垂度增加,增加链传动的动载荷和运动不均匀性,引起跳齿。

(3) 链条铰链的胶合。当链速较高时,链节会受到更大的冲击,销轴与套筒在高压下直接接触,同时相对转动产生摩擦热,从而导致胶合。因此,为避免胶合失效发生,链传动有极限转速的限制。

(4) 链条的静力破坏。当链在链速 $v < 0.6 \text{ m/s}$ 情况下工作时,即使链条的负载不变,其变形也可能持续增加,即链条被破坏。导致链条变形持续增加的最小负载决定了链传动的最大承载能力。

3. 链传动的极限功率

链传动的失效形式与链传动的速度密切相关,图 2-18 为链传动的极限功率曲线。当润滑良好、链速中等时,链的主要失效形式是链板的疲劳强度;随着链速的增加,冲击动载荷增加,传动的极限功率取决于套筒和滚子的冲击疲劳强度;当转速很高时,极限载荷取决于胶合失效。

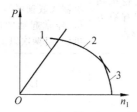

1——由链板疲劳强度决定
2——由套筒、滚子冲击疲劳强度决定
3——由销轴和套筒胶合决定

图 2-18 链传动极限功率曲线

4. 链传动的额定功率曲线

为保证链传动正常工作,通过在特定条件下对各类滚子链进行试验,测得其额定功率 P_0 曲线(图 2-19),供实际设计时使用。考虑实际工作条件与试验条件不同,实际链传动功率需进行修正,即

$$P_{ca} = K_A P \leqslant K_z K_p P_0 \quad (2\text{-}30)$$

式中, P_{ca} 为链条的计算功率,kW; K_A 为工作情况系数,见表 2-12; K_z 为小链轮齿数系数,见表 2-13; K_p 为多排链的排数系数,见表 2-14。

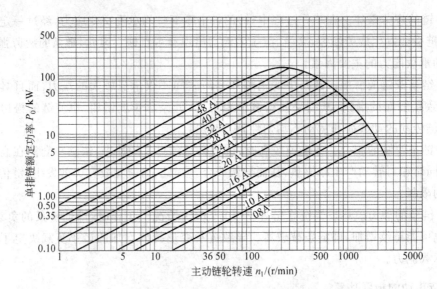

图 2-19 A 系列单排滚子链的额定功率曲线

表 2-12 链传动功率的工作情况系数

从动机械特性		主动机械特性		
		电动机、汽轮机和燃气轮机、带有液力偶合器的内燃机	六缸或六缸以上带机械式联轴器的内燃机、经常起动的电动机（一日两次以上）	少于六缸带机械式联轴器的内燃机
平稳运转	离心泵、压缩机、印刷机械、均匀加料的带式输送机、自动扶梯、液体搅拌机和混料机、风机	1.0	1.1	1.3
中等冲击	三缸或三缸以上的泵和压缩机、混凝土搅拌机、载荷非恒定的输送机	1.4	1.5	1.7
严重冲击	刨煤机、电铲、轧机、球磨机、压力机、剪床、石油钻机、橡胶加工机械	1.8	1.9	2.1

表 2-13 小链轮齿数系数 K_z

z_1	9	10	11	12	13	14	15	16	17	18	19	20	21	22	23
K_z	0.446	0.500	0.554	0.609	0.664	0.719	0.775	0.831	0.887	0.943	1.00	1.06	1.11	1.17	1.23
K_z'	0.326	0.382	0.441	0.502	0.566	0.633	0.701	0.773	0.846	0.922	1.00	1.08	1.16	1.25	1.33

注：当链传动工作在图 2-18 中高峰值左侧时，主要失效形式为链板疲劳破坏，取 $K_z=(z_1/19)^{1.08}$；当链传动工作在图 2-18 中高峰值右侧时，主要失效形式为冲击疲劳破坏，取 $K_z'=(z_1/19)^{1.5}$。

表 2-14　多排链的排数系数 K_p

排数	1	2	3	4	5	6
K_p	1	1.7	2.5	3.3	4.0	4.6

5．链传动的润滑设计

与带传动不同，由于链传动中链条与链轮之间属于啮合传动，且由于多边形效应产生的动载荷、振动及噪声等的影响，链条与链轮之间的磨损、套筒与销轴之间的胶合等都需要润滑，以达到缓冲、减磨、延长链传动寿命的目的。

链润滑常用的润滑剂为 32,46,68 全损耗系统用油。对于不适宜用润滑油的场合，也可采用润滑脂，但要注意定期清洗和更换。

链传动的润滑方式包括定期人工润滑、滴油润滑、油池润滑、油盘飞溅润滑和压力供油润滑，如图 2-20 所示。

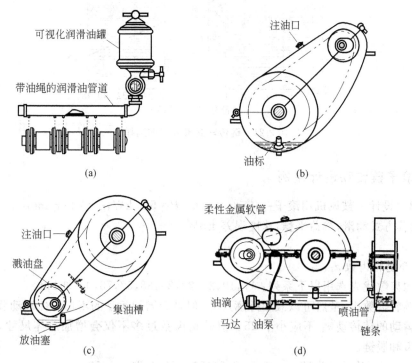

图 2-20　链传动润滑方式与装置
(a) 滴油润滑；(b)（浅层）油池润滑；(c) 油盘飞溅润滑；(d) 压力供油润滑

链传动润滑方式的选择与链速有关，可参照图 2-21 进行选择。

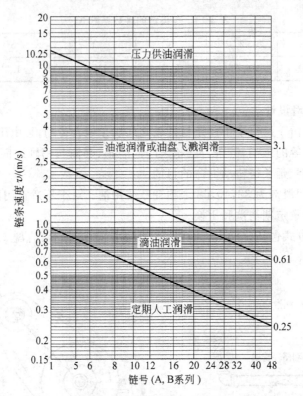

图 2-21 链传动润滑方式的选择

2.3.4 滚子链传动设计举例

例 2-3 设计一鼓风机用滚子链传动。已知：$P=5.5$ kW，$n=720$ r/min，$i=2.6$，水平布置，按推荐方式润滑，载荷平稳，速度误差$\pm 5\%$。

解：

1. 选择链轮齿数 z_1，z_2

链轮的齿数优先选用以下系列：17，19，21，23，25，38，57，76，95 和 114。

如果链轮齿数少，虽然可以减小外廓尺寸，但是会增加运动的不均匀性和动载荷。因此对于高速运动的链传动 z_1 不应小于 25。但链轮齿数过多不仅会增加总体尺寸，而且更容易发生跳齿和脱链。

初取 $z_1=21$，从动轮齿数 $z_2=iz_1=2.6\times 21=54.6$，取 $z_2=57$。

实际传动比 $i=\dfrac{z_2}{z_1}=\dfrac{57}{21}=2.71$，传动比误差 $\delta=\dfrac{2.71-2.6}{2.6}=4.5\%<5\%$，满足设计要求。

2. 确定计算功率 P_{ca}

由表 2-12 查得 $K_A=1.0$，$P_{ca}=K_A P=1.0\times 5.5=5.5$(kW)。

3. 计算单排链条传动的功率 P_0

由表 2-13 和表 2-14 查得 $K_z=1.11, K_p=1$(按小链轮转速估计,链工作在功率曲线的左侧)。由式(2-30),有 $P_0 \geqslant \dfrac{P_{ca}}{K_z K_p} = \dfrac{5.5}{1.11 \times 1} = 4.95 (\text{kW})$。

4. 选链条节距 p

根据图 2-19,选链号 10A(由表 2-10 可知链节距 $p=15.875$ mm)的链条。

5. 计算中心距 a

如果链传动的中心距小,那么单位时间内链条绕过的次数多,链条所受的疲劳应力循环次数增加,从而加剧链条的磨损并发生跳齿和脱链。而中心距过大,会因松边垂度加大而造成松边抖动,影响运动的平稳性。如果中心距没有特殊要求,设计时可取 $a_0=(30\sim 50)p$,最大可取 $a_{0\max}=80p$。

初取 $a_0=40p=40\times 15.875=635 (\text{mm})$。

6. 确定链节数 L_p

$$L_p = 2\dfrac{a_0}{p} + \dfrac{z_1+z_2}{2} + \left(\dfrac{z_2-z_1}{2\pi}\right)^2 \dfrac{p}{a_0}$$

$$= 2\times 40 + \dfrac{21+57}{2} + \left(\dfrac{57-21}{2\pi}\right)^2 \times \dfrac{1}{40} = 119.8$$

为避免使用过渡链节,链节数计算后尽可能圆整为偶数。取 $L_p=120$。

实际中心距为

$$a = \dfrac{p}{4}\left[\left(L_p - \dfrac{z_1+z_2}{2}\right) + \sqrt{\left(L_p - \dfrac{z_1+z_2}{2}\right)^2 - 8\left(\dfrac{z_2-z_1}{2\pi}\right)^2}\right]$$

$$= \dfrac{15.875}{4}\left[\left(120 - \dfrac{21+57}{2}\right) + \sqrt{\left(120 - \dfrac{21+57}{2}\right)^2 - 8\left(\dfrac{57-21}{2\pi}\right)^2}\right]$$

$$= 636.4 (\text{mm})$$

7. 求解链速 v,选择适宜的润滑方式

$$v = \dfrac{n_1 z_1 p}{60\times 1000} = \dfrac{720\times 21 \times 15.875}{60\times 1000} = 4.0 (\text{m/s})$$

查图 2-21,此链传动宜采用油池润滑或油盘飞溅润滑。

8. 计算压轴力 F_Q

与带传动一样,链轮所受的压轴力是设计链轮支承轴与选择支承轴承的主要依据,所以设计链传动时,需要计算压轴力的大小。

压轴力 F_Q 可以近似取为

$$F_Q \approx K_{F_p} F_e \tag{2-31}$$

式中,K_{F_p} 为压轴力系数,对于水平传动 $K_{F_p}=1.15$,对于垂直传动 $K_{F_p}=1.05$。则

$$F_Q \approx K_{F_p} F_e = 1.15 \times \frac{1000P}{v} = 1.15 \times \frac{1000 \times 5.5}{4}$$
$$= 1581.3(\text{N})$$

9. 链轮结构设计(略)

2.3.5 链传动的张紧

链传动的张紧目的在于避免松边垂度过大,防止啮合不良和产生振动。另外,通过张紧也可以增大链条与链轮的啮合包角。一般当 $\beta \geqslant 60°$(图 2-17)时,均需要加张紧装置。张紧装置分为可调整中心距式和不可调中心距式(图 2-22)。其基本原理与带传动张紧装置相似。张紧轮一般布置在松边靠近小链轮一侧。

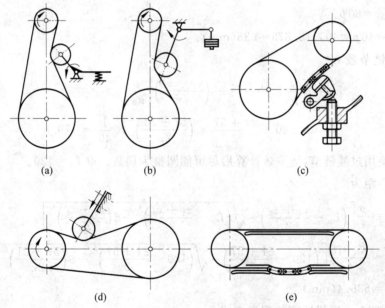

图 2-22 链传动的张紧装置
(a)弹簧自动张紧装置;(b)吊重自动张紧装置;
(c)螺旋调整张紧装置;(d)偏心调整张紧装置;(e)压板和托板张紧装置

2.4 齿轮传动设计

齿轮传动是目前在各个领域被广泛应用的重要机械传动形式。其主要特点和应用场合见表 2-1。

齿轮传动按照其齿形不同可以分为直齿圆柱齿轮传动、斜齿圆柱齿轮传动和锥齿轮传动。

按照润滑方式可分为开式齿轮传动、半开式齿轮传动和闭式齿轮传动。其中,开式齿轮传动是指齿轮传动装置不加任何防护,完全暴露在外的结构形式。由于这种形式没有润滑,且外界杂物宜侵入,因此工作条件不好,轮齿易磨损,仅在低速传动中使用,如农业机械、建筑机械或简单机械装置中;半开式齿轮传动一般只带有简单防护罩,有时把大齿轮部分浸入到油池中,使润滑条件得到一定改善,但总体来说工作条件仍然不好;闭式齿轮传动时,整个传动装置被密封在一个具有一定加工精度的箱体中,不仅能够保证工作中齿轮充分润滑,而且可以严格保证外界杂物不会进入到箱体中,其工作条件最好,一般用于重要的齿轮传动,如汽车、航天航空发动机等。

按照齿轮材料的硬度,齿轮传动还可以分为软齿面(≤350HBW)传动和硬齿面(>350HBW)传动两类。

齿轮传动的典型设计问题,一般已知所要传动的功率、传动比、输入或输出转矩(或转速),需要确定齿轮传动中齿轮材料与热处理、大小齿轮齿数、模数、传动中心距、齿轮宽度、螺旋角、变位系数等参数。根据运动关系、齿轮啮合原理和传动要求进行齿轮齿数的选取,其基本方法和原则在机械原理中已经阐述,本书从齿轮传动的工作能力设计出发,进一步确定其他参数。

2.4.1 齿轮传动的受力分析

齿轮传动中齿轮的受力包括轮齿间的啮合力、摩擦力和附加力。其中,因为齿轮一般都有良好的润滑,齿轮传动中的摩擦力很小,可忽略不计。下面讨论附加力和啮合力的计算方法。

1. 齿轮传动的名义载荷和计算载荷

齿轮传动的附加力主要是由制造与安装误差、工作载荷和原动机性质等产生的,量化较复杂,但对齿轮传动的运动平稳性和精度具有较大影响,工程上一般采用修正系数,将齿轮传动的名义载荷(转矩)转化成计算载荷(转矩),以简化齿轮的受力分析,二者之间的关系为

$$T_{ca} = KT = K_A K_v K_\alpha K_\beta T \tag{2-32}$$

式中,T_{ca}为计算载荷(转矩),N·mm;T为名义载荷(转矩),$T=9.55\times10^6\dfrac{P}{n}$,N·mm(其中,$n$为齿轮转速,r/min;$P$为齿轮传动功率的理论值,kW);$K_A$为使用系数,是考虑齿轮外部工作条件(如原动机性质、工作载荷性质、联轴器的缓冲能力等)产生的动载荷影响,见表2-15;K_v为动载系数,是考虑齿轮副本身啮合误差引起的内部动载荷的影响,见图2-23;K_α为齿间载荷分配系数,是考虑同时啮合的各对轮齿之间载荷分配不均匀的影响,可由表2-16查得;K_β为齿向载荷分布系数,是考虑载荷沿齿轮宽度方向分布的不均匀性对齿轮承载能力的影响,由表2-17查得。

表 2-15　使用系数 K_A

原动机特性 工作机特性	均匀平稳 电动机	轻微冲击 汽轮机、液压马达	中等冲击 多缸内燃机	严重冲击 单缸内燃机
均匀平稳	1.00	1.10	1.25	1.50
轻微冲击	1.25	1.35	1.50	1.75
中等冲击	1.50	1.60	1.75	2.00
严重冲击	1.75	1.85	2.00	2.25

注：表中所列 K_A 值仅适用于减速传动，若为增速传动，K_A 值为表值的 1.1 倍。

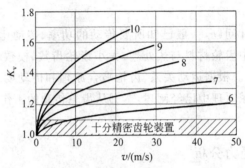

图 2-23　动载系数 K_v

注：图中 6,7,8…,10 为齿轮精度等级（见 2.4.4 节）

表 2-16　齿间载荷分配系数 K_α

$\dfrac{K_A F_t}{b}$ (N/mm)	≥100				<100
精度等级	5	6	7	8	5 级及更低
齿面经表面硬化　直齿轮		1.0	1.1	1.2	≥1.2
齿面经表面硬化　斜齿轮	1.0	1.1	1.2	1.4	≥1.4
齿面未经表面硬化　直齿轮		1.0		1.1	≥1.2
齿面未经表面硬化　斜齿轮		1.0	1.1	1.2	≥1.4

注：① F_t 为齿轮所受切向力；b 为齿轮宽度。
② 对修形齿，取 $K_\alpha=1$。
③ 当大、小齿轮的精度等级不同时，按精度等级较低者取值。

在齿轮传动的初步设计中，一些参数（如齿轮的圆周速度、齿轮宽度等）还不确定，可以采用表 2-18 推荐的 K 值估算齿轮的计算转矩，而后再根据设计后的齿轮有关参数进行验算。

表 2-17 齿向载荷分布系数 K_β

布置形式		$\varphi_d = b/d_1$ 小齿轮齿面硬度 HBW	0.2	0.4	0.6	0.8	1.0	1.2	1.4	1.6	1.8	2.0
对称布置		≤350	—	1.00	1.02	1.03	1.05	1.07	1.09	1.13	1.17	1.22
		>350	—	1.01	1.03	1.06	1.10	1.14	1.19	1.25	1.34	1.44
非对称布置	轴的刚性较大	≤350	1.00	1.02	1.04	1.06	1.08	1.12	1.14	1.18	—	—
		>350	1.00	1.04	1.08	1.13	1.17	1.23	1.28	1.35	—	—
	轴的刚性较小	≤350	1.03	1.05	1.08	1.11	1.14	1.18	1.23	1.28	—	—
		>350	1.05	1.10	1.16	1.22	1.28	1.36	1.45	1.55	—	—
悬臂布置		≤350	1.08	1.11	1.16	1.23	—	—	—	—	—	—
		>350	1.15	1.21	1.32	1.45	—	—	—	—	—	—

注：① 表中数值为 8 级精度的 K_β 值。若精度高于 8 级，表中值应减小 5%~10%，但不得小于 1；若精度低于 8 级，表中值应增大 5%~10%。
② 跨径比 $L/d \approx 2.5~3$ 时为刚性大的轴；$L/d > 3$ 时为刚性小的轴。
③ 对于锥齿轮，$\varphi_d = \varphi_{dm} = b/d_{m1} = \varphi_R \sqrt{u^2+1}/(2-\varphi_R)$。其中，$d_{m1}$ 为小齿轮的平均分度圆直径，mm；u 为齿数比；$\varphi_R = b/R$（R 为锥齿轮的锥距）。

表 2-18 初步设计时修正系数 K 的推荐值

工作机特性 \ 原动机特性	均匀平稳	轻微冲击	中等冲击	严重冲击
	电动机	汽轮机、液压马达	多缸内燃机	单缸内燃机
均匀平稳	1.2~1.4	1.4~1.6	1.6~1.8	1.8~2.0
轻微冲击	1.4~1.6	1.6~1.8	1.8~2.0	2.0~2.2
中等冲击	1.6~1.8	1.8~2.0	2.0~2.2	2.2~2.4
严重冲击	1.8~2.0	2.0~2.2	2.2~2.4	2.4~2.6

2. 齿轮啮合力的计算

齿轮啮合力是齿轮传递运动和动力时的主要载荷，是设计齿轮承载能力、进行疲劳强度计算的主要依据。同时，正确分析轮齿的受力方向和大小，也是设计齿轮支承轴尺寸和正确选择支承轴承的理论基础。

假设齿轮的作用力全部由一对轮齿承担，且作用力简化为作用在轮齿宽度中点处的集中力。由图 2-24，将作用在轮齿上的法向啮合力 F_n 分解，可得圆柱齿轮啮合时的各分力大小。

对直齿圆柱齿轮，有

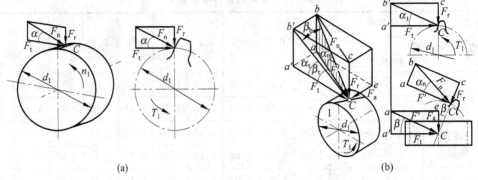

图 2-24 圆柱齿轮的受力分析
(a) 直齿圆柱齿轮；(b) 斜齿圆柱齿轮

$$\left.\begin{array}{l}切向力\ F_{t1} = \dfrac{2T_1}{d_1} = F_{t2} \\ 径向力\ F_{r1} = F_{t1}\tan\alpha = F_{r2}\end{array}\right\} \quad (2\text{-}33)$$

对斜齿圆柱齿轮,有

$$\left.\begin{array}{l}切向力\ F_{t1} = \dfrac{2T_1}{d_1} = F_{t2} \\ 径向力\ F_{r1} = \dfrac{F_{t1}\tan\alpha_n}{\cos\beta} = F_{r2} \\ 轴向力\ F_{a1} = F_t\tan\beta = F_{a2}\end{array}\right\} \quad (2\text{-}34)$$

式中,T_1 为作用在主动轮上的名义转矩,N·mm；d_1 为主动轮分度圆直径,mm；α 为啮合角,标准齿轮为 $20°$；α_n 为法面分度圆压力角,标准斜齿圆柱齿轮为 $20°$；β 为分度圆螺旋角。

由图 2-24 可以得到圆柱齿轮法向力分解成 3 个分力的方向如下：

(1) 主动轮。切向力作为阻力,与主动轮的转动方向相反；径向力指向轮心；斜齿圆柱齿轮的轴向力方向取决于齿轮的回转方向和螺旋线方向,可用"主动轮左、右手定则"来判断。即当主动轮为右旋时,用右手握住主动轮的轴线,以四指的弯曲方向代表主动轮的转向,拇指指向即为它所受轴向力的方向。当主动轮为左旋时,用左手握住主动轮轴线,以四指的弯曲方向代表主动轮的转向,拇指指向即为它所受轴向力的方向。因为此方法仅适用于主动轮,所以称为"主动轮左、右手定则"。

(2) 从动轮。根据作用力与反作用力的关系,从动轮上各分力的方向与主动轮上各分力的方向相反。

直齿锥齿轮的 3 个分力如图 2-25 所示,其大小为

$$\left. \begin{array}{l} 切向力\ F_{t1} = \dfrac{2T_1}{d_{m1}} = -F_{t2} \\ 径向力\ F_{r1} = F_t \tan\alpha\cos\delta_1 = -F_{a2} \\ 轴向力\ F_{a1} = F_t \tan\alpha\sin\delta_1 = -F_{r2} \end{array} \right\} \quad (2-35)$$

式中,d_{m1} 为主动锥齿轮齿宽中点的分度圆直径,mm;δ_1、δ_2 为分别为主动轮与从动轮的分锥角,$\tan\delta_1 = \dfrac{z_1}{z_2}$,$\tan\delta_2 = \dfrac{z_2}{z_1}$。

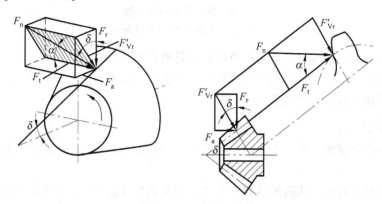

图 2-25 直齿锥齿轮啮合受力分析

锥齿轮啮合力 3 个分力的方向如下:

(1) 主动轮。切向力作为阻力,与主动轮的转动方向相反;径向力指向轮心;轴向力指向锥的大端;

(2) 从动轮。切向力作为动力,与从动轮的转动方向相同;径向力指向轮心;轴向力指向锥的大端。

2.4.2 齿轮传动的失效方式及设计准则

由齿轮传动的受力分析和实际应用的结果可知,齿轮的失效形式主要是疲劳失效,且齿轮的失效主要发生在轮齿,需要进行强度设计;而轮毂和轮辐较少失效,一般按照经验进行设计。齿轮的失效,按照失效发生的部位可以分为轮齿整体失效和齿面失效两大类。

1. 轮齿整体失效

轮齿整体失效一般是指轮齿疲劳断裂。齿轮传动过程中,啮合力作用在齿廓表面,轮齿受力类似于悬臂梁,且载荷是不断变化的,经过一段作用时间后,齿面会产生疲劳裂纹,裂纹不断扩展,最后发生轮齿的疲劳断裂。由于轮齿根部危险截面受力最大,又存在加工造成的应力集中,所以轮齿的疲劳断裂一般发生在轮齿的根部,如图 2-26(a)所示。当齿轮精度低、轴的平行度差或轴的弯曲变形较大时,会造成齿轮偏载,轮齿也会发生局部折断(图 2-26(b))。

图 2-26 轮齿弯曲疲劳失效

(a) 轮齿沿齿根折断；(b) 轮齿部分折断

避免轮齿发生疲劳断裂发生的有效措施就是要在设计时进行弯曲疲劳强度和静强度设计。此外，采用正变位齿轮以增加轮齿厚度、增大齿根过渡圆角；轮齿材料进行强化处理等方法也可以提高轮齿的弯曲疲劳强度。

2. 齿面失效

齿轮的齿面失效主要是由表面应力造成的，包括点蚀、胶合、磨损和塑性变形。

1) 点蚀

点蚀是润滑良好的闭式齿轮传动中最主要的失效形式。开式传动的齿轮由于磨损较严重，产生的接触疲劳裂纹很快就会被磨去，因此不会产生疲劳点蚀。

作用在齿面的接触应力在齿轮工作过程中是周期性变化的，而且轮齿表面还承受摩擦力和润滑产生的局部压力，因此会在轮齿表层一定深度下产生裂纹。这些裂纹在上述应力综合作用下，随着循环次数的增加不断扩展，最终产生轮齿表面材料的脱落，并在轮齿表面形成一个个的凹坑。随着凹坑数量的增多，齿轮传动的振动和噪声也会增强，最终使齿轮传动不能正常工作，即形成疲劳点蚀（图 2-27）失效。

图 2-27 齿面疲劳点蚀
（扩展性点蚀）

由点蚀失效的表现可以看到，点蚀坑集中在轮齿表面节线附近靠近齿根一侧。这是因为在节线附近，相互啮合的轮齿表面相对速度低，不易产生流体动压润滑效应，且在节线附近时，同时承载的轮齿数目较少，接触应力较大，因此最先在节线附近发生点蚀，随后向附近扩展。对于软齿面齿轮，在使用初期出现少量点蚀后，如果载荷适当，会随着时间的推移点蚀不再扩展，这类点蚀称为收敛性点蚀。而硬齿面齿轮一旦发生点蚀，就会不断扩展，直至失效，称为扩展性点蚀。

避免发生疲劳点蚀首先要在设计时对齿面的接触疲劳强度进行设计。另外，通过采用正变位齿轮、增加齿面硬度、提高轮齿表面质量、增加润滑油黏度等措施也可以有效地减少疲劳点蚀的发生。

2) 胶合

对于高速、重载齿轮传动，齿面压力大或相对速度大，都会造成齿面的局部高温。当温度达到一定高度时,齿面会发生粘焊,在相对运动时齿面材料会撕脱;即使粘连较轻,也会产生划痕,造成齿轮传动失效。这种失效称为胶合。胶合失效往往发生在齿顶和齿根具有较大相对滑动速度的部位,如图2-28所示。

避免胶合失效的设计方法可参照用于高速重载齿轮计算的相关国家标准。同时,采用减小相对滑动速度的一些措施,如在满足承载要求的前提下,尽量采用小模数、小齿高或采用变位齿轮等,也可以提高齿轮表面抗胶合的能力。改善润滑条件、使用抗胶合能力强的润滑剂、提高齿轮材料的表面强度也能减轻或避免齿面胶合。

图 2-28 齿面胶合失效

3) 磨损

磨损是开式齿轮传动的主要失效形式。轮齿表面在工作中存在的相对滑动速度会产生摩擦和磨损;环境中的沙砾、金属屑等磨料落入齿面等也会在齿面引起磨粒磨损。磨损产生齿形变化,严重时使得轮齿变薄而弯曲折断。采用闭式传动、提高齿轮的表面质量及保持润滑油的清洁,都可以有效地减小磨损失效。齿轮表面的磨损失效目前还没有准确的定量设计方法,一般在弯曲强度设计的基础上适当增大模数,以提高齿轮传动的抗磨损能力。

4) 塑性变形

塑性变形一般发生在软齿面传动中。在重载作用下,由于齿面相对滑动速度会产生摩擦力作用,如果齿面的表面材料硬度较低,就会沿摩擦力方向产生材料堆积(如图2-29(a)),而在主动轮表面产生凹坑(图2-29(b)),从动轮表面出现突脊。

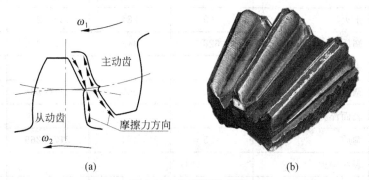

图 2-29 齿面塑性变形
(a) 塑性变形机理;(b) 塑性变形实物照片

3. 齿轮传动的设计准则

齿轮传动的上述5种失效形式一般不是孤立存在的,在实际应用中会同时存在两种以上的失效,且往往相互作用。因此,齿轮传动设计中要正确判断主要的失效形式,以此为基础进行有针对性的强度设计。

在开式传动中,齿轮材料也常采用软齿面,齿轮主要以磨损和弯曲疲劳为主要失效形式。因此,强度设计依据轮齿的弯曲疲劳强度进行,通过适当增加齿轮模数(一般增加15%),提高抗磨损失效的能力。

闭式传动中,如果齿轮为高硬度材料,则弯曲疲劳断裂较点蚀失效更易发生,因此一般按照弯曲疲劳强度进行设计,再按照接触疲劳强度进行校核。若齿轮采用中、低硬度材料制造,则齿面疲劳点蚀更易发生,因此需要按照接触疲劳强度进行设计,再进行弯曲疲劳强度校核。另外,为提高小齿轮的疲劳强度,小齿轮材料一般比大齿轮材料硬度高30~50 HBW。对于高速重载工作情况下的齿轮传动,还应进行胶合失效的计算。本书的讨论对象为一般工作情况下的齿轮传动,因此,参照 GB/T 3480—1997,只介绍齿轮传动的弯曲疲劳强度和接触疲劳强度的简化计算方法。

2.4.3 齿轮常用材料及热处理

根据齿轮传动的失效分析,在齿轮材料的选择时一般需要满足齿面要硬、轮芯要韧的基本要求。据此,由于金属材料,特别是钢材,具有韧性好、耐冲击性能,而且可以通过不同的热处理方法改善其力学性能和提高表面硬度,因此得到广泛的应用。非金属材料齿轮在高速、轻载、精度要求不高或考虑减轻重量等场合也有应用。表 2-19 列出了部分常用齿轮材料的牌号、热处理方法及其主要力学性能,供读者设计时参考。

表 2-19 常用齿轮材料及其力学性能

材料	热处理	力学性能		硬度	
		σ_b/MPa	σ_s/MPa	HBW	HRC
45	正火	569	284	162~217	
	调质	628	343	217~255	
	表面淬火				40~50
40Cr	调质	700	500	241~286	
	表面淬火				48~55
42SiMn	调质	735	461	217~269	
	表面淬火				45~55
35CrMo	调质	686	490	207~269	
	表面淬火				40~45
42CrMo	调质	637	490	207~269	
40CrNi	调质	≥735	≥549	255	

续表

材料	热处理	力学性能		硬度	
		σ_b/MPa	σ_s/MPa	HBW	HRC
37SiCrMn2MoV	调质	814	637	241~286	50~55
38CrMoAlA	调质	981	834	229	氮化大于 850 HV
40CrNiMoA	表面淬火+高温回火	981	834	269	
20Cr	渗碳淬火+低温回火	637	392		56~62
17CrNiMo6	渗碳淬火+低温回火	980~1270	685		54~62
20Cr2Ni4	渗碳淬火+低温回火	≥1079	≥834		≥60
20CrMnMo	渗碳淬火+低温回火	1177	883		56~62
20CrMnTi	渗碳淬火+低温回火	1079	834		56~62
ZG340-640	调质	700	380	241~269	
ZG35SiMn	正火、回火	569	343	163~217	
ZG35SiMn	调质	785	588	197~248	
ZG35SiMn	表面淬火				40~45
ZG42SiMn	正火、回火	588	373	163~217	
ZG42SiMn	调质	637	441	197~248	
ZG42SiMn	表面淬火				40~45
HT250		250		170~241	
HT300		300		190~240	
HT350		350		210~260	
QT500-7		500	320	170~230	
QT600-3		600	370	190~270	

在选择齿轮材料时，一般要考虑以下几个方面的具体要求：

(1) 工作要求。齿轮传动应用广泛，工作条件千差万别。选择材料时首先要考虑工作性能的要求。例如，要求传动功率大、运动精度或平稳性高、尺寸或重量轻等高性能时，需选用钢或合金钢材料及相应的热处理方法；对于建筑机械、矿山机械等工作条件较恶劣，但一般速度较低的场合，可以选用具有良好抗磨损能力的铸铁或铸钢材料；而一些小型家用机械或办公机械，要求载荷小、噪声低、工作平稳，可以选用一些非金属材料。

(2) 工艺性要求。由于大尺寸齿轮一般需要铸造毛坯，因此常用铸铁材料或铸钢材料；

中等或中等以下尺寸的齿轮可以选用煅钢制成；小尺寸齿轮可以直接采用圆钢。

另外，齿轮材料的选取还要考虑材料的获取是否方便以及制造企业的加工条件（特别是热处理工艺的水平）等。在缺少资料的新设计中，还可以借鉴同类型或相似产品设计中的经验进行齿轮材料的选取。

2.4.4 齿轮传动的精度

国家标准规定，齿轮精度分为13级，按0～12顺序排列，0级最高，12级最低。精度等级应根据齿轮传动的用途、工作条件、传递功率和圆周速度的大小及其他技术要求等来选择。一般情况下，在传递功率大、圆周速度高、要求传动平稳、噪声低等场合，应选用较高的精度等级；反之，为了降低制造成本，精度等级可选得低些。表 2-20 列出了精度等级适用的速度范围和齿面的一般终加工方法；表 2-21 列出了各类通用机械中的齿轮精度范围，可供设计时参考。

表 2-20　不同精度等级齿轮传动的最大速度及其一般终加工方法　　m/s

精度等级	圆柱齿轮最大传动速度		锥齿轮最大传动速度		齿面的一般终加工方法
	直齿	斜齿	直齿	斜齿	
5级以上	≥20	>40	≥12	≥20	精密磨齿、精密剃齿
6级	<15	<30	<12	<20	精密磨齿、精密剃齿
7级	<10	<15	<8	<10	不淬火齿轮采用高精度刀具切制即可；淬火齿轮要经过磨齿、研齿、珩齿等
8级	<6	<10	<4	<7	不磨齿，必要时剃齿或研齿
9级	<2	<4	<1.5	<3	不需要精加工

注：锥齿轮的圆周速度按平均直径处计算。

表 2-21　各类机械所用齿轮传动的精度范围

机械类型	精度等级	机械类型	精度等级
汽轮机	3～6	拖拉机	6～8
金属切削机床	3～8	通用减速器	6～8
航空发动机	4～8	锻压机床	6～9
轻型汽车	5～8	起重机	7～10
载重汽车	7～9	农业机械	8～11

2.4.5 齿轮传动的疲劳强度设计

齿轮传动疲劳强度设计的目的就是为防止齿轮传动的过早失效。根据疲劳强度理论，当$\sigma \leqslant [\sigma]$时,工作是可靠的。我国已经制定了渐开线圆柱齿轮和锥齿轮的强度计算方法,但较复杂。本节以标准直齿圆柱齿轮为例,说明齿轮传动疲劳强度的计算方法。

1. 齿轮的弯曲疲劳强度计算

1) 轮齿危险截面和最大弯曲应力的确定

齿轮啮合传动过程中,载荷实际为作用在齿宽沿线上的分布力。为简化计算模型,工程上一般将其简化成作用在齿顶圆上的集中力,且将轮齿近似看作一个受集中载荷作用的悬臂梁。

弯曲应力的危险截面确定方法,目前广泛采用 30°切线法。图 2-30 所示为标准直齿圆柱齿轮受力简化模型,作与轮齿中心线交 30°角的两条直线,且使它们与齿根过渡圆角相切,通过两个切点与齿轮轴线平行的截面即为轮齿的弯曲危险截面(AOB 所在平面)。

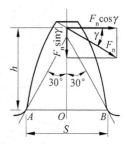

图 2-30 齿根危险截面确定和应力

由图 2-30 可知,法向力 F_n 分解成水平方向和垂直方向两个分力。由于垂直分力对轮齿产生的压应力较水平分力产生的弯曲应力小,因此忽略不计。则轮齿最大弯曲应力为

$$\sigma_F = \frac{M}{W} = \frac{F_n \cos \gamma \cdot h}{\frac{bS^2}{6}} = \frac{F_t}{b} \frac{6\cos \gamma \cdot h}{S^2 \cos \alpha}$$

式中,F_n 为轮齿上的法向力,$F_n = \frac{F_t}{\cos \alpha}$;$b$ 为齿宽;h 为力作用点到危险截面的距离;S 为齿根危险截面的厚度。

因为,S 和 h 均与齿轮模数成正比,且角度 α 和 γ 都与齿形有关,经整理可得

$$\sigma_F = \frac{F_t}{bm} \frac{6\left(\frac{h}{m}\right)\cos \gamma}{\left(\frac{S}{m}\right)^2 \cos \alpha} = Y_{Fa} \frac{F_t}{bm}$$

2) 标准直齿圆柱齿轮的弯曲强度计算

由前述齿轮传动受力分析可知,附加载荷的影响使齿轮工作时的受力应按照计算载荷计入。另外,齿根危险截面处有应力集中,可采用应力集中系数 Y_{Sa} 进行修正,最后得到弯曲疲劳强度计算公式:

$$\sigma_F = \frac{KF_t}{bm} Y_{Fa} Y_{Sa} = \frac{2KT_1}{bd_1 m} Y_{FS} \leqslant [\sigma_F] \tag{2-36}$$

式中,Y_{Fa} 为齿形系数;Y_{FS} 为复合齿形系数,$Y_{FS} = Y_{Fa} Y_{Sa}$,可查图 2-31。

式(2-36)用于标准直齿圆柱齿轮弯曲疲劳的强度校核。根据弯曲疲劳强度进行设计时,因为有两个未知参数,所以引入齿宽系数 $\varphi_d = \frac{b}{d_1}$(见表 2-22),代入式(2-36)可得设计公式为

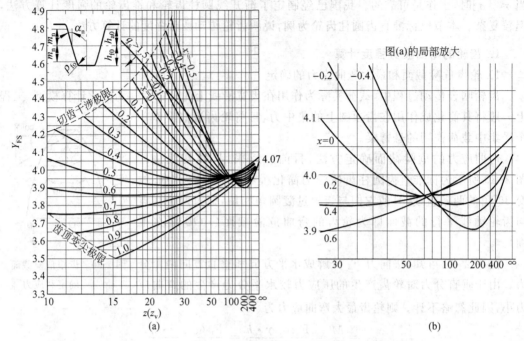

图 2-31 外啮合齿轮复合齿形系数 Y_{FS}

$$m \geqslant \sqrt[3]{\frac{2KT_1}{\varphi_d z_1^2} \frac{Y_{FS}}{[\sigma_F]}} \quad \text{mm} \tag{2-37}$$

表 2-22 齿宽系数推荐值

齿轮支承方式	对称布置	非对称布置	悬臂布置
φ_d	0.9~1.4(1.2~1.9)	0.7~1.15(1.1~1.65)	0.4~0.6

注：① 直齿圆柱齿轮宜取小值，斜齿圆柱齿轮可取大值；
② 硬齿面时取小值，软齿面时可取大值；
③ 载荷稳定、轴刚度大时可取大值，变载荷、轴刚度小时应取较小值；
④ 括号内数值用于人字齿轮，b 为人字齿轮总宽度。

3) 斜齿圆柱齿轮的弯曲疲劳强度计算

对于斜齿圆柱齿轮，由于存在螺旋角 β，因此接触线是倾斜的，轮齿折断常是局部折断。另外，啮合过程中，其接触线和危险截面的位置都在不断变化，接触线的总长度可按 $\frac{b\varepsilon_\alpha}{\cos\beta_b}$ 计算。这里采用近似方法，按法面当量直齿圆柱齿轮，引入螺旋角系数 Y_β 对齿根应力进行修正，并以法向模数 m_n 代替 m，则斜齿圆柱齿轮的弯曲强度校核公式为

$$\sigma_F = \frac{KF_t}{bm_n} Y_{FS} Y_\beta \leqslant [\sigma_F] \tag{2-38}$$

式中，Y_β 为螺旋角系数，查图 2-32；Y_{FS} 按当量齿数 $z_v=\dfrac{z}{\cos^3\beta}$，由图 2-31 查得；其他参数与标准直齿圆柱齿轮的相同。

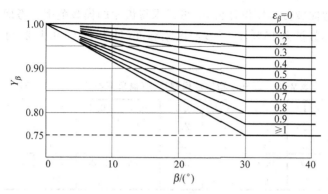

图 2-32 螺旋角系数 Y_β

取 $\varphi_d=b/d_1$ 代入上式，可得斜齿圆柱齿轮弯曲疲劳强度设计公式为

$$m_n \geqslant \sqrt[3]{\dfrac{2KT_1\cos^2\beta}{\varphi_d z_1^2}\dfrac{Y_{FS}Y_\beta}{[\sigma_F]}} \tag{2-39}$$

由于斜齿圆柱齿轮 $z_v>z$，$Y_\beta<1$，可知，在相同条件下，斜齿圆柱齿轮传动的轮齿弯曲疲劳强度比直齿圆柱齿轮传动的高。

4) 锥齿轮弯曲疲劳强度计算

锥齿轮传动轮齿的弯曲疲劳强度计算和校核，也采用锥齿轮齿宽中点的当量直齿轮进行近似计算。即将转矩、齿轮模数和分度圆直径均采用齿宽中点处的值代入式(2-36)，则弯曲疲劳应力计算公式为

$$\sigma_F = \dfrac{2KT_{v1}Y_{FS}}{bd_{v1}m_m} \leqslant [\sigma_F] \tag{2-40}$$

因为锥齿轮传动中的标准模数和压力角均在大端面上，所以进行如下的参数换算：$T_{v1}=\dfrac{T_1}{\cos\delta_1}$，$d_{v1}=\dfrac{d_{m1}}{\cos\delta_1}$，$m_m=(1-0.5\varphi_R)m$，齿宽系数 $\varphi_R=\dfrac{b}{R}$（常取 $\varphi_R=0.25\sim0.3$），锥顶距 $R=\dfrac{d_1}{2}\sqrt{1+u^2}$，齿数比 $u=\dfrac{z_2}{z_1}$。

将上述关系式代入式(2-40)，即得锥齿轮弯曲疲劳应力计算公式：

$$\sigma_F = \dfrac{4KT_1Y_{FS}}{\dfrac{b}{R}\left(1-0.5\dfrac{b}{R}\right)^2 m^3 z_1^2 \sqrt{1+u^2}} \leqslant [\sigma_F] \tag{2-41}$$

将齿宽系数 $\varphi_R=\dfrac{b}{R}$ 代入式(2-41)，可得锥齿轮弯曲疲劳强度的设计公式：

$$m \geq \sqrt[3]{\frac{4KT_1}{\varphi_R(1-0.5\varphi_R)^2 z_1^2 \sqrt{1+u^2}} \frac{Y_{FS}}{[\sigma_F]}} \qquad (2\text{-}42)$$

5) 齿轮传动的标准模数

根据齿轮的弯曲疲劳强度设计公式，可以求得齿轮的模数范围。考虑齿轮的磨损失效，一般将计算出的模数扩大15%，然后按照国家标准（见表2-23和表2-24）的规定选取齿轮的标准模数。

表 2-23 圆柱齿轮标准模数系列（摘自 GB/T 1357—1988）

第一系列	0.1	0.12	0.15	0.2	0.25	0.3	0.4	0.5	0.6	0.8
	1	1.25	1.5	2	2.5	3	4	5	6	8
	10	12	16	20	25	32	40	50		
第二系列	0.35	0.7	0.9	1.75	2.25	2.75	(3.25)	3.5	(3.75)	4.5	5.5
	(6.5)	7	9	(11)	14	18	22	28		36	45

表 2-24 锥齿轮标准模数系列（摘自 GB/T 12368—1990）

1	1.125	1.25	1.375	1.5	1.75	2	2.25	2.5	2.75	3	3.25
3.5	3.75	4	4.5	5	5.5	6	6.5	7	8	9	10

2. 齿轮的接触疲劳强度计算

齿轮接触疲劳强度计算的目的主要是避免轮齿表面发生点蚀失效。因为接触疲劳失效是从轮齿节线附近开始向附近扩展的，所以可以采用控制节点接触应力的方法进行近似设计。即节点处的接触应力满足

$$\sigma_H \leq [\sigma_H]$$

1) 标准直齿圆柱齿轮的接触疲劳强度计算

轮齿在啮合传动中，由于渐开线齿廓接触形状较复杂，为简化计算，将轮齿齿面接触近似为两个圆柱体的接触，如图 2-33 所示。

利用 Hertz 接触应力计算公式(1-19)，将标准直齿圆柱齿轮在节圆处的相关参数代入，其中：

作用载荷

$$F = F_n = \frac{KF_t}{\cos\alpha} = \frac{2KT_1}{d_1 \cos\alpha} \qquad (2\text{-}43)$$

接触线长

$$L \approx b \qquad (2\text{-}44)$$

综合曲率半径

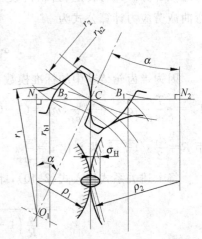

图 2-33 齿面接触应力计算示意图

$$\rho_v = \left(\frac{1}{\rho_1} \pm \frac{1}{\rho_2}\right)^{-1} = \frac{d_1 \cos\alpha \tan\alpha'}{2} \frac{u}{u \pm 1} \tag{2-45}$$

将式(2-43)~式(2-45)代入式(1-19),可得到节点处的接触应力为

$$\sigma_H = \sqrt{\frac{1}{\pi\left(\frac{1-\mu_1^2}{E_1} + \frac{1-\mu_2^2}{E_2}\right)}} \sqrt{\frac{2}{\cos^2\alpha\tan\alpha'}} \sqrt{\frac{2KT_1}{bd_1^2}\frac{u\pm 1}{u}}$$

$$= Z_E Z_H \sqrt{\frac{2KT_1}{bd_1^2}\frac{u\pm 1}{u}} \leqslant [\sigma_H] \tag{2-46}$$

式中,Z_E 为弹性系数,与齿轮的材料有关,$Z_E = \sqrt{\dfrac{1}{\pi\left(\dfrac{1-\mu_1^2}{E_1} + \dfrac{1-\mu_2^2}{E_2}\right)}}$,查表 2-25;$Z_H$ 为节点区域系数,$Z_H = \sqrt{\dfrac{2}{\cos^2\alpha\tan\alpha'}}$,查图 2-34;$u$ 为齿数比,外啮合传动取"+",内啮合传动取"-"。

表 2-25 弹性系数 Z_E $\sqrt{\text{MPa}}$

齿轮材料	弹性模量 E/MPa	配对齿轮材料				
		灰铸铁	球墨铸铁	铸钢	锻钢	夹布塑胶
		11.8×10^4	17.3×10^4	20.2×10^4	20.6×10^4	0.785×10^4
锻钢		162.0	181.4	188.9	189.8	56.4
铸钢		161.4	180.5	188.0		
球墨铸铁		156.6	173.9			
灰铸铁		143.7				

注:表中所列夹布塑胶的泊松比 μ 为 0.5,其余材料的 μ 均为 0.3。

将齿宽系数 φ_d 代入式(2-46),可得标准直齿圆柱齿轮齿面接触疲劳强度的设计公式:

$$d_1 \geqslant \sqrt[3]{\frac{2KT_1}{\varphi_d}\frac{u\pm 1}{u}\left(\frac{Z_E Z_H}{[\sigma_H]}\right)^2} \tag{2-47}$$

2) 斜齿圆柱齿轮的接触疲劳强度计算

与弯曲疲劳强度计算方法类似,斜齿圆柱齿轮的接触疲劳强度计算同样采用法面当量直齿圆柱齿轮近似计算。此时,引入螺旋角系数 $Z_\beta = \sqrt{\cos\beta}$;则斜齿圆柱齿轮传动齿面接触疲劳强度的验算式为

$$\sigma_H = Z_H Z_E Z_\beta \sqrt{\frac{KF_t}{bd_1}\frac{u\pm 1}{u}} \leqslant [\sigma_H] \tag{2-48}$$

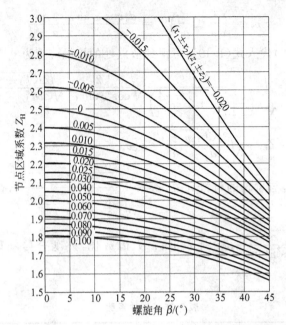

图 2-34 节点区域系数($\alpha=20°$; x_1, x_2 为大、小齿轮的变位系数)

式中,节点区域系数 $Z_H=\sqrt{\dfrac{2\cos\beta_b}{\sin\alpha'_t\cos\alpha'_t}}$,可由图 2-34 查得(其中,$\alpha'_t$ 为齿轮端面啮合角;β_b 为齿轮基圆螺旋角)。

将齿宽系数 $\varphi_d=b/d_1$ 代入式(2-48),可得齿面接触疲劳强度设计公式:

$$d_1 \geqslant \sqrt[3]{\dfrac{2KT_1}{\varphi_d}\dfrac{u\pm 1}{u}\left(\dfrac{Z_H Z_E Z_\beta}{[\sigma_H]}\right)^2} \tag{2-49}$$

由于斜齿圆柱齿轮的 Z_H 小于直齿圆柱齿轮,$Z_\beta<1$,可见在同样条件下,斜齿圆柱齿轮的接触疲劳强度比直齿圆柱齿轮高。

3) 锥齿轮的接触疲劳强度计算

锥齿轮接触疲劳强度计算仍然选择齿宽中点处的当量直齿圆柱齿轮为对象进行近似计算,校核公式为

$$\sigma_H = Z_E Z_H \sqrt{\dfrac{4KT_1}{\dfrac{b}{R}\left(1-0.5\dfrac{b}{R}\right)^2 d_1^3 u}} \leqslant [\sigma_H] \tag{2-50}$$

设计公式为

$$d_1 \geqslant \sqrt[3]{\dfrac{4KT_1}{\varphi_R(1-0.5\varphi_R)^2 u}\left(\dfrac{Z_E Z_H}{[\sigma_H]}\right)^2} \tag{2-51}$$

式中,Z_E,Z_H,u 与直齿圆柱齿轮传动相同。

3. 齿轮疲劳强度计算的许用应力

国家标准规定,齿轮的疲劳强度许用应力是用齿轮试件进行运转试验获得的持久疲劳极限应力,失效概率为1%。试件的参数按照国家标准规定进行加工制造。实际应用的齿轮在材料、几何尺寸、应力循环次数等方面可能存在差异,因此必须进行修正。

1) 许用弯曲应力 $[\sigma_F]$

$$[\sigma_F] = \frac{\sigma_{Flim}}{S_{Fmin}} Y_{ST} Y_N = \frac{\sigma_{FE}}{S_{Fmin}} Y_N \qquad (2-52)$$

式中,σ_{Flim} 为失效概率为1%时试验齿轮的弯曲疲劳极限,MPa,查图 2-35,设计时以 $\sigma_{FE} = \sigma_{Flim} Y_{ST}$ 进行计算(其中,Y_{ST} 为试验齿轮的应力校正系数,一般取 $Y_{ST} = 2$);Y_N 为弯曲强度计算的寿命系数,可查图 2-36,转速不变时的循环次数 $N = 60 \gamma n t_h$(其中,n 为齿轮转速,r/min;γ 为齿轮每转 1 转,轮齿同侧齿面啮合次数;t_h 为齿轮总工作时间,h);S_{Fmin} 为弯曲强度计算的安全系数,查表 2-26。

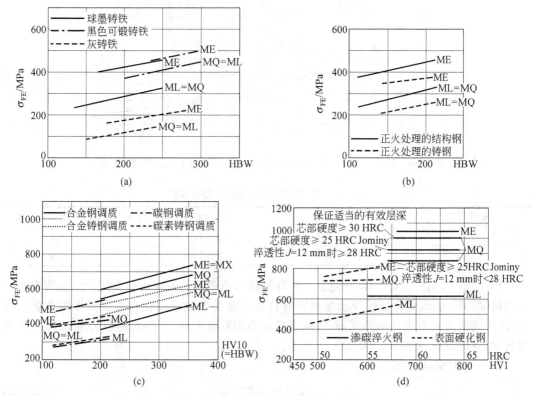

图 2-35 齿根弯曲疲劳极限应力线图

(a) 铸铁材料的 σ_{FE};(b) 正火处理钢的 σ_{FE};(c) 调质处理钢的 σ_{FE};
(d) 渗碳淬火钢和表面硬化(火焰或感应淬火)钢的 σ_{FE};(e) 氮化及碳氮共渗钢的 σ_{FE}

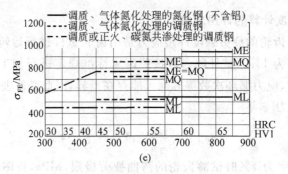

图 2-35（续）

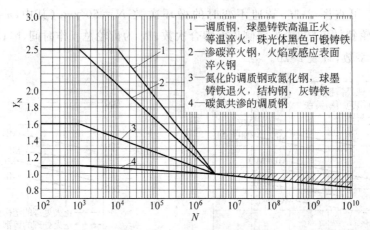

图 2-36 寿命系数 Y_N（当 $N > N_c$ 时，可根据经验在阴影区内取 Y_N 值）

表 2-26 许用应力计算用最小安全系数

安全系数	软齿面	硬齿面	重要传动（可靠度 $R \geqslant 0.999$）
S_{Fmin}	1.25～1.4	1.4～1.6	1.6～2.2
S_{Hmin}	1.0～1.1	1.1～1.2	1.3～1.6

图 2-35 中，ME、MQ、ML 分别表示对齿轮材料冶金和热处理质量有优、中、低要求时的疲劳极限；MX 表示对淬透性及金相组织有特殊考虑的调质合金钢取值。对于弯曲疲劳极限，由于试验时应力为脉动循环，若实际齿轮应力为对称循环，则将极限应力乘以 0.7，双向运转时，将极限应力乘以 0.8。

2) 许用接触应力 $[\sigma_H]$

$$[\sigma_H] = \frac{\sigma_{Hlim}}{S_{Hmin}} Z_N \tag{2-53}$$

式中，σ_{Hlim} 为失效概率为 1% 时试验齿轮的接触疲劳极限，MPa，查图 2-37；Z_N 为接触强度寿命系数，循环次数的计算同许用弯曲应力，可查图 2-38；S_{Hmin} 为接触强度计算的安全系数，查表 2-26。

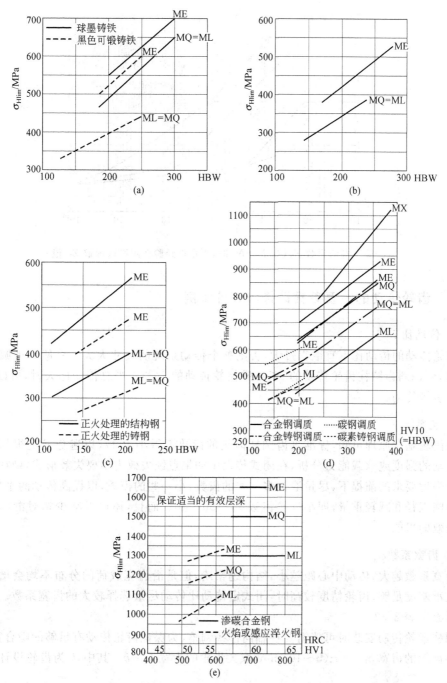

图 2-37 轮齿接触疲劳极限应力线图

(a) 铸铁材料的 σ_{Hlim}；(b) 灰铸铁的 σ_{Hlim}；(c) 正火处理的结构钢和铸钢的 σ_{Hlim}；
(d) 调质处理钢的 σ_{Hlim}；(e) 渗碳淬火钢和表面硬化（火焰或感应淬火）钢的 σ_{Hlim}

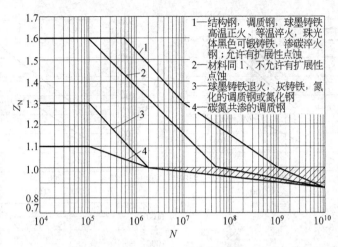

图 2-38 寿命系数 Z_N（当 $N > N_c$ 时,可根据经验在阴影区内取 Z_N 值）

2.4.6 齿轮传动的主要参数选择与设计举例

1. 传动比 i

齿轮传动的传动比不宜取得过大,否则整个传动系统的尺寸太大。一般直齿圆柱齿轮传动的 $i \leqslant 7$;斜齿圆柱齿轮传动的 $i \leqslant 5$;锥齿轮传动的 $i \leqslant 3$。当总传动比大时,可以采用 2 级或更多级传动。

2. 齿数 z

由齿轮啮合原理可知,标准直齿圆柱齿轮的齿数不得小于 17,以避免发生根切。根据齿轮传动的强度或承载能力分析,在闭式传动中如果点蚀失效为主要失效形式,则在满足弯曲疲劳强度要求的前提下,尽量取较多一些的齿数,小一些的模数,以提高传动的平稳性,减小齿顶圆直径和减轻重量,即小齿轮齿数 $z_1 = 20 \sim 40$。而且,还可以减少相对滑动速度和胶合失效的可能。

3. 齿宽系数 φ_d

齿宽系数越大,传动中心距越小,结构越紧凑,但是沿齿宽载荷的分布不均会增加。在轴的支承刚度足够、齿轮精度较高时,闭式定传动比传动尽量选择较大的齿宽系数。具体选取时可参考表 2-22。

圆柱齿轮传动安装时可能需要在轴向作些调整,为保证齿轮传动有足够的啮合宽度,一般取小齿轮的齿宽 $b_1 = b + (5 \sim 10)$ mm,取大齿轮的齿宽 $b_2 = b$。其中,b 为齿轮设计计算用宽度。

4. 变位系数 x

齿轮的变位具有以下作用:齿轮齿数较少时避免根切;提高齿轮的强度;凑中心距和凑

传动比。因为齿轮的弯曲疲劳强度与其自身的几何形状相关,因此单独改变其变位系数即可改变其弯曲应力,正变位($x>0$)时,轮齿的截面尺寸增加,所受弯曲应力减小,相对应的弯曲疲劳强度增加;反之,齿轮负变位($x<0$)时,弯曲疲劳强度降低。齿轮的接触疲劳应力决定于两配对齿轮综合曲率半径的大小。当 $x_1+x_2>0$ 时,综合曲率半径增加,接触应力减小,配对齿轮的接触疲劳强度增加;反之,疲劳强度减小。齿轮传动变位系数的选取方法可参考文献[3]。

例 2-4 某种型号的大型闭式压力机中采用了如下表所示参数的一对开式直齿圆柱齿轮传动,试计算小齿轮能承受的最大转矩。

	齿数	压力角/(°)	模数/mm	齿宽系数 φ_d	材料	热处理
小齿轮 z_1	18	20	14	1	45	调质
大齿轮 z_2	97	20	14	1	ZG340~640	正火

解:开式齿轮传动的主要失效形式是磨损和弯曲疲劳,所以作用在小齿轮的最大转矩决定于齿轮的弯曲疲劳强度。由式(2-36)可得,开式齿轮传递的最大转矩为 $T_1=\dfrac{[\sigma_F]bd_1m}{2KY_{FS}}$。

1. 计算小齿轮材料的许用弯曲应力 $[\sigma_F]$

小齿轮的材料为 45 钢,经调质处理。设其硬度为 190~200 HBW,查图 2-35(c) 得 $\sigma_{FE}\approx 440$ MPa。取 $Y_N=1, S_{Flim}=1.3$,则由式(2-52)可得许用弯曲应力为

$$[\sigma_F]=\frac{\sigma_{Flim}}{S_{Fmin}}Y_{ST}Y_N=\frac{\sigma_{FE}}{S_{Fmin}}Y_N=\frac{440}{1.3}\times 1=338.5(\text{MPa})$$

2. 计算小齿轮承受的最大转矩 T_1

因不知小齿轮的圆周速度,查表 2-18,选电动机驱动、工作载荷为较大冲击,则修正系数 $K=2.0$。查图 2-31,得齿轮复合齿形系数 $Y_{FS}=4.45$。考虑开式齿轮传动,则

$$T_1=\frac{[\sigma_F]bd_1m}{2KY_{FS}\times 1.15}=\frac{338.5d_1^2m}{2\times 2\times 4.45\times 1.15}=\frac{338.5\times 18^2\times 14^3}{2\times 2\times 4.45\times 1.15}$$
$$=1.47\times 10^4(\text{N}\cdot\text{m})$$

结论:小齿轮所受最大转矩为 1.69×10^4 N·m。

例 2-5 在闭式单级平行轴斜齿圆柱齿轮传动中,传动比为 $i_1=3.7$。由电动机驱动,电动机转速 $n_1=1440$ r/min,双向运转,载荷有中等冲击,要求该减速器能传递 15 kW 功率。两班制工作,折旧期 8 年,每年工作 260 天。要求结构紧凑些。设计 z_1, z_2, a, d_1, d_2(传动效率忽略不计)。

解:

1. 选择齿轮材料和热处理方法,确定许用应力

(1) 参考表 2-19 初选材料：小齿轮材料选为 17CrNiMo6，渗碳淬火，硬度为 54~62 HRC；大齿轮材料选为 37SiCrMn2MoV，表面淬火，硬度为 50~55 HRC。

(2) 按图 2-35 中的 MQ 线查得轮齿弯曲疲劳极限应力如下：$\sigma_{FE1}=850$ MPa, $\sigma_{FE2}=720$ MPa ($Y_{ST}=2$)。

(3) 按图 2-37 中的 MQ 线查得齿面接触疲劳极限应力如下：$\sigma_{Hlim1}=1500$ MPa, $\sigma_{Hlim2}=1180$ MPa。

(4) 计算循环次数

$$N_1 = 60\gamma_1 t_h = 60 \times 1 \times 1440 \times 8 \times 260 \times 16 = 2.9 \times 10^9$$

$$N_2 = 60\gamma_2 t_h = 60 \times 1 \times \frac{1440}{3.7} \times 8 \times 260 \times 16 = 7.9 \times 10^8$$

(5) 按图 2-36 查得弯曲寿命系数 $Y_{N1}=0.87$, $Y_{N2}=0.9$；按图 2-38 查得接触寿命系数 $Z_{N1}=0.9$, $Z_{N2}=0.95$；查表 2-26 取安全系数如下：$S_{Hmin}=1.2$, $S_{Fmin}=1.5$。

(6) 确定许用应力

$$[\sigma_{H1}] = \frac{\sigma_{Hlim1}}{S_H} Z_{N1} = \frac{1500}{1.2} \times 0.9 = 1125 \text{ (MPa)}$$

$$[\sigma_{H2}] = \frac{\sigma_{Hlim2}}{S_H} Z_{N2} = \frac{1180}{1.2} \times 0.95 = 934 \text{ (MPa)}$$

考虑双向运转

$$[\sigma_{F1}] = \frac{\sigma_{EF1}}{S_F} Y_{N1} \times 0.8 = \frac{850}{1.5} \times 0.87 \times 0.8 = 394 \text{ (MPa)}$$

$$[\sigma_{F2}] = \frac{\sigma_{EF2}}{S_F} Y_{N2} \times 0.8 = \frac{720}{1.5} \times 0.9 \times 0.8 = 345.6 \text{ (MPa)}$$

2. 分析失效、确定设计准则

该齿轮传动属闭式传动，且为硬齿面齿轮，最大可能的失效是齿根弯曲疲劳折断，也可能发生齿面疲劳。因此，本齿轮传动可按轮齿的弯曲疲劳承载能力进行设计，确定主要参数后，再验算齿面接触疲劳承载能力。

3. 按轮齿的弯曲疲劳承载能力计算齿轮主要参数

(1) 确定计算载荷：小齿轮转矩为

$$T_1 = 9.55 \times 10^6 \frac{P_1}{n_1} = 9.55 \times 10^6 \frac{15}{1440} = 99\,479.2 \text{(N·mm)}$$

查表 2-18，考虑本齿轮传动是斜齿圆柱齿轮传动，电动机驱动，载荷有中等冲击，取载荷系数 $K=1.7$。则

$$KT_1 = K_A K_a K_\beta K_v T_1 = 1.7 \times 99.5 = 169\,114.6 \text{(N·mm)}$$

(2) 采用计算当量齿数：硬齿面由表 2-22 取齿宽系数 $\varphi_d = \frac{b}{d_1} = 1$，初选 $z_1=20$, $\beta=11°$

(斜齿圆柱齿轮的螺旋角范围一般取 $\beta=8°\sim20°$，常用为 $\beta=8°\sim15°$)。大齿轮齿数为
$$z_2 = i_1 z_1 = 3.7 \times 20 = 74$$
则当量齿数为
$$z_{v1} = \frac{20}{\cos^3 \beta} = \frac{20}{\cos^3 11°} = 21.14$$
$$z_{v2} = \frac{74}{\cos^3 \beta} = \frac{74}{\cos^3 11°} = 78.23$$

(3) 计算齿轮模数：查图 2-31，得两轮复合齿形系数为 $Y_{FS1}=4.33, Y_{FS2}=3.95$。由于
$$\frac{Y_{FS1}}{[\sigma_{F1}]} = \frac{4.33}{394} = 0.0110 < \frac{Y_{FS2}}{[\sigma_{F2}]} = \frac{3.95}{345.6} = 0.0114$$
即大齿轮弯曲疲劳强度较弱，所以将大齿轮的参数代入式(2-39)，设 $Y_\beta=1.0$，于是
$$m_n \geq \sqrt[3]{\frac{2KT_1 \cos^2 \beta}{\varphi_d z_1^2} \frac{Y_{FS2} Y_\beta}{[\sigma_F]}} = \sqrt[3]{\frac{2 \times 169\,114.6 \times \cos^2 11°}{1 \times 20^2} \frac{3.95 \times 1.0}{345.6}}$$
$$= 2.10 \text{(mm)}$$
取标准模数 $m_n = 2.5$ mm。

(4) 计算中心距
$$a = \frac{m_n}{2\cos\beta}(z_1 + z_2) = \frac{2.5}{2\cos 11°}(20+74) = 119.7 \text{(mm)}$$
为加工和安装调整方便，中心距需要圆整为 0.5 的倍数。取标准中心距 $a=120$ mm。

(5) 计算螺旋角
$$\beta = \cos^{-1}\frac{m_n}{2a}(z_1+z_2) = \cos^{-1}\frac{2.5}{2\times 120}(20+74)$$
$$= \cos^{-1} 0.979\,167 = 11°42'57''$$

4. 选择齿轮精度等级

小齿轮直径为
$$d_1 = \frac{m_n z_1}{\cos\beta} = \frac{2.5 \times 20}{\cos 11°42'57''} = 51.064 \text{(mm)}$$
齿轮圆周速度为
$$v = \frac{\pi d_1 n_1}{60 \times 1000} = \frac{\pi \times 51.064 \times 1440}{60 \times 1000} \approx 3.85 \text{(m/s)}$$
查表 2-20，并考虑这个齿轮传动的用途，选择 7 级精度。

5. 精确计算载荷

由表 2-15 查得使用系数 $K_A=1.5$；由图 2-23 查得动载系数 $K_v=1.13$；齿轮传动的啮合宽度 $b=\varphi_d d_1=1\times 51.064=51.064\approx 52\text{(mm)}$。

由于切向力为 $F_t = \dfrac{2T_1}{d_1} = \dfrac{2\times 99.5}{51.064} = 3.90\,(\text{kN})$，所以 $\dfrac{K_A F_t}{b} = \dfrac{1.5 \times 3.90 \times 10^3}{52} =$

$112.4(N/mm) > 100(N/mm)$,由表 2-16 查得齿间载荷分配系数 $K_\alpha = 1.2$。

由齿轮齿宽系数 $\varphi_d = 1.0$ 和对称分布,查表 2-17 得齿向载荷分布系数 $K_\beta = 1.10$。

$$K = K_A K_\alpha K_\beta K_v = 1.5 \times 1.2 \times 1.10 \times 1.13 = 2.24$$

6. 验算轮齿接触疲劳承载能力

由 T_1 和 d_1 值,计算得

$$F_{t1} = \frac{2T_1}{d_1} = \frac{2 \times 99\,479.2}{51.064} = 3896.03(N)$$

由图 2-34 查得标准齿轮节点区域系数 $Z_H = 2.45$,由表 2-25 查得弹性系数 $Z_E = 189.8\sqrt{MPa}$。螺旋角系数 $Z_\beta = \sqrt{\cos\beta} = \sqrt{0.972\,41} = 0.89$。因大齿轮的许用齿面接触疲劳应力值较小,故将 $[\sigma_{H2}] = 983$ MPa 代入式(2-48),于是

$$\sigma_H = Z_H Z_E Z_\beta \sqrt{\frac{KF_t}{bd_1} \frac{u \pm 1}{u}}$$

$$= 2.45 \times 189.8 \times 0.89 \sqrt{\frac{2.24 \times 3896.03}{52 \times 51.064} \frac{3.7+1}{3.7}}$$

$$= 845.6(MPa) \leq [\sigma_{H2}]$$

$$= 983(MPa)$$

齿面接触疲劳强度足够。

7. 进一步验核弯曲疲劳强度

修正前后 $\sqrt[3]{\dfrac{K_{精确}}{K_{初始}}} = \sqrt[3]{\dfrac{2.24}{1.7}} = 1.10$,则根据弯曲疲劳强度设计的模数应为:$1.10 \times 2.1 = 2.31(mm)$,原来的模数 2.5 mm 满足要求。

2.5 蜗杆传动设计

蜗杆传动是一种空间交错轴的机械传动,交角一般为 90°。它以结构紧凑、传动比大、传动平稳等特点广泛应用于轻工、化工、起重、大型旋转机械中。蜗杆传动的主要性能指标可参见表 2-1。

蜗杆传动按照蜗杆形状的不同可以分为 3 大类,见图 2-39。

2.5.1 蜗杆传动与齿轮传动工作能力设计的主要区别

蜗杆传动与齿轮传动同属于啮合传动,其中,普通圆柱蜗杆在中间平面内,就相当于齿轮和齿条的啮合传动(图 2-40)。因此,蜗杆传动设计就按照中间平面内的参数(模数、压力角、分度圆直径等)参照齿轮传动设计方法进行。

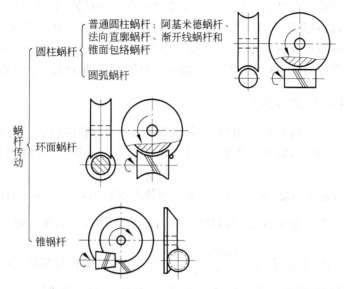

图 2-39 蜗杆传动的主要类型

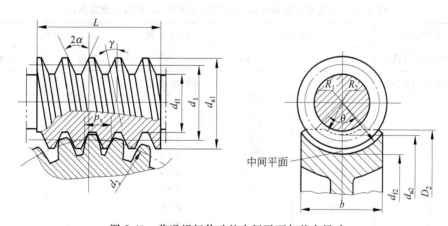

图 2-40 普通蜗杆传动的中间平面与基本尺寸

但因蜗杆传动是交错轴布置,所以在传动过程中啮合表面存在较大的相对滑动速度 v_s,如图 2-41 所示。其值为

$$v_s = \frac{v_1}{\cos\gamma} = \frac{\pi d_1 n_1}{60 \times 1000 \cos\gamma} \quad (2\text{-}54)$$

式中,v_1 为蜗杆的圆周速度,m/s;d_1 为蜗杆的分度圆直径,mm;n_1 为蜗杆转速,r/min;γ 为蜗杆的螺旋升角。

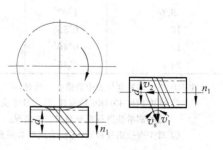

图 2-41 蜗杆传动的相对滑动速度

相对滑动速度的存在是蜗杆传动与齿轮传动最主要的区别,它使蜗杆传动中的摩擦效率损失不能忽略,而且还应考虑因摩擦引起的发热。即蜗杆传动的工作能力设计除应参照齿轮传动中的疲劳强度分析以外,还要在设计中考虑减小摩擦引起的效率损失和散热等特殊问题。下面以普通圆柱蜗杆中的阿基米德蜗杆为例,介绍蜗杆传动设计的基本方法。

2.5.2 蜗杆传动的受力分析

蜗杆传动的受力与齿轮传动相同,包括啮合力、附加力和摩擦力。由于摩擦力不能忽略,因此在啮合力分析时,将摩擦效率损失分别计算到蜗杆和蜗轮传动的转矩中,即

$$T_2 = T_1 i \eta_1 \tag{2-55}$$

式中,T_1 为蜗杆传递的转矩,N·mm;T_2 为蜗轮传递的转矩,N·mm;i 为蜗杆传动的传动比,$i=\dfrac{z_2}{z_1}$(其中,z_1 为蜗杆头数,z_2 为蜗轮齿数);η_1 为蜗杆传动的啮合效率。蜗杆主动时,$\eta_1 = \dfrac{\tan \gamma}{\tan(\gamma + \varphi_v)}$;蜗轮主动时,$\eta_1 = \dfrac{\tan(\gamma - \varphi_v)}{\tan \gamma}$。其中,$\varphi_v$ 为蜗杆与蜗轮间的当量摩擦角,它与蜗杆和蜗轮的材料、润滑条件、相对滑动速度 v_s 等有关,见表 2-27。

表 2-27 普通圆柱蜗杆传动的相对滑动速度 v_s 及当量摩擦角 φ_v

蜗杆齿圈材料	锡青铜		无锡青铜	灰铸铁	
蜗杆齿面硬度/HRC	≥45	<45	≥45	≥45	<45
滑动速度 v_s/(m/s)	当量摩擦角 φ_v				
0.25	3°43′	4°17′	5°43′	5°43′	6°51′
0.50	3°09′	3°43′	5°09′	5°09′	5°43′
1.0	2°35′	3°09′	4°00′	4°00′	5°09′
1.5	2°17′	2°52′	3°43′	3°43′	4°34′
2.0	2°00′	2°35′	3°09′	3°09′	4°00′
2.5	1°43′	2°17′	2°52′		
3.0	1°36′	2°00′	2°35′		
4.0	1°22′	1°47′	2°17′		
5.0	1°16′	1°40′	2°00′		
8.0	1°02′	1°29′	1°43′		
10	0°55′	1°22′			
15	0°48′	1°09′			
24	0°45′				

注:① 当滑动速度与表中数值不一致时,可用插值法求得当量摩擦角。
② 硬度超过 45HRC 的蜗杆,其当量摩擦角的值是指齿面经过磨削或抛光并仔细磨合、正确安装、采用黏度合适的润滑油进行充分润滑时的情况。
③ 对于变位蜗杆传动,v_s 应为蜗杆节圆直径处的圆周速度。

下面针对蜗杆和蜗轮计算作用在其啮合面上的作用力,见图 2-42。

2 机械系统传动零部件的设计

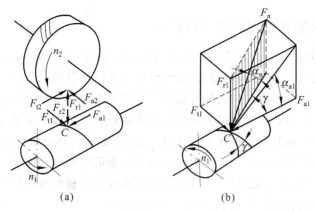

图 2-42 蜗杆传动的受力分析

蜗杆和蜗轮 3 个方向的受力大小为

$$\left.\begin{array}{l} F_{t1} = F_{a2} = \dfrac{2T_1}{d_1} \\[6pt] F_{a1} = F_{t2} = \dfrac{2T_2}{d_2} \\[6pt] F_{r1} = F_{r2} = F_{t2}\tan\alpha_n \end{array}\right\} \quad (2\text{-}56)$$

设蜗杆主动,则蜗杆所受的切向力是阻力,方向与其圆周速度方向相反;因为蜗杆与蜗轮是交错轴,所以蜗杆切向力的方向与蜗轮上的轴向力大小相等,方向相反。蜗杆轴向力的判断方法可以采用与斜齿轮受力分析相同的"左右手法则",即按照蜗杆的旋向,蜗杆左旋时伸左手,蜗杆右旋时伸右手,握住轴线,四指指向旋转方向,则拇指方向即为轴向力方向。同样,因为交错轴传动,蜗杆的轴向力与蜗轮的切向力大小相同,方向相反。蜗杆和蜗轮的径向力均指向轮心。

蜗杆传动中的附加力通过载荷系数 K 将名义载荷转换成计算载荷考虑,即

$$T_{ca} = KT \quad (2\text{-}57)$$

式中,T 为蜗杆传动的名义转矩,强度计算中,一般为蜗轮所传递的转矩,N·mm;K 为载荷系数,见表 2-28。

表 2-28 蜗杆传动的载荷系数 K

工作类型	I		II		III	
载荷性质	均匀、无冲击		不均匀、小冲击		不均匀、大冲击	
每小时起动次数	<25		25~50		>50	
起动载荷	小		较大		大	
蜗轮圆周速度 v_2/(m/s)	≤3	>3	≤3	>3	≤3	>3
K	1.05	1.15	1.5	1.7	2	2.2

2.5.3 蜗杆传动的失效形式及常用材料

蜗杆传动的失效形式与齿轮传动相同,包括点蚀、胶合、磨损、轮齿折断和塑性变形等。但由于蜗杆与蜗轮之间存在较大的相对滑动速度,因此摩擦造成发热量大,且更易于发生胶合和磨损失效。在传动过程中,因为蜗杆的齿是连续的螺旋齿,所以强度高于蜗轮,因此失效主要发生在蜗轮上,蜗杆传动强度计算的对象为蜗轮。强度设计准则与齿轮传动相同,考虑摩擦发热,还需进行蜗杆传动的热平衡计算。另外,蜗杆传动中蜗杆的支承跨距较大,会造成蜗杆轴的变形而影响传动,因此一般都需对蜗杆轴的刚度进行校核。

为减小传动过程中的摩擦发热,在选择材料时不仅需要材料具有足够的强度,还需要考虑配对材料具有良好的减摩、耐磨、抗胶合、易跑合的特点。

1. 蜗杆材料

蜗杆齿面的硬度要求比蜗轮齿面高,因此,常需进行一定的热处理以提高其表面硬度,即蜗杆材料要具有良好的热处理、切削和磨削的性能。蜗杆常采用碳钢或合金钢制成,表面通过渗碳淬火或调质后渗氮等热处理方法获得较高的表面硬度。高速重载蜗杆常用15Cr和20Cr,并经渗碳淬火,硬度为58~63 HRC;也可用40钢、45钢或40Cr并经淬火,硬度为45~55 HRC。这样可以提高表面硬度,增加耐磨性。一般不太重要的低速中载的蜗杆,可采用40钢或45钢,并经调质处理,硬度为220~300 HBW。

2. 蜗轮材料

蜗轮材料要求选用和蜗杆材料配对具有良好减摩性能的材料,见表2-29。

表2-29 蜗轮常用减摩材料

材　料	牌号举例	特　点	适用范围	经济性
铸造锡青铜	ZCuSn10P1 ZCuSnPb5Zn5	易跑合,耐磨性最好,抗胶合能力强	$v_s \geqslant 3$ m/s 的重要传动	价格较高
铸造铝铁青铜	ZCuAl10Fe3 ZCuAl10Fe3Mn2	强度好,耐磨性和抗胶合性能较铸造锡青铜差一些	一般用于滑动速度 $v_s \leqslant 4$ m/s 的传动	价格较便宜
铸铝黄铜	ZCuZn25Al6Fe3Mn3	抗点蚀性能好,但耐磨性能差	适用于低滑动速度场合	价格较便宜
灰铸铁	HT150 HT200	耐磨性好,强度较差	适用于滑动速度 $v_s<2$ m/s,效率要求不高的场合	价格低廉

选择蜗轮材料时应注意:

(1) 蜗轮材料的力学性能与其铸造工艺密切相关,若蜗轮齿圈采用离心浇注和金属模浇注代替砂模浇注,其力学性能会得到较大的提高。

(2) 蜗轮材料的选择一定要和蜗杆材料配对。例如,当蜗杆采用硬齿面淬火钢时,蜗轮可采用铝铁青铜。

2.5.4 蜗杆传动的工作能力设计

如前所述,蜗杆传动的工作能力设计包括3个方面的主要内容:蜗轮疲劳强度设计计算、蜗杆刚度校核和蜗杆传动的热平衡计算。

1. 蜗轮疲劳强度设计计算

在圆柱蜗杆传动的中间平面内,蜗杆与蜗轮的啮合关系等同于齿轮齿条的啮合传动,因此,蜗轮的疲劳强度设计计算方法可以借用斜齿轮强度计算公式对中间平面内的参数进行条件性计算。

1) 蜗轮弯曲疲劳强度计算

由式(2-38)斜齿圆柱齿轮弯曲疲劳强度计算公式 $\sigma_F = \dfrac{KF_t}{bm_n} Y_{FS} Y_\beta \leqslant [\sigma_F]$,将蜗轮的有关参数代入,其中:

(1) 载荷 $F_t = F_{t2} = \dfrac{2T_2}{d_2}$。

(2) 啮合宽度为蜗轮轮齿的弧长 $b = b_2 = \dfrac{\pi d_1 \theta}{360° \cos \gamma}$,$\theta$ 为蜗轮的齿宽角(图2-40),$\theta = 2\arcsin(b_2/d_1)$,取 $\theta = 100°$。

(3) 法面模数 $m_n = m\cos\gamma$。

(4) 复合齿形系数 $Y_{FS} = Y_{Fa} Y_{Sa}$,式中的齿形系数 Y_{Fa} 可查图2-43,应力集中系数 Y_{Sa} 在蜗轮材料的许用弯曲应力中已计入。

(5) 螺旋角影响系数 $Y_\beta = 1 - \dfrac{\gamma}{120°}$。

(6) 引入重合度系数 Y_ε,并取 $Y_\varepsilon = 0.667$,得蜗轮弯曲疲劳应力计算公式为

$$\sigma_F = \dfrac{1.53 K T_2}{d_1 d_2 m \cos \gamma} Y_{Fa2} Y_\beta \leqslant [\sigma_F] \tag{2-58}$$

式中,d_1 为蜗杆的分度圆直径,$d_1 = mq$(其中,q 为蜗杆的直径系数);d_2 为蜗轮的分度圆直径,$d_2 = mz_2$;$[\sigma_F]$ 为蜗轮的许用弯曲应力,查表2-30。

蜗轮的弯曲疲劳设计公式为

$$m^2 d_1 \geqslant \dfrac{1.53 K T_2}{z_2 [\sigma_F] \cos \gamma} Y_{Fa2} Y_\beta \tag{2-59}$$

对于开式蜗杆传动,只需按蜗轮的弯曲疲劳强度进行设计,计算出 $m^2 d_1$ 后,查表2-31中国标规定的标准参数,再计算蜗杆的其他几何尺寸。

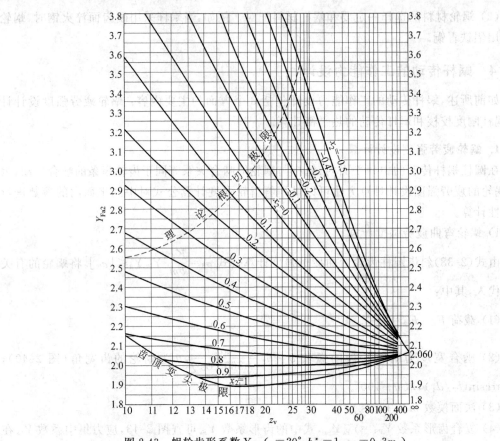

图 2-43 蜗轮齿形系数 Y_{Fa2} ($\alpha=20°$, $h_a^*=1$, $\rho_{a0}=0.3m_n$)

表 2-30 蜗轮的许用弯曲应力 $[\sigma_F]$ MPa

蜗轮材料	铸造方法	单侧工作 $[\sigma_{0F}]$			双侧工作 $[\sigma_{-1F}]$		
		$N<10^5$	$10^5 \leq N \leq 25\times10^7$	$N>25\times10^7$	$N<10^5$	$10^5 \leq N \leq 25\times10^7$	$N>25\times10^7$
铸造锡青铜 ZCuSn10P1	砂模	51.7	$40\sqrt[9]{10^6/N}$	21.7	37.5	$29\sqrt[9]{10^6/N}$	15.7
	金属模	72.3	$56\sqrt[9]{10^6/N}$	30.3	51.7	$40\sqrt[9]{10^6/N}$	21.7
铸锡锌铅青铜 ZCuSn5Pb5Zn5	砂模	33.6	$26\sqrt[9]{10^6/N}$	14.1	28.4	$22\sqrt[9]{10^6/N}$	11.9
	金属模	41.3	$32\sqrt[9]{10^6/N}$	17.3	33.6	$26\sqrt[9]{10^6/N}$	14.1
铸铝铁青铜 ZCuAl10Fe3	砂模	103	$80\sqrt[9]{10^6/N}$	43.3	73.6	$57\sqrt[9]{10^6/N}$	30.9
	金属模	116	$90\sqrt[9]{10^6/N}$	48.7	82.7	$64\sqrt[9]{10^6/N}$	34.6
灰铸铁 HT150	砂模	51.7	$40\sqrt[9]{10^6/N}$	21.7	36.2	$28\sqrt[9]{10^6/N}$	15.2
灰铸铁 HT200	砂模	62	$48\sqrt[9]{10^6/N}$	26	43.9	$34\sqrt[9]{10^6/N}$	18.4

表 2-31　蜗杆的基本尺寸和参数(摘自 GB/T 10085—1988)

模数 m/mm	分度圆直径 d_1/mm	蜗杆头数 z_1	直径系数 q	$m^2 d_1$/mm³	模数 m/mm	分度圆直径 d_1/mm	蜗杆头数 z_1	直径系数 q	$m^2 d_1$/mm³
1.25	20	1	16.000	31.25	6.3	(80)	1,2,4	12.698	3175
1.25	22.4	1	17.900	35	6.3	112	1	17.778	4445
1.6	20	1,2,4	12.500	51.2	8	(63)	1,2,4	7.875	4032
1.6	28	1	17.500	71.68	8	80	1,2,4,6	10.000	5120
2	(18)	1,2,4	9.000	72	8	100	1,2,4	12.500	6400
2	22.4	1,2,4	11.200	89.6	8	140	1	17.500	8960
2	(28)	1,2,4	14.000	112	10	(71)	1,2,4	7.100	7100
2	35.5	1	17.750	142	10	90	1,2,4,6	9.000	9000
2.5	(22.4)	1,2,4	8.960	140	10	(112)	1	11.200	11 200
2.5	28	1,2,4,6	11.200	175	10	160	1	16.000	16 000
2.5	(35.5)	1,2,4	14.200	211.88	12.5	(90)	1,2,4	7.200	14 062
2.5	45	1	18.000	281.25	12.5	112	1,2,4	8.960	17 500
3.15	(28)	1,2,4	8.889	277.83	12.5	(140)	1,2,4	11.200	21 875
3.15	35.5	1,2,4,6	11.270	352.25	12.5	200	1	16.00	31 250
3.15	45	1,2,4	14.286	446.51	16	(112)	1,2,4	7.000	28 672
3.15	56	1	17.778	555.66	16	140	1,2,4	8.750	35 840
4	(31.5)	1,2,4	7.875	504	16	(180)	1,2,4	11.250	46 080
4	40	1,2,4,6	10.000	640	16	250	1	15.625	64 000
4	(50)	1,2,4	12.500	800	20	(140)	1,2,4	7.000	56 000
4	71	1	17.750	1136	20	160	1,2,4	8.000	64 000
5	(40)	1,2,4	8.000	1000	20	(224)	1,2,4	11.200	89 600
5	50	1,2,4,6	10.000	1250	20	315	1	15.750	126 000
5	(63)	1,2,4	12.600	1575	25	(180)	1,2,4	7.200	112 500
5	90	1	18.000	2250	25	200	1,2,4	8.000	125 000
6.3	(50)	1,2,4	7.936	1984.5	25	(280)	1,2,4	11.200	175 000
6.3	63	1,2,4,6	10.000	2500.5	25	400	1	16.000	250 000

注：① 表中所列为 GB/T 10085—1988 中第一系列模数和蜗杆分度圆直径，第二系列模数为 1.5,3,3.5,4.5,5.5,6,7,12,14 mm；第二系列蜗杆分度圆直径有 30,38,48,53,60,67,75,85,95,106,118,132,144,170,190,300 mm。优先选用第一系列值。

② 括号中的数字尽可能不用。

2) 蜗轮接触疲劳应力计算

根据 Hertz 接触应力公式(1-19),将蜗轮有关参数,即将法向载荷 $F_n \approx \dfrac{2KT_2}{d_2 \cos\alpha_n \cos\gamma}$、综合曲率半径 $\rho_\Sigma = \rho_2 = \dfrac{d_2 \sin 20°}{2\cos\gamma}$、最小接触线长 $L_{min} = \dfrac{1.31 d_1}{\cos\gamma}$ 代入 Hertz 公式,则可以得到蜗轮接触疲劳应力的计算公式为

$$\sigma_H = Z_E \sqrt{\frac{9.47 KT_2}{d_1 d_2^2} \cos\gamma} \leqslant [\sigma_H]$$

又蜗杆螺旋升角 $\gamma = 5° \sim 25°$,$\cos\gamma = 0.9962 \sim 0.9063$,取 $\cos\gamma = 0.95$,则

$$\sigma_H = Z_E \sqrt{\frac{9 KT_2}{d_1 d_2^2}} \leqslant [\sigma_H] \qquad (2\text{-}60)$$

式中,Z_E 为与材料有关的弹性系数,见表 2-32;$[\sigma_H]$ 为蜗轮的许用接触应力。当蜗轮材料为灰铸铁或高强度青铜($\sigma_b \geqslant 300$ MPa)时,蜗杆传动的主要失效形式是胶合失效。胶合失效主要与齿面间的滑动速度有关,而与应力循环次数 N 无关。由于目前尚无完善的胶合强度计算公式,故通常采用接触强度计算来作为胶合强度的条件性计算。$[\sigma_H]$ 的值可由表 2-33 查出。当蜗轮材料为锡青铜($\sigma_b < 300$ MPa)时,蜗轮主要为接触疲劳失效,此时 $[\sigma_H]$ 的值与应力循环次数 N 有关,可由表 2-34 查取。

表 2-32 弹性系数 Z_E $\sqrt{MPa}$

蜗杆材料	蜗轮材料			
	铸造锡青铜 ZCuSn10P1	铸铝铁青铜 ZCuAl10Fe3	灰铸铁	球墨铸铁
钢	155.0	156.0	162.0	181.4

表 2-33 胶合失效为主时的蜗轮许用接触应力 $[\sigma_H]$ MPa

材料		滑动速度 v_s/(m/s)						
蜗杆	蜗轮	<0.25	0.25	0.5	1	2	3	4
20 钢或 20Cr 渗碳、淬火,45 钢淬火,齿面硬度大于 45 HRC	灰铸铁 HT150	206	166	150	127	95	—	—
	灰铸铁 HT200	250	202	182	154	115	—	—
	铸铝铁青铜 ZCuAl10Fe3	—	—	250	230	210	180	160
45 钢,Q275	灰铸铁 HT150	172	139	125	106	79	—	—
	灰铸铁 HT200	208	168	152	128	96	—	—

表 2-34 接触疲劳失效为主时的蜗轮许用接触应力 $[\sigma_H]$ MPa

蜗轮材料	铸造方法	蜗杆齿面硬度 ≤45 HRC			蜗杆齿面硬度 >45 HRC		
		$N<2.6\times10^5$	$2.6\times10^5 \leq N \leq 25\times10^7$	$N>25\times10^7$	$N<2.6\times10^5$	$2.6\times10^5 \leq N \leq 25\times10^7$	$N>25\times10^7$
铸锡磷青铜 ZCuSn10P1	砂模	238	$150\sqrt[8]{10^7/N}$	100	284	$180\sqrt[8]{10^7/N}$	120
	金属模	347	$220\sqrt[8]{10^7/N}$	147	423	$268\sqrt[8]{10^7/N}$	179
铸锡锌铅青铜 ZCuSn5Pb5Zn5	砂模	178	$113\sqrt[8]{10^7/N}$	76	213	$135\sqrt[8]{10^7/N}$	90
	金属模	202	$128\sqrt[8]{10^7/N}$	86	221	$140\sqrt[8]{10^7/N}$	94

将式(2-60)进行整理后可得蜗轮接触疲劳强度的设计公式：

$$m^2 d_1 \geqslant 9KT_2\left(\frac{Z_E}{z_2[\sigma_H]}\right)^2 \tag{2-61}$$

由上式通过接触疲劳强度设计得到的 $m^2 d_1$ 可查表 2-31 国标规定的标准参数，再计算蜗杆的其他几何尺寸。

2. 蜗杆刚度校核

由于蜗杆轴的支承跨距较大，如果其刚度不足，则当蜗杆受力后会产生较大的变形，从而造成轮齿上偏载，严重影响轮齿的正常啮合，加剧磨损和发热，因此必须对蜗杆轴的刚度进行验算。

蜗杆轴的变形主要是由作用在蜗杆上的切向力和径向力产生的，最大挠度 y 可按下式近似计算：

$$y = \frac{\sqrt{F_{t1}^2 + F_{r1}^2}}{48EI} l^3 \leqslant [y] \tag{2-62}$$

式中，F_{t1}，F_{r1} 分别为蜗杆所受的圆周力和径向力，N；E 为蜗杆材料的弹性模量，MPa，钢制蜗杆时 $E=2.06\times10^5$ MPa；I 为蜗杆轴危险截面的惯性矩，mm^4，$I=\frac{\pi d_{f1}^4}{64}$（其中，$d_{f1}$ 为蜗杆齿根圆直径，mm）；l 为蜗杆轴承间的跨距，mm，根据结构尺寸而定，初步计算时可取 $l=0.9d_2$（其中，d_2 为蜗轮分度圆直径，mm）；$[y]$ 为许用最大挠度，mm，$[y]=d_1/1000$（其中，d_1 为蜗杆分度圆直径，mm）。

3. 蜗杆传动的热平衡计算

闭式蜗杆传动如果散热不良，由蜗杆和蜗轮相对滑动速度引起的摩擦产生的热量就会使箱内的温度升高，导致润滑油的黏度降低，影响润滑效果，反过来又加剧了摩擦，严重时会发生胶合失效。因此，在蜗杆传动设计中要验算箱内的温度，即进行热平衡计算。

1) 蜗杆传动的效率

蜗杆传动中的发热主要由摩擦效率损失引起。蜗杆传动的效率为

$$\eta = \eta_1 \eta_2 \eta_3 \tag{2-63}$$

式中，η_1 为啮合效率；η_2 为考虑搅油损耗的效率；η_3 为轴承效率，一般取 $\eta_2\eta_3 = 0.95 \sim 0.96$。

2) 润滑油温度的计算

根据能量守恒原理，在箱体内单位时间产生的热与单位时间的散热相等。其中，发热量 $Q_1 = 1000P(1-\eta)$，散热量 $Q_2 = \alpha_d S(t_1 - t_0)$，则

$$t_1 = t_0 + \frac{1000P(1-\eta)}{\alpha_d S} \tag{2-64}$$

式中，t_1 为润滑油的工作温度，一般限制在 $60 \sim 70 ℃$，最高不超过 $80℃$；t_0 为周围空气的温度，常温下可取为 $20℃$；α_d 为箱体的表面传热系数，可取为 $\alpha_d = (8.15 \sim 17.45) W/(m^2 \cdot ℃)$，箱体周围空气流通良好时取偏大值；$S$ 为箱体的散热面积，m^2，指箱体内表面能被润滑油飞溅到，且外表面被周围空气所冷却的箱体表面积。有好的散热肋片时，可近似取 $S \approx 9 \times 10^{-5} a^{1.88}$；散热肋片较少时，可近似取 $A \approx 9 \times 10^{-5} a^{1.5}$，其中 a 为蜗杆传动的中心距，mm。

3) 提高散热性能的措施

当润滑油工作温度 t_1 超过 $80℃$ 或有效散热面积不足时，常采取以下措施：

(1) 在箱体上增加散热肋片，见图 2-44；

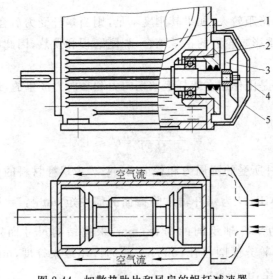

图 2-44 加散热肋片和风扇的蜗杆减速器

1—散热片；2—溅油轮；3—风扇；4—过滤网；5—集气罩

(2) 在蜗杆轴端加装风扇以加速空气流动（图 2-44），此时，润滑油温仍可采用式 (2-64) 计算，但表面传热系数应按表 2-35 计算；

(3) 采用循环强迫冷却，如油池内加装冷却蛇形水管（图 2-45）；

(4) 改变设计，加大箱体尺寸。

表 2-35　风冷时的表面传热系数 α_d

蜗杆转速/(r/min)	750	1000	1250	1550
α_d/(W/m² · ℃)	27	31	35	38

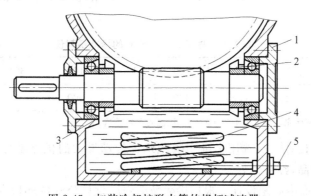

图 2-45　加装冷却蛇形水管的蜗杆减速器
1—闷盖；2—溅油轮；3—透盖；4—蛇形管；5—冷却水出、入接口

2.5.5　蜗杆传动主要参数的选择与设计举例

蜗杆传动设计的典型问题，一般已知蜗杆传动的传动比（或蜗杆转速、蜗轮转速）和蜗杆传递的功率。需要根据传动的运动和动力特性确定蜗杆头数 z_1、蜗轮齿数 z_2、中心距 a、蜗杆的导程角 γ、变位系数 x 等。

1. 蜗杆头数 z_1 和蜗轮齿数 z_2

GB/T 10085—1988 规定蜗杆的头数 z_1 为 1, 2, 4, 6。蜗杆头数要根据传动比和传动效率的要求选择。单头蜗杆的效率较低，但可以自锁，不宜在传递大功率时使用。但蜗杆头数过多，导程角会增加，加工较困难。在已知传动比时，可参考表 2-36 选择蜗杆头数。

蜗轮的齿数根据传动比计算可以确定。为保证蜗杆传动的平稳性和效率，一般要求 $z_2 \geq 28$。但蜗轮齿数也不应太大，否则会增加蜗杆轴的支承跨距，使蜗杆轴的刚度降低，影响蜗杆传动的性能，因此蜗轮齿数 $z_2 \leq 80$。z_2 可根据给定的传动比查表 2-36。

表 2-36　蜗杆头数和蜗轮齿数的选取

参　数	传动比 i			
	29～82	14～30	7～15	≈5
蜗杆头数 z_1	1	2	4	6
蜗轮齿数 z_2	29～82	29～61	29～61	29～31
传动效率估计值 η/%	70	80	90	95

2. 中心距 a

蜗杆传动的中心距 $a=\frac{1}{2}(d_1+d_2)=\frac{1}{2}(q+z_2)m$。中心距的确定方法有以下两种：

(1) 选用标准中心距　GB/T 10085—1988 中给出了蜗杆传动的标准中心距 a，见表 2-37。

表 2-37　蜗杆传动中心距的标准系列值　　　　　　　　　　　　　　　mm

40	50	63	80	100	125	160	(180)	200	(225)
250	(280)	315	(355)	400	(450)	500			

注：括号内的数值不优先采用。大于 500 mm 时，按优先 R20 选取。

按标准中心距设计[7,9]，选用标准中心距蜗杆传动最大的优点是可以直接在市场上购买到相关减速器产品，经济性好。

(2) 采用非标准中心距设计　根据接触疲劳强度设计公式(2-61)设计得到的 m^2d_1，可查表 2-31 国标规定的标准模数 m 和蜗杆分度圆直径 d_1，再计算蜗杆传动的中心距。为安装调试方便，非标准中心距应该圆整为 0.5 的倍数。

3. 蜗杆导程角 γ

由图 2-46 的几何关系可知，

$$\tan\gamma=\frac{p_z}{\pi d_1}=\frac{z_1 p_x}{\pi d_1}=\frac{z_1\pi m}{\pi mq}=\frac{z_1}{q}$$

导程角越大，传动效率越高，但加工困难；导程角小，传动效率低，可以自锁。按照国家标准一般取 $3°\leqslant\gamma\leqslant31°$。

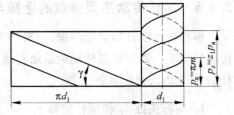

图 2-46　蜗杆螺旋线的几何关系

4. 蜗轮的变位

蜗轮变位的主要目的是凑中心距或传动比，以符合国家标准系列的要求，强度方面的考虑是次要的。图 2-47 所示为用变位系数凑中心距的 3 种典型情况。因为圆柱蜗杆传动在中间平面内相当于齿轮与齿条的传动，所以，蜗轮的变位一般是径向的，蜗轮的齿形发生变化，而蜗杆尺寸保持不变，这样蜗轮滚刀的尺寸也不变。变位后的中心距为

$$a'=a+xm=\frac{d_1+d_2+2xm}{2} \tag{2-65}$$

蜗轮的变位系数范围是 $-0.5\leqslant x\leqslant 0.5$。若考虑接触强度，宜采用正变位；若考虑提高蜗杆传动的耐磨性，则采用负变位。GB/T 10085—1988 大部分采用负变位。

例 2-6　已知输入功率 $P_1=7.5$ kW，转速 $n_1=1440$ r/min，传动比 $i=20$，工作机载荷较稳定，连续单向运转，预期寿命 $L_h=10\ 000$ h。设计非标准中心距闭式传动蜗杆减速器。

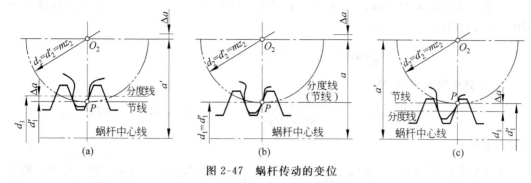

图 2-47 蜗杆传动的变位
(a) 蜗轮负变位 $x_2<0, a'<a$；(b) 蜗轮不变位 $x_2=0, a'=a$；(c) 蜗轮正变位 $x_2>0, a'>a$

解：

1. 选择材料

蜗杆选用 45 钢，淬火处理，硬度为 45～55 HRC；蜗轮采用铸造锡青铜（ZCuSn10P1）砂模铸造。

2. 按齿面接触疲劳强度进行设计

因为该蜗杆传动为闭式传动，所以根据设计准则，应按照齿面接触疲劳强度设计，然后进行弯曲疲劳强度校核。

假定蜗轮线速度 $v_2<3$ m/s，空载起动，由表 2-28 查得载荷系数 $K=1.05$；根据传动比由表 2-36 取 $z_1=2, z_2=iz_1=20\times2=40$，且初取 $\eta=0.85$，则蜗轮传递的扭矩为

$$T_2 = T_1 i\eta = 9.55\times10^6 \times \frac{P_1}{n_1} i\eta$$

$$= 9.55\times10^6 \times \frac{7.5}{1440}\times 20\times 0.85$$

$$= 8.46\times10^5 (\text{N}\cdot\text{mm})$$

应力循环次数为

$$N = 60jn_2L_h = 60\times1\times\frac{1440}{20}\times10\,000 = 4.32\times10^7$$

由于蜗轮材料为 ZCuSn10P1（砂模铸造），所以蜗轮为接触疲劳失效。根据蜗杆硬度大于 45 HRC 和应力循环次数 N，由表 2-34 查得许用接触压力为

$$[\sigma_H] = 180\sqrt[8]{\frac{10^7}{4.32\times10^7}} \approx 150(\text{MPa})$$

当钢制蜗杆与铸锡青铜配对时，取弹性系数 $Z_E=155\sqrt{\text{MPa}}$；将以上参数代入齿面接触疲劳强度设计公式(2-61)，得到

$$m^2d_1 \geqslant 9KT_2\left(\frac{Z_E}{z_2[\sigma_H]}\right)^2 = 9\times1.05\times8.46\times10^5\times\left(\frac{155}{40\times150}\right)^2$$

$$= 5335$$

查表 2-31,得 $m=8$ mm,$d_1=100$ mm,$m^2d_1=6400$,直径系数 $q=12.5$,蜗轮直径 $d_2=320$ mm,中心距为

$$a = \frac{1}{2}(d_1+d_2) = \frac{1}{2}(100+320) = 210(\text{mm})$$

3. 验算蜗轮速度 v_2 等

$$v_2 = \frac{\pi d_2 n_2}{60 \times 1000} = \frac{\pi \times 320 \times 1440/20}{60 \times 1000} = 1.21(\text{m/s}) < 3(\text{m/s})$$

符合原假设。

由于蜗杆螺旋升角 $\gamma = \arctan\frac{z_1}{q} = \arctan\frac{2}{12.15} = 9.09°$,$\cos\gamma = \cos 9.09° = 0.99$,则滑动速度为

$$v_s = \frac{v_1}{\cos\gamma} = \frac{\pi d_1 n_1}{60 \times 1000\cos\gamma} = \frac{\pi \times 100 \times 1440}{60 \times 1000 \times 0.99} = 7.62(\text{m/s})$$

由于蜗杆传动的实际效率为

$$\eta = 0.95\eta_1 = 0.95 \times \frac{\tan\gamma}{\tan(\gamma+\varphi_v)}$$

查表 2-27 得 $\varphi_v \approx 1.06°$,则

$$\eta = 0.95 \times \frac{\tan 8.13°}{\tan(8.13+0.92)°} = 0.849$$

与初取 $\eta=0.85$ 相符,所以接触疲劳强度满足要求。

4. 校核蜗轮齿根弯曲疲劳强度

由于是单向运转,所以应查表 2-30 中单侧工作时的许用应力:

$$[\sigma_F] = 40 \times \sqrt[9]{\frac{10^6}{4.32 \times 10^7}} = 26.3(\text{MPa})$$

蜗轮当量齿数 $z_{v2}=z_2/\cos^3\gamma=40/\cos^3 9.09°=41.55$。根据 z_{v2} 由图 2-43 查得蜗轮齿形系数 $Y_{Fa}=2.43$,螺旋角影响系数 $Y_\beta=1-9.09°/120°=0.924$。

将以上参数代入校核公式(2-58),得

$$\sigma_F = \frac{1.53KT_2}{d_1 d_2 m\cos\gamma} Y_{Fa2} Y_\beta = \frac{1.53 \times 1.05 \times 8.46 \times 10^5}{100 \times 320 \times 8 \times \cos 9.09°} \times 2.43 \times 0.924$$
$$= 12.07(\text{MPa}) < [\sigma_F]$$

弯曲强度满足。

5. 进行蜗杆传动的热平衡计算

设周围通风良好,箱体有较好的散热肋片,散热面积近似取为 $A=9 \times 10^{-5}a^{1.85}=9 \times 10^{-5} \times 210^{1.88}=2.09(\text{m}^2)$,取箱体表面传热系数 $\alpha_d=15\text{W}/(\text{m}^2 \cdot ℃)$,根据式(2-64)计算工作油温为

$$t_1 = t_0 + \frac{1000P(1-\eta)}{\alpha_d A} = 20 + \frac{1000 \times 7.5 \times (1-0.85)}{15 \times 2.09}$$

$$=55.9(℃)<60(℃)$$

工作油温符合要求。

6. 计算蜗杆刚度

蜗杆公称转矩 $T_1=9.55\times 10^6\times\dfrac{7.5}{1440}=4.97\times 10^4(\text{N}\cdot\text{mm})$

蜗轮公称转矩 $T_2=T_1 i\eta=4.97\times 10^4\times 20\times 0.85=8.46\times 10^5(\text{N}\cdot\text{mm})$

蜗杆所受的圆周力 $F_{t1}=2T_1/d_1=2\times 4.97\times 10^4/100=994(\text{N})$

蜗轮所受的圆周力 $F_{t2}=2T_2/d_2=2\times 8.46\times 10^5/320=5287.5(\text{N})$

蜗杆所受的径向力 $F_{r1}=F_{t2}\tan\alpha_n=5287.5\times\tan 20°=1924.5(\text{N})$

许用最大挠度 $[y]=d_1/1000=100/1000=0.1(\text{mm})$

蜗杆轴承间的跨距 $l=0.9\times 320=288(\text{mm})$

钢制蜗杆材料的弹性模量 $E=2.06\times 10^5\text{MPa}$

蜗杆齿根圆直径 $d_{f1}=d_1-2h_{f1}=d_1-2(h_a^*+c^*)m$
$$=100-2\times(1+0.2)\times 8=80.80(\text{mm})$$

蜗杆轴危险截面的惯性矩 $I=\dfrac{\pi d_{f1}^4}{64}=\dfrac{\pi\times 80.80^4}{64}=2.09\times 10^6(\text{mm}^4)$

按式(2-62)近似计算蜗杆的最大挠度 y 为

$$y=\dfrac{\sqrt{F_{t1}^2+F_{r1}^2}}{48EI}l^3=\dfrac{\sqrt{994^2+1924.5^2}}{48\times 2.06\times 10^5\times 2.09\times 10^6}\times 288^3$$
$$=0.003(\text{mm})\leqslant [y]$$

满足刚度要求。

7. 确定主要参数与几何尺寸

实际中心距 $a=210\text{ mm}$

蜗杆分度圆直径 $d_1=100\text{ mm}$

模数 $m=8\text{ mm}$

蜗杆头数 $z_1=2$

蜗杆直径系数 $q=12.5$

蜗轮变位系数 $x_2=0$

蜗轮齿数 $z_2=40$

8. 绘制蜗杆蜗轮零件工作图(从略)

2.6　螺旋传动设计

螺旋传动是将回转运动转变为直线运动的常用传动机构,由螺杆和螺母组成。螺旋传动的主要特点是传动比较大,精度高,还可以实现自锁功能,常用于起重机械和精密传动装置(详见表2-1)。但摩擦磨损较严重,传动效率低。图2-48为典型的螺旋起重装置。

螺旋传动按照螺杆与螺母相对运动形式不同可以分为以下4种:

(1) 螺杆转动,螺母移动;

(2) 螺杆移动,螺母转动;

(3) 螺杆转动并移动,螺母固定;

(4) 螺杆固定,螺母转动和移动。

按照螺旋传动的工作情况不同还可以分为:传力螺旋,如千斤顶、台钳等;传导螺旋,如机床的进给机构等;调整螺旋,如显微镜的镜头调整机构等。

图2-48 螺旋千斤顶

螺旋传动中螺旋副的性质有滑动摩擦和滚动摩擦两种形式。滚动摩擦阻力小,传动效率高,主要用于高精度和高效率的重要传动中。但结构比较复杂,要求精度和制造成本高。本节以传力的滑动螺旋为对象,介绍螺旋传动设计的一般方法。

2.6.1 螺纹的主要参数

螺纹按照牙形分为普通螺纹、矩形螺纹、梯形螺纹和锯齿形螺纹(图2-49)。其中,普通螺纹主要用于连接和调整,应用最为广泛,常采用粗牙螺纹;矩形、梯形和锯齿形螺纹主要用来传力或传递运动。普通螺纹(GB/T 192—2003)、梯形螺纹(GB/T 5796.1—1986)和锯齿形螺纹(GB/T 13576.1—1992)有国家标准规定的基本牙型。

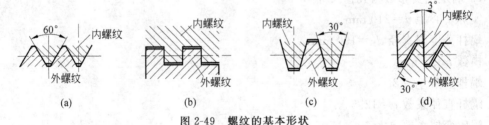

图2-49 螺纹的基本形状

(a) 普通螺纹;(b) 矩形螺纹;(c) 梯形螺纹;(d) 锯齿形螺纹

螺纹的主要尺寸包括(见图2-50):

(1) 大径 d,也称公称直径,是与外螺纹牙顶或与内螺纹牙底相切的圆柱体直径。

(2) 小径 d_1,是与外螺纹牙底或内螺纹牙顶相切的圆柱体直径,用于螺纹连接或螺旋传动的强度计算。

(3) 中径 d_2,位于与螺纹同轴的假想圆柱体上,其母线通过螺纹牙型上的牙厚与沟槽的轴向宽度相等,此圆柱体称为中径圆柱体,其直径为螺纹中径,一般用于螺纹的相关几何

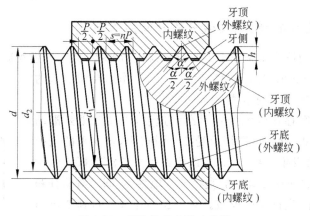

图 2-50 螺纹的基本尺寸参数

计算。

(4) 螺距 P，指相邻两牙在中径线上对应两点间的轴向距离。

(5) 线数 n，指螺纹的螺旋线数。

(6) 导程 S，指同一条螺旋线上相邻两螺纹牙在中径线上对应两点间的轴向距离，$S=nP$（见图 2-51）。

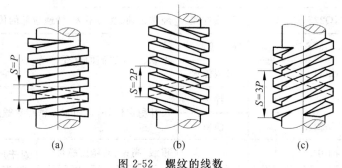

图 2-52 螺纹的线数

(a) 右旋单线；(b) 左旋双线；(c) 右旋三线

(7) 螺纹升角 γ，指中径圆柱上，螺旋线的切线与垂直于螺纹轴线的平面间的夹角（见图 2-52），$\tan\gamma = \dfrac{S}{\pi d_2} = \dfrac{nP}{\pi d_2}$。

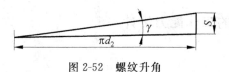

图 2-52 螺纹升角

(8) 旋向，分为左旋和右旋（见图 2-51）。

2.6.2 滑动螺旋副的受力、失效分析及常用材料

用作传力的滑动螺旋副工作中的主要载荷包括摩擦力矩 T（螺纹副旋合部分的摩擦力矩 T_1 和工件与螺杆支承端面间的摩擦力矩 T_2）、作用在螺杆上的拉（或压）力 F。图 2-53 所示为螺旋压力机的受力。

由于螺旋副之间存在较大的相对滑动速度，因此磨损是滑动螺旋的主要失效形式。同时，螺杆承受拉（或压）力，当支承的长径比较大时，也可能会发生失稳。因此，以传力为主的滑动螺旋的设计准则是：根据耐磨性计算螺杆的直径及其他参数，同时对螺杆和螺母（主要是螺纹牙）进行强度校核。对大长径比或有自锁要求的螺旋传动，还应校核螺杆的稳定性及自锁性能。

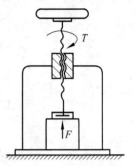

图 2-53 螺旋压力机的受力

为提高螺旋副的耐磨性能，在选择螺杆和螺母材料时，除需要考虑强度要求、加工性能外，还要注意配对材料的耐磨性。表 2-38 给出了常用滑动螺旋传动中螺杆与螺母的常用材料。

表 2-38 滑动螺旋副常用材料

	材料牌号	热处理	应用场合	
螺杆	Q235,Q275,45,50	不热处理	经常运动、受力不大、转速较低的传动	
	40Cr,65Mn	淬火或调质	重载、转速较高的重要传动	
	20CrMnTi	渗碳淬火		
	CrWMn	淬火	尺寸稳定性好，常用于精密传导螺旋传动	
	38CrMoAlA	渗氮		
螺母	ZCuSn10P1		重载、高速、高精度螺母	对于尺寸较大或高速传动，螺母可采用钢或铸铁制造，内孔浇注青铜或巴氏合金
	ZCuSn5Pb5Zn5		较高载荷、中等速度	
	ZCuAl10Fe3		重载、低速	
	耐磨铸铁		低速、手动、不重要的场合	

2.6.3 滑动螺旋传动的工作能力设计

1. 耐磨性计算

滑动螺旋旋合工作表面的磨损大小与作用在接触面上的正压力和相对滑动速度有关。由于磨损量很难精确计算，因此耐磨性的评价常采用作用在旋合表面的单位正压力（或工作比压）来度量，其许用值（即许用压强）则由运动副的材料和相对滑动速度决定。根据

图 2-54 所示螺旋副的受力分析可知,作用在旋合接触表面的工作压力为

$$p = \frac{FP}{\pi d_2 hH} \leqslant [p] \qquad (2\text{-}66)$$

式中,F 为作用在螺杆上的轴向载荷,N;P 为螺距,mm;H 为螺旋的旋合长度,即螺母的高度,mm;对于单头螺旋,$H = ZP$(其中,Z 为螺旋的旋合圈数,一般 $Z \leqslant 10$);d_2 为螺纹的中径,mm;h 为螺纹高度,mm,每圈螺纹的承载面积为 $A = \pi d_2 h$;$[p]$ 为螺旋副材料的许用压力,见表 2-39。

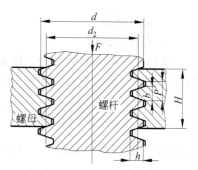

图 2-54 螺旋副的受力分析

表 2-39 滑动螺旋副材料的许用压力[p]及摩擦系数 f

螺杆-螺母的材料	滑动速度/(m/min)	许用压力[p]/MPa	摩擦系数 f
钢-青铜	低速	18~25	0.08~0.10
	≤3.0	11~18	
	6~12	7~10	
	>15	1~2	
淬火钢-青铜	6~12	10~13	0.06~0.08
钢-铸铁	<2.4	13~18	0.12~0.15
	6~12	4~7	
钢-钢	低速	7.5~13	0.11~0.17

注:① 表中的许用压力值适用于 $\phi = 2.5 \sim 4$ 的情况,当 $\phi < 2.5$ 时,可提高 20%;若螺母为剖分结构,表中数值应减小 15%~20%。
② 表中的摩擦系数,在起动过程中取大值,运转过程中取小值。

式(2-66)也可表示为

$$p = \frac{F}{Z \pi d_2 h} \leqslant [p]$$

式(2-66)可用于螺旋传动的耐磨性校核。为便于设计计算,设中间变量——高径比 $\phi = \dfrac{H}{d_2}$,则耐磨性设计公式为

$$d_2 \geqslant \sqrt{\frac{FP}{\pi h \phi [p]}} \qquad (2\text{-}67)$$

其中,参数 ϕ 依据螺母的结构形式确定:当螺母为整体结构时,螺母磨损后不能够调整,$\phi = 1.2 \sim 2.5$;对于分体螺母或兼作支承的螺母,$\phi = 2.5 \sim 3.5$;只有当传动精度要求高、载荷较大时才允许 $\phi = 4$。$\dfrac{h}{P}$ 为常数,依照牙型确定。

2. 强度计算

1) 螺杆的强度

螺杆工作时的危险截面上既受压(拉)应力又受扭转切应力,因此强度校核时需采用第四强度理论计算危险截面的应力,即

$$\sigma_{ca} = \sqrt{\sigma^2 + 3\tau^2} = \sqrt{\left(\frac{4F}{\pi d_1^2}\right)^2 + 3\left(\frac{T}{0.2d_1^3}\right)^2} \leqslant [\sigma] \tag{2-68}$$

式中,T 为螺杆所受的转矩,$T = F\frac{d_2}{2}\tan(\gamma + \rho_v)$(其中,当量摩擦角 $\rho_v = \arctan f_v$,当量摩擦系数 $f_v = \frac{f}{\cos\frac{\alpha}{2}}$,摩擦系数 f 查表 2-39,对于梯形螺纹,牙形角 $\alpha = 30°$);$[\sigma]$ 为许用应力,见表 2-40。

表 2-40 滑动螺旋副材料的许用应力 $[\sigma]$ MPa

螺旋副材料		许用应力 $[\sigma]$	许用弯曲应力 $[\sigma_b]$	许用剪应力 $[\tau]$
螺杆	钢	$\frac{\sigma_s}{3 \sim 5}$		
螺母	青铜		40~60	30~40
	灰铸铁		45~55	40
	耐磨铸铁		50~60	40
	钢		$(1.0 \sim 1.2)[\sigma]$	$0.6[\sigma]$

注:① σ_s 为材料的屈服极限;
② 载荷稳定时,许用应力取大值。

2) 螺母螺纹牙的强度

将一圈螺纹沿螺母的大径 d 展开,则可将螺母螺纹牙的受力简化成如图 2-55 所示的悬臂梁。螺纹牙的主要失效形式为剪切和弯曲折断。

假设螺母每圈所受的平均压力为 $\frac{F}{Z}$,并作用在平均直径 d_2 的圆周上,则螺纹牙危险截面(根部)的剪切强度条件为

$$\tau = \frac{F}{Z\pi db} \leqslant [\tau] \tag{2-69}$$

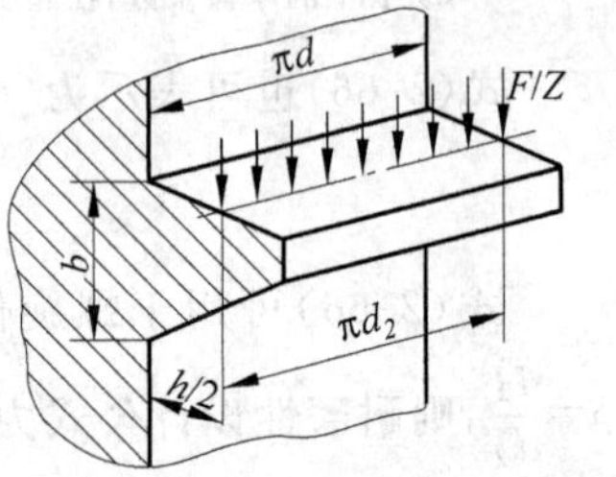

图 2-55 螺母螺纹圈受力

齿根的弯曲强度条件为

$$\sigma_b = \frac{M}{W} \leqslant [\sigma_b]$$

其中,$M = \frac{F}{Z}\frac{h}{2}, W = \frac{\pi db^2}{6}$。则

$$\sigma_b = \frac{3Fh}{Z\pi db^2} \leqslant [\sigma_b] \tag{2-70}$$

式中,b 为螺纹牙根部厚度,梯形螺纹 $b=0.65P$,30°锯齿形螺纹 $b=0.75P$,矩形螺纹 $b=0.5P$;$[\sigma_b]$ 为许用弯曲应力,MPa,见表 2-40。

3. 受压螺杆的稳定性计算

对于长径比较大的受压螺杆,工作中可能会出现失稳,因此需要计算其稳定性,即

$$S_c = \frac{F_{cr}}{F} \geq [S] \tag{2-71}$$

式中,F_{cr} 为螺杆的临界载荷,N,与螺杆的柔度 λ 有关,计算方法见表 2-41;S_c 为螺杆稳定性的计算安全系数;$[S]$ 为螺杆稳定性的许用安全系数,对于传力螺旋 $[S]=3.5\sim5$,对于传导螺旋 $[S]=2.5\sim4$,对于精密螺杆或水平螺杆 $[S]>4$。

表 2-41 螺杆的临界载荷 F_{cr} N

		柔度 $\lambda = \dfrac{4\mu l}{d_1}$		备 注
F_{cr}		$\lambda \geq 80\sim90$	$F_{cr} = \dfrac{\pi^2 E I_a}{(\mu l)^2}$	(1) μ 为螺杆的长度系数,见表 2-42;l 为螺杆的最大工作长度,mm;I_a 为螺杆危险截面的惯性矩,mm⁴,$I_a = \dfrac{\pi d_1^4}{64}$;$E$ 为螺杆材料的弹性模量,MPa (2) Q275 钢的 $\lambda<40$,优质碳素钢、合金钢的 $\lambda<60$ 时不必进行稳定性校核
	淬火钢	$\lambda<85$	$F_{cr} = \dfrac{490}{1+0.0002\lambda^2} \cdot \dfrac{\pi d_1^2}{4}$	
	非淬火钢	$\lambda<90$	$F_{cr} = \dfrac{340}{1+0.00013\lambda^2} \cdot \dfrac{\pi d_1^2}{4}$	

表 2-42 螺杆的长度系数 μ

螺杆端部结构	长度系数 μ	备 注
两端固定	0.5	(1) 如采用滑动轴承支承(轴承宽度 B,轴承孔直径 d),则当 $B/d<1.5$ 时为铰支;当 $B/d=1.5\sim3$ 时为不完全固定;当 $B/d>3$ 时为固定 (2) 如采用滚动轴承支承,则只有径向约束时为铰支,径向和轴向均有约束时为固定
一端固定,一端不完全固定	0.6	
一端固定,一端铰支	0.7	
两端铰支	1.0	
一端固定,一端自由	2.0	

4. 自锁性能验核

对于有自锁性能要求的螺旋传动,按照下式进行自锁条件验核:

$$\gamma \leq \rho_v = \arctan \frac{f}{\cos \dfrac{\alpha}{2}} = \arctan f_v \tag{2-72}$$

式中,ρ_v 为当量摩擦角;f 为螺旋副的摩擦系数,见表 2-39。

5. 螺旋传动的效率

传力螺旋传动的效率可按照下式进行计算:

$$\eta = \frac{\tan \gamma}{\tan(\gamma \pm \rho_v)} \tag{2-73}$$

式中,当轴向载荷与运动方向相反时取"+"号。

2.6.4 滑动螺旋传动设计计算的一般步骤

以传力为主的螺旋传动设计的典型问题,一般已知工作载荷 $F(N)$ 和螺杆(或螺母)的转速(r/min),要求设计螺纹的类型及其参数,并进行有关的工作能力校核。一般遵循以下步骤:

(1) 选定螺纹类型。确定螺纹的牙型角 α 及高径比 ϕ。

(2) 选择螺旋副的材料。由表 2-39 查取许用压力 $[p]$ 和螺旋副的摩擦系数 f。

(3) 从螺旋副的耐磨性出发(见式(2-67)),设计螺旋的中径 d_2;根据计算值选取标准中径 d_2,并计算出大径 d 及小径 d_1。如果计算的大径 d 大于结构要求,需重新选择材料,提高 $[p]$ 后再进行耐磨性计算,确定新的螺纹尺寸,直至满足设计要求。

(4) 选取与直径相配的螺距 P,对有自锁性要求的螺旋传动根据式(2-72)进行自锁性能验核。

(5) 计算螺母的高度 H,要满足结构要求,并圆整成整数。

(6) 计算旋合圈数 Z。如果 $Z>10\sim12$,则需要加大一级螺距,直至满足 $Z<10\sim12$。

(7) 在选定以上参数的基础上,进行螺杆和螺母的强度校核;如不满足要求,可以通过增加螺距或增大中径的方法重新校核计算,直至满足强度要求。

(8) 对于受压螺旋,还应按照式(2-71)校核螺杆的稳定性。

习 题

2-1 设计一台长期运转的带式运输机传动装置。要求采用带—齿轮传动。请从整体结构、工作效率和过载保护等方面分析下面两种方案哪种更合理:

(1) 电动机—带传动—齿轮传动—工作机

(2) 电动机—齿轮传动—带传动—工作机

2-2 设计一个直线运动工作台,要求移动距离 200 mm,运动速度 10 mm/min。电动机的额定转速为 900 r/min。请绘制传动系统结构简图,并给出主要传动零件的几何参数(如螺旋的螺距、齿轮的齿数等)。

2-3 按照传递同等载荷时,传动件支承轴所受轴向力由大到小的顺序排列下面的传动零件:

直齿圆柱齿轮、斜齿圆柱齿轮、锥齿轮、链传动、带传动、蜗杆传动。

2-4 现有图示两种传动方案,试分析其是否合理,并说明理由。

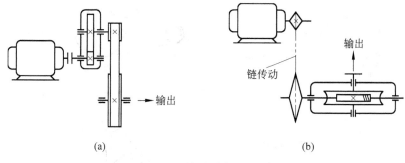

题 2-4 图

2-5 现有图示提升装置。已知重物质量 $G=200$ kg，卷筒直径 $D=500$ mm，重物的提升速度 $v=0.5$ m/s，电动机的额定转速为 960 r/min，若开式齿轮传动的传动比为 4，减速器的传动比为 6，减速器的传动效率 $\eta=90\%$。求带传动的传动比应为多少（速度误差不大于 $\pm 5\%$）？计入效率损失，电动机的输出功率是多少？减速器的输出力矩 T 和输出转速 n 各为多少？

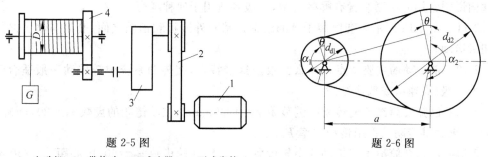

题 2-5 图
1—电动机；2—带传动；3—减速器；4—开式齿轮

题 2-6 图

2-6 如图所示 V 带传动。小带轮直径 $d_{d1}=90$ mm，大带轮直径 $d_{d2}=280$ mm，传动中心距要求 550 mm $\leqslant a \leqslant$ 650 mm。试选择符合设计要求的 A 型 V 带的标准带长。

2-7 某设备用 V 带传动装置，电动机的额定功率为 5.5 kW，额定转速 $n=1440$ r/min，工作系数 $K_A=1.2$。选用 A 型 V 带，大小带轮直径分别为 $d_{d1}=140$ mm 和 $d_{d2}=420$ mm，带长 $L_d=2240$ mm，实际中心距 $a=660.65$ mm。求带传动所需要的带根数和作用在支承轴上的压轴力。

2-8 一个由交流电动机驱动的风扇，每天工作 22 h，输入转速 $n_1=1450$ r/min，输入额定功率为 3.5 kW，输出转速 $n_2=725$ r/min。设计此带传动装置（要求速度误差不超过 $\pm 5\%$），并绘制小带轮的零件图。

2-9 带传动装置一般有两种布置方法：水平布置（图(a)）和垂直布置（图(b)）。请说明水平布置和垂直布置时，图中哪种方案更合理。

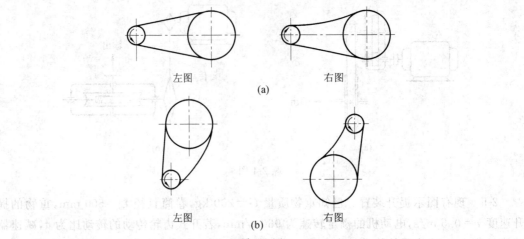

题 2-9 图
(a) 水平布置带传动装置；(b) 垂直布置带传动装置

2-10 带传动装置长期工作后带长会增加。为保证一定的初拉力，常用张紧装置调整。请举例说明常用的张紧装置有哪些类型，一般各适用于何种场合。

2-11 图 2-13 所示为套筒滚子链的结构。请问外链板和销轴之间、套筒与滚子之间有无相对运动？

2-12 链传动的主要特点是什么？根据这些特点，在传动系统中链传动一般适合于布置在哪一级（高速级或低速级）？

2-13 已知套筒滚子链传动的链节距 $p=19.05$ mm，主动链轮的齿数 $z_1=20$，链速 $v=6$ m/s。求此链传动的许用传动功率 P_0。

2-14 已知套筒滚子链传动的小轮齿数 $z_1=18$，大轮齿数 $z_2=60$，中心距 $a\approx730$ mm，小链轮的转速 $n_1=730$ r/min，链节距 $p=15.875$ mm，且载荷平稳。试求链节数、链传动的最大功率和链传动的工作拉力。

2-15 设计一用于搅拌机传动系统的套筒滚子链传动，由异步电动机驱动。已知链传动的输入转速 $n_1=750$ r/min，输出转速 $n_2=325$ r/min，输入功率 $P=4$ kW。试确定套筒滚子链的类型、链节距、大小链轮的齿数、链节数和中心距。

2-16 已知一两级斜齿圆柱齿轮传动，其主动轮的转动方向和旋向如图所示。试判断中间轴小齿轮的旋向，要求保证中间轴轴承所受的轴向力较小。

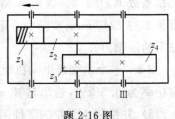

题 2-16 图

2-17 已知图示提升机构中电动机的转向 n_1、重物 Q 的运动方向。试确定：①此时蜗杆的旋向（在图中标出）；②锥齿轮 1 与 2、蜗杆 3 与蜗轮 4 在啮合点所受的 3 个方向的分力的方向（在图中标出）。

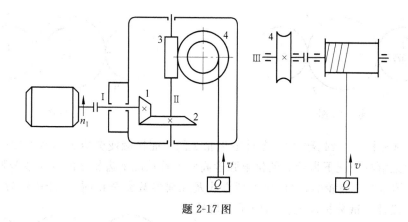

题 2-17 图

2-18 已知斜齿圆柱齿轮中作用在小齿轮处的扭矩 $T_1=30\,000$ N·mm,小齿轮齿数 $z_1=20$,大齿轮齿数 $z_2=80$,模数 $m=2.5$ mm,中心距 $a=240$ mm。求:
(1) 斜齿圆柱齿轮的螺旋角。
(2) 作用在啮合点处的 3 个分力的大小。

2-19 图示直齿锥齿轮传动,已知 $z_1=24$,$z_2=48$,模数 $m=3$ mm,齿宽 $b=25$ mm,小锥齿轮转速 $n_1=160$ mm,传递功率 $P=2$ kW。求齿轮啮合点处的受力。

2-20 设计一对圆柱齿轮传动,根据弯曲强度设计要求,齿轮材料的许用弯曲应力不能小于 360 MPa,齿轮寿命期内的循环次数为 $N=1.2\times10^6$,使用情况一般。试选择合适的材料及其热处理方式。

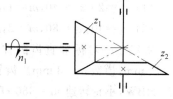

题 2-19 图

2-21 齿轮传动中软、硬齿面的硬度是如何定义的?举例说明同一种钢材如何采用不同的热处理方式,以获得不同的表面硬度。

2-22 蜗杆传动中,蜗轮材料的选择应考虑哪些问题?请举出 2~3 种常用的蜗轮材料牌号。

2-23 一对用于振动筛上的开式标准直齿圆柱齿轮传动装置,由三相异步电动机驱动。小齿轮齿数 $z_1=20$,模数 $m=6$ mm,宽度 $b=120$ mm,小齿轮转速 $n_1=90$ r/min,名义工作扭矩 $T_1=30$ N·mm,齿轮精度 10 级,对称布置。试求此对齿轮传动的计算功率 P_{ca}。

2-24 图示直齿圆柱齿轮传动的 $d_1=d_3$,齿轮 1 为主动齿轮,齿轮 3 为输出齿轮,输出功率为 P。齿轮材料及热处理完全相同,有限寿命设计。试分析 3 个齿轮中哪个齿轮的弯曲疲劳强度最差,哪个齿轮的接触疲劳强度最差。

2-25 如图所示,若齿轮 2 为主动齿轮,齿轮 1 和 3 为输出齿轮,输出功率为 $2P$,其他条件均与题 2-24 相同。试分析 3 个齿轮中哪个齿轮的弯曲疲劳强度最差,哪个齿轮的接触疲劳强度最差。

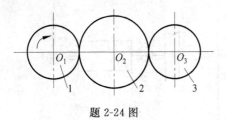
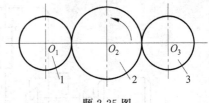

题 2-24 图　　　　　　　　　　　　　题 2-25 图

2-26　试分析题 2-24、题 2-25 条件下齿轮 2 的齿面接触疲劳应力和弯曲疲劳应力有何异同。在上述哪种情况下齿轮 2 的接触强度高？哪种情况下齿轮 2 的弯曲疲劳强度高？

2-27　图示 3 个齿轮的材料、热处理方式及几何参数完全相同,不计传动效率的影响,按有限寿命设计。试分析齿轮传动中哪个齿轮的齿根弯曲疲劳强度最差,哪个齿轮的齿面接触疲劳强度最差。为什么？

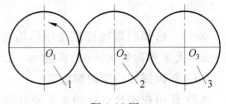

题 2-27 图

2-28　比较下列两对齿轮传动的齿面接触疲劳强度和齿根弯曲疲劳强度哪对大。为什么？其中,两对齿轮传递的扭矩 T_1 相同,齿宽 b 相同,材料及热处理相同,其他工作条件均相同。

(1) $z_1=20, z_2=40, m=4, \alpha=20°, h_a^*=1, c^*=0.25$；

(2) $z_1=40, z_2=80, m=2, \alpha=20°, h_a^*=1, c^*=0.25$。

2-29　一对标准直齿圆柱齿轮,小齿轮齿数 $z_1=20$,大齿轮齿数 $z_2=72$,齿轮宽度 $b=70$ mm,模数 $m=3$ mm。齿轮材料均采用 45 钢调质,小齿轮硬度 250 HBW,大齿轮硬度 220 HBW,小轮转速 $n_1=960$ r/min。求：

(1) 这对齿轮用于开式传动时的最大传递功率是多少？

(2) 用于闭式传动时的最大传递功率是多少？

2-30　已知图示闭式标准直齿圆柱齿轮传动,传递功率 $P=2.5$ kW,小齿轮主动,其转速 $n_1=960$ r/min。许用应力 $[\sigma_{H1}]=[\sigma_{H2}]=[\sigma_{H3}]=500$ MPa,$[\sigma_{F1}]=350$ MPa,$[\sigma_{F2}]=390$ MPa,$[\sigma_{F3}]=400$ MPa。试设计此齿轮传动装置。

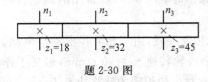

题 2-30 图

2-31　由于工作需要,题 2-29 所设计出的标准直齿圆柱齿轮传动装置,现传递的功率改为 3.0 kW,请问该装置是否还可用。如果不可用,请进行改进设计(保持中心距不变)。

2-32　斜齿圆柱齿轮疲劳强度计算公式与直齿圆柱齿轮计算公式有何异同？

2-33　已知单级斜齿圆柱齿轮减速器,中心距 $a=105$ mm,传动比 $i=4$,小齿轮齿数 $z_1=20$,法面模数 $m_n=2$ mm,转速 $n_1=960$ r/min,齿轮宽度 $b=80$ mm。小齿轮材料 45 钢调质,大齿轮正火,载荷平稳,按无限寿命设计。计算这对齿轮所能传递的功率。

2-34 若将题 2-29 所述齿轮传动装置改为斜齿圆柱齿轮,请重新设计齿轮有关参数。

2-35 有一对斜齿圆柱齿轮,中心距 $a=105$ mm,传动比 $i=2.73$,法面模数 $m_n=2\sim 6$ mm。计算确定这对齿轮的齿数、模数、螺旋角、大小齿轮直径(不进行强度计算),要求至少求出 5 种方案,并进行分析比较。

2-36 测得交角 90°锥齿轮传动的小齿轮齿数 $z_1=18$,大齿轮齿数 $z_2=54$,小齿轮顶圆直径 $d_{a1}\approx 59.7$ mm,齿宽 $b=28$ mm。试计算其分度圆锥角 δ_1 和 δ_2,大端模数 m,全齿高 h,大端分度圆直径 d_1 和 d_2,分度圆锥顶距 R 及齿宽系数 φ_R。

2-37 设计闭式锥齿轮减速器。已知减速器由电动机驱动,输入功率 $P=5$ kW,转速 $n_1=960$ r/min,传动比 $i=2.5$,齿轮按照 7 级精度制造,载荷有轻微冲击,单向转动,两班制,使用寿命 10 年。

2-38 在两级直齿圆柱齿轮传动装置中,如果发现低速级大齿轮与高速级大齿轮直径差很多,为使两级齿轮均能浸油润滑,在不改变齿轮材料的前提下,如何调整两级的传动比或齿宽系数?

2-39 齿轮采用浸油润滑方式,图中_____结构较合理。请逐一说明理由。

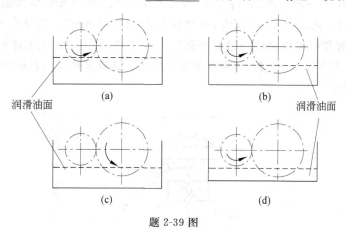

题 2-39 图

2-40 有一对标准普通蜗杆减速器,已知模数 $m=5$ mm,传动比 $i=25$,蜗杆直径 $d_1=50$ mm,头数 $z_1=2$。试计算该蜗杆传动的主要几何尺寸。

2-41 已知图示闭式蜗杆传动,蜗杆输入功率 $P_1=3$ kW,转速 $n_1=960$ r/min,蜗杆头数 $z_1=2$,蜗轮齿数 $z_2=48$,模数 $m=8$ mm,蜗杆直径 $d_1=80$ mm,蜗杆与蜗轮之间的当量摩擦系数 $f_v=0.1$。试求:

(1) 蜗杆传动的啮合效率 η_1 和传动效率 η;

(2) 作用在蜗杆和蜗轮啮合点上的 3 个分力的大小和方向。

2-42 若题 2-41 中的蜗杆轴支承跨距 $L=460$ mm,材料选用 45 钢淬火,齿面硬度大于 45 HRC。试校核蜗杆轴的刚度。

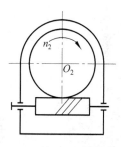

题 2-41 图

2-43 已知蜗杆减速器输入功率 $P_1=4.5$ kW,传动总效率 $\eta=0.82$,传热系数 $\alpha_w=14$ W/(m²·℃),允许的油温 $[t]=80$℃,减速器中心距 $a=250$ mm。试验算该减速器的温升是否在许用范围内。

2-44 设计用于提升装置的蜗杆减速器。要求减速器传递的功率 $P_1=4.5$ kW,输入转速 $n_1=720$ r/min,输出转速 $n_2=24$ r/min,中心矩 $a=225$ mm,蜗杆传动的效率不小于80%。

2-45 螺旋传动的主要用途有哪些?分别常采用何种类型的螺纹?

2-46 螺旋传动中螺母的材料选择一般需要满足哪些要求?请举出3种常用螺母材料的牌号。

2-47 用于举升的螺旋传动中,螺杆的主要失效形式包括哪些?为避免失效的发生,蜗杆材料的选择需要考虑哪些因素?请举出3种螺杆的常用材料及其热处理方式。

2-48 已知螺旋千斤顶的最大举升力为 10 000 N。试为螺杆选择合适的梯形螺纹尺寸,并校核其强度是否满足要求。

2-49 某厂生产一种手动压力机。已知最大压力 $F_{max}=25$ kN,螺纹副选用梯形螺纹,螺杆材料为 45 钢正火,$[\sigma]=100$ MPa,螺母材料为 ZCuAl10Fe3。假设支承面的平均直径 $D_m \approx d_2$(中径),操作时螺纹副的当量摩擦系数 $f_v=0.15$,压头支承面的摩擦系数 $f_c=0.1$,操作人员每只手用力约为 200 N,其他数据如图所示。试确定该压力机的螺纹参数(要求自锁)和手轮直径 D。

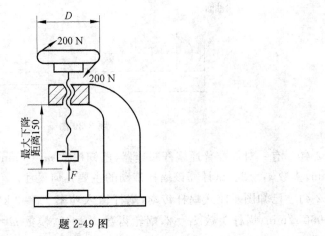

题 2-49 图

机械系统支承零部件设计

机械支承系统是保证传动系统良好工作的基础。机械系统中典型的支承零件包括轴和轴承。本章介绍轴、滚动轴承和滑动轴承的设计与选用。

3.1 轴

轴是机械设备的典型零件,机械设备的回转部件如齿轮、带轮等都安装在轴上。轴通过合理的结构设计保证轴上零件的正确固定和定位,防止轴上零件的窜动,同时还起到传递运动和动力的作用。因此,大多数的轴在工作时承受弯矩和转矩。

轴设计的主要任务是在合理选择轴材料的基础上,进行轴的结构设计和工作能力设计。轴的结构设计是根据轴上零件的固定、定位要求以及轴的加工、装配要求,设计出轴的各部分结构尺寸;轴的工作能力设计主要进行轴的强度校核,必要时进行轴的刚度和稳定性等校核设计。本章主要介绍轴的强度、刚度设计计算,轴的结构设计参考第 7 章。

3.1.1 轴的分类与材料

1. 轴的分类

轴的分类有很多种。按轴的外形可以将轴分为光轴和阶梯轴。光轴结构简单,但不利于轴上零件的固定和定位,所以大部分的轴是阶梯轴。轴按工作时所受的载荷性质可分为心轴、传动轴和转轴(表 3-1)。

2. 轴的材料

轴工作时主要受弯矩和扭矩,因此要求轴的材料有一定的强度、刚度,有相对滑动的轴还有耐磨性要求。

轴的材料主要采用碳素钢和合金钢。由于碳素钢比合金钢价格低廉,对应力集中的敏感性较小,又可以通过热处理提高其疲劳强度,所以应用广泛。45 钢是最常用的轴材料,使用时为保证力学性能一般应进行调质或正火处理。

表 3-1　按轴工作时所受的载荷性质分类

轴所受载荷	轴的类型	图例
只受弯矩 M	心轴	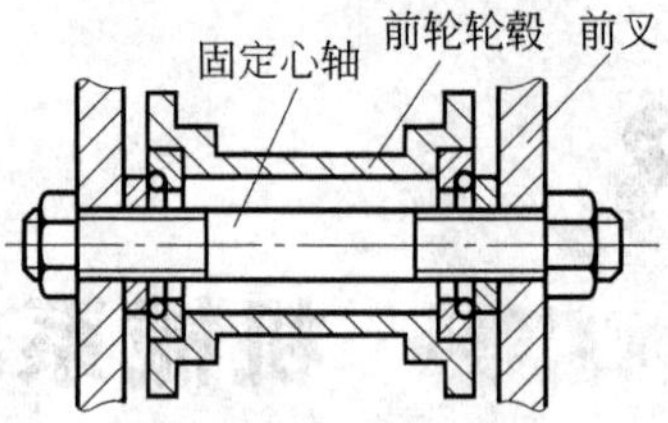 自行车前轴（静止心轴）
只受扭矩 T	传动轴	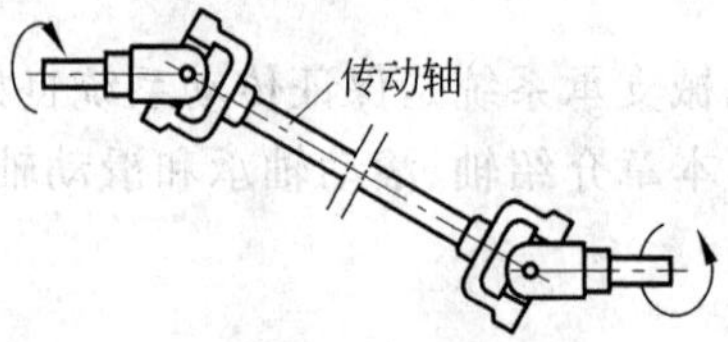 汽车中的传动轴
既受弯矩 M 又受扭矩 T	转轴	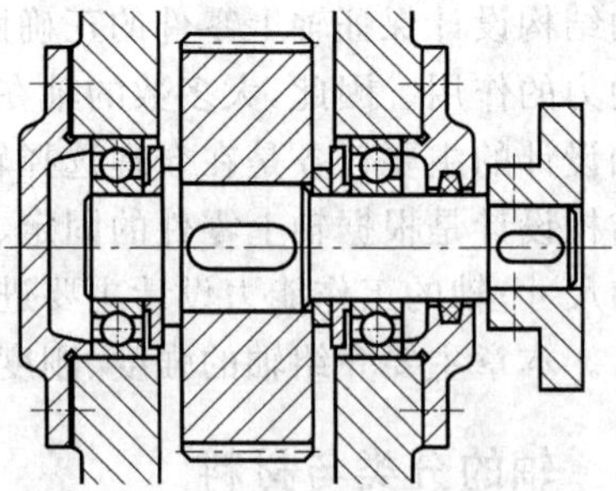 减速器中的转轴

合金钢具有更高的力学性能和淬火性能，在载荷大、磨损大，且要求结构紧凑、重量轻时采用。

需要注意的是，碳素钢和合金钢的弹性模量相近，热处理对其的影响也很小，因此选用合金钢只能提高轴的强度和耐磨性，而对轴的刚度影响很小。

轴的毛坯大多用轧制圆钢和锻钢，也有的直接用圆钢。对于形状复杂的轴，一般通过铸造得到。轴的材料也可以采用铸造性能好的铸钢和球墨铸铁。表 3-2 列出了轴的常用材料及其主要力学性能。

表 3-2 轴的常用材料及其主要力学性能

材料牌号	热处理	毛坯直径 /mm	硬度 HBW	强度极限 σ_b	屈服极限 σ_s	弯曲疲劳 σ_{-1}	剪切疲劳 τ_{-1}	许用弯曲应力 $[\sigma_{-1}]$	备注
				/MPa					
Q235-A	热轧或锻后空冷	≤100		400～420	225	170	105	40	用于不重要及受载荷不大的轴
		>100～250		375～390	215				
45	正火	≤100	170～217	590	295	255	140	55	应用最广泛
	回火	>100～300	162～217	570	285	245	135		
	调质	≤200	217～255	640	355	275	155	60	
40Cr	调质	≤100	241～286	735	540	355	200	70	用于载荷较大而无很大冲击的重要轴
		>100～300		685	490	335	185		
40CrNi	调质	≤100	270～300	900	735	430	260	75	用于重要的轴
		>100～300	240～270	785	570	370	210		
38SiMnMo	调质	≤100	229～286	735	590	365	210	70	用于重要的轴,性能接近于40CrNi
		>100～300	217～269	685	540	345	195		
20Cr	渗碳淬火回火	≤60	渗碳56～62HRC	640	390	305	160	60	用于要求强度及韧性均较高的轴
3Cr13	调质	≤100	≥241	835	635	395	230	75	用于腐蚀条件下的轴
1Cr18Ni9Ti	淬火	≤100	≤192	530	195	190	115	45	用于高、低温及腐蚀条件下的轴
		>100～200		490		180	110		
QT 600-3			190～270	600	370	215	185		用于制造复杂外形的轴
QT 800-2			245～335	800	480	290	250		

3.1.2 轴的工作能力设计

轴在工作时主要受到弯矩和扭矩,因此轴的主要失效形式是断裂或过大的挠性变形。轴的失效形式和相应的设计准则见表 3-3。

针对失效形式,轴的工作能力计算主要包括轴的强度、刚度和稳定性计算。一般的轴只要满足强度条件即可正常工作,这时需要对轴进行强度计算;而对细长轴或要求挠性变形量小的轴如车床主轴等,则需要对轴的刚度进行计算。对于高速旋转的轴,为避免产生共振而造成失效,还需对轴的振动稳定性进行计算。

表 3-3 轴的失效形式和设计准则

失效形式	失效原因	设计准则	
瞬时过载引起塑性变形或断裂	静强度失效	静强度的安全系数校核	
疲劳断裂	疲劳强度失效	许用应力法	轴的扭转强度条件性计算
			轴的弯扭合成强度条件性计算
		安全系数法	疲劳强度的安全系数法校核
挠性变形过大	刚度失效	$y\leqslant[y]$,$[y]$为许用挠度	
	扭转角变形过大	$\theta\leqslant[\theta]$,$[\theta]$为许用转角	

1. 轴的疲劳强度计算

根据表 3-3,轴的疲劳强度计算方法有 3 种:扭转强度条件性计算、弯扭合成强度条件性计算和安全系数法校核。这 3 种强度计算方法都是针对轴的疲劳强度失效这一种失效,但计算的适用条件和计算精度不同。扭转强度条件性计算一般用在轴的结构设计进行之前,此时没有轴的支承尺寸、受力位置,只能根据传递扭矩的大小粗略地估算轴的最小直径,为结构设计提供轴的最小尺寸要求。这种强度计算的方法简单,但计算精度低,为保证轴的强度满足要求,一般在完成结构设计后仍需对轴进行弯扭合成强度的条件性计算;而对一些重要的轴,应根据轴的结构和工艺精确地确定各危险截面的安全系数。轴的安全系数法计算复杂,但计算精度最高。

1) 扭转强度条件性计算

根据材料力学的知识,实心圆轴的扭转强度校核公式为

$$\tau_T = \frac{T}{W_T} = \frac{9.55\times 10^6 \frac{P}{n}}{0.2d^3} \leqslant [\tau_T] \tag{3-1}$$

由式(3-1)可得轴的直径(设计公式):

$$d \geqslant \sqrt[3]{\frac{9.55\times 10^6 P}{0.2[\tau_T]n}} = \sqrt[3]{\frac{9.55\times 10^6}{0.2[\tau_T]}}\sqrt[3]{\frac{P}{n}} = A_0\sqrt[3]{\frac{P}{n}} \tag{3-2}$$

式中,τ_T 为扭转切应力,MPa;T 为轴所受的转矩,N·mm;W_T 为轴的抗扭截面系数,mm³;n 为轴的转速,r/min;P 为轴传递的功率,kW;d 为轴的计算直径,mm;$[\tau_T]$ 为许用切应力,MPa,见表 3-4;$A_0 = \sqrt[3]{\frac{9.55\times 10^6}{0.2[\tau_T]}}$,是与材料有关的系数,见表 3-4。

表 3-4 轴的常用几种材料的 $[\tau_T]$ 及 A_0 值

轴的材料	Q235-A,20	Q275,35(1Cr18Ni9Ti)	45	40Cr,35SiMn38SiMnMo,3Cr13
$[\tau_T]$/MPa	15~25	20~35	25~45	35~55
A_0	126~149	112~135	103~126	97~112

式(3-2)中的轴径为承受转矩作用的轴的最小直径。当轴上有键槽时,考虑键槽对轴强度的削弱,应增大轴径。对直径 $d > 100$ mm 的轴,当轴的同一截面上有一个键槽时,轴径应加大 3%;有两个键槽时,轴径加大 7%。对直径 $d \leqslant 100$ mm 的轴,当轴的同一截面上有一个键槽时,轴径应加大 5%;有两个键槽时,轴径加大 10%~15%。最后将轴径圆整,有标准件安装的轴段取标准直径。

2) 弯扭合成强度条件的计算

轴的结构设计完成后,轴的主要结构尺寸、轴上零件的位置以及载荷作用位置都已经确定,此时可用弯扭合成强度条件性计算轴的强度。一般来说,这种轴的强度计算方法已足够。

弯扭合成强度计算的步骤如下:

(1) 画出轴的受力简图(即力学模型,参见图 3-2(b))。模型中轴简化为梁,轴承简化为支点。将轴上的作用力分解为水平面受力图(图 3-2(c))和垂直面受力图(图 3-2(e))。并求出水平面和垂直面内的支点反力。

(2) 作水平面和垂直面的弯矩 M_H 图和 M_V 图。根据受力分析,在水平面和垂直面内分别计算各力产生的弯矩,作出水平面弯矩 M_H 图(图 3-2(d))和垂直面弯矩 M_V 图(图 3-2(f))。一般取截面上部受压、下部受拉的弯矩为正。

(3) 作合成弯矩 M 图(图 3-2(g)),合成弯矩 $M = \sqrt{M_H^2 + M_V^2}$。

(4) 作转矩 T 图,根据轴所受转矩 T 作出转矩图(图 3-2(h))。

(5) 作当量弯矩 M_{ca} 图(图 3-2(i)),$M_{ca} = \sqrt{M^2 + (\alpha T)^2}$。

由弯矩 M 产生的弯曲应力 σ 是对称循环应力,而由扭矩 T 产生的扭转切应力 τ 则通常不是对称循环变应力。考虑到两者循环特性的不同,引入折合系数 α。当扭转切应力为静应力时,$\alpha = \dfrac{[\sigma_{-1b}]}{[\sigma_{+1b}]} \approx 0.3$;当扭转切应力为脉动循环变应力时,$\alpha = \dfrac{[\sigma_{-1b}]}{[\sigma_{0b}]} \approx 0.6$;当扭转切应力为对称循环变应力时,$\alpha = 1$。则弯扭合成计算应力为

$$\sigma_{ca} = \sqrt{\sigma^2 + 4(\alpha\tau)^2} \tag{3-3}$$

对于直径为 d 的实心圆轴,弯曲应力为 $\sigma = \dfrac{M}{W}$,扭转切应力为 $\tau = \dfrac{T}{W_T} = \dfrac{T}{2W}$,代入式(3-3),得

$$\sigma_{ca} = \sqrt{\left(\dfrac{M}{W}\right)^2 + 4\left(\dfrac{\alpha T}{2W}\right)^2} = \dfrac{\sqrt{M^2 + (\alpha T)^2}}{W} = \dfrac{M_{ca}}{W} \tag{3-4}$$

式中,σ_{ca} 为轴的计算应力,MPa;M 为轴的弯矩,N·mm;T 为轴的转矩,N·mm;W 为轴的抗弯截面系数,mm^3,查表 3-5。

表 3-5 轴抗弯和抗扭截面系数计算公式

截面形状	W	W_T
(实心圆)	$\dfrac{\pi d^3}{32} \approx 0.1 d^3$	$\dfrac{\pi d^3}{16} \approx 0.2 d^3$
(空心圆)	$\dfrac{\pi d^3}{32}(1-\gamma^4) \approx 0.1 d^3 (1-\gamma^4)$ $\left(\gamma = \dfrac{d_0}{d}\right)$	$\dfrac{\pi d^3}{16}(1-\gamma^4) \approx 0.2 d^3 (1-\gamma^4)$
(单键槽)	$\dfrac{\pi d^3}{32} - \dfrac{bt(d-t)^2}{2d}$	$\dfrac{\pi d^3}{16} - \dfrac{bt(d-t)^2}{2d}$
(双键槽)	$\dfrac{\pi d^3}{32} - \dfrac{bt(d-t)^2}{d}$	$\dfrac{\pi d^3}{16} - \dfrac{bt(d-t)^2}{d}$
(花键)	$\dfrac{\pi d^3}{32} \approx 0.1 d^3$	$\dfrac{\pi d^3}{16} \approx 0.2 d^3$

(6) 校核轴的强度。危险截面轴的强度校核公式为

$$\sigma_{ca} = \dfrac{M_{ca}}{W} = \dfrac{\sqrt{M^2 + (\alpha T)^2}}{W} \leqslant [\sigma_{-1b}] \tag{3-5}$$

对于直径为 d 的实心圆轴,轴径设计公式为

$$d \geqslant \sqrt[3]{\dfrac{M_{ca}}{0.1[\sigma_{-1b}]}} \tag{3-6}$$

注意,危险截面可能出现在弯矩和转矩大的截面,也可能出现在轴径较小的截面,因此在设计计算时应选择多个危险截面进行计算,找到最危险的截面。

3) 安全系数法校核

按弯扭合成强度计算轴的强度能满足一般轴的强度要求。但弯扭合成强度计算轴的应力时,没有考虑轴加工和尺寸变化引起的轴的应力集中、表面质量等因素对疲劳强度的影响。因此对非常重要的轴,应采用安全系数法精确地确定每个危险截面的安全程度。

采用安全系数法计算的前提是轴的结构设计已经完成,轴的尺寸(包括过渡圆角、表面粗糙度等细节)都已确定。安全系数法校核计算能判断出危险截面的安全系数,通过改善薄

弱环节,有利于提高轴的疲劳强度。

安全系数法计算时,首先按弯扭合成方法作出轴的合成弯矩 M 图和转矩 T 图,确定需要精确校核的危险截面。危险截面一般取弯矩较大、轴截面较小、存在应力集中的轴段。根据危险截面上的弯矩 M 和扭矩 T,可求出危险截面的弯曲应力 σ 和切应力 τ,将这两项循环应力分解为平均应力(σ_m 和 τ_m)和应力幅(σ_a 和 τ_a)。然后按照疲劳强度安全系数法的理论(第 1 章),分别求出正应力作用下的安全系数 S_σ 和切应力作用下的安全系数 S_τ,以及综合安全系数 S_{ca}。

$$S_\sigma = \frac{\sigma_{-1}}{K_\sigma \sigma_a + \psi_\sigma \sigma_m} \tag{3-7}$$

$$S_\tau = \frac{\tau_{-1}}{K_\tau \tau_a + \psi_\tau \tau_m} \tag{3-8}$$

$$S_{ca} = \frac{S_\sigma S_\tau}{\sqrt{S_\sigma^2 + S_\tau^2}} \geqslant [S] \tag{3-9}$$

以上各式中的符号及有关数据参见第 1 章的有关内容。

2. 轴的静强度计算

按静强度条件校核的目的是为了评定轴对塑性变形的抵抗能力。当轴的瞬时过载很大,或应力循环的不对称性较为严重时,会引起轴的塑性变形甚至断裂,此时有必要对轴的静强度进行校核。轴的静强度是根据作用在轴上的最大瞬时载荷来进行校核的。轴的静强度条件校核公式为

$$S_{s\sigma} = \frac{\sigma_s}{\frac{M_{max}}{W} + \frac{F_{max}}{A}} \tag{3-10}$$

$$S_{s\tau} = \frac{\tau_s}{\frac{T_{max}}{W_T}} \tag{3-11}$$

$$S_{sca} = \frac{S_{s\sigma} S_{s\tau}}{\sqrt{S_{s\sigma}^2 + S_{s\tau}^2}} \geqslant S_s \tag{3-12}$$

式中,$S_{s\sigma}$ 为只考虑弯矩和轴向力时的安全系数;$S_{s\tau}$ 为只考虑转矩时的安全系数;S_{sca} 为危险截面静强度的计算安全系数;S_s 为按屈服强度设计的许用安全系数,可查有关手册;σ_s、τ_s 分别为材料的拉伸和剪切屈服极限,MPa,$\tau_s = (0.55 \sim 0.62)\sigma_s$,$\sigma_s$ 的值查表 3-2;M_{max}、T_{max} 分别为轴的危险截面上所受的最大弯矩和最大转矩,N·mm;F_{max} 为轴的危险截面上所受的最大轴向力,N;A 为轴的危险截面上的面积,mm^2;W、W_T 分别为轴的危险截面的抗弯和抗扭截面系数,mm^3,查表 3-5。

3. 轴的刚度计算

轴受弯矩和扭矩会引起弯曲和扭转变形,变形的大小与轴的刚度有关。若轴的刚度不

足,则变形过大,影响机器的性能。例如,车床主轴刚度不足时主轴的弯曲变形会影响车床的精度;安装齿轮的轴,其弯曲和扭转变形会影响轮齿的啮合;电动机轴的弯曲变形会改变转子与定子之间的间隙;一般的轴如果弯曲变形过大,轴径处安装的轴承会发生边缘接触,引起轴承的不均匀受力、磨损等。因此,对有刚度要求的轴,必须进行轴的刚度校核。

轴的刚度分为扭转刚度和弯曲刚度。扭转刚度用单位长度扭转角 φ 来度量;弯曲刚度用挠度 y 和偏转角 θ 度量。轴的刚度校核就是计算轴在工作载荷下的变形是否超过允许值。

1) 扭转刚度的校核计算

$$\varphi = 5.73 \times 10^4 \frac{T}{GI_p} \leqslant [\varphi] \ ((°)/m) \tag{3-13}$$

式中,T 为轴受到的转矩,N·mm;G 为材料的切变模量,MPa,对于钢 $G=8.1\times 10^4$ MPa;I_p 为轴截面的极惯性矩,mm^4,对于实心圆轴 $I_p = \frac{\pi d^4}{32}$;$[\varphi]$ 为允许扭转角,(°)/m,与轴的使用场合有关,见表3-6。

表3-6 轴的扭转角 φ、挠度 y 和偏转角 θ 的许用值

变形种类	应用范围	许用值
允许扭转角 $[\varphi]$/((°)/m)	精密传动	0.25~0.5
	一般传动	0.5~1
	要求不高的传动	>1
许用挠度 $[y]$/mm	一般用途的轴	$(0.0003~0.0004)l$
	车床主轴	$0.0002l$
	感应电动机轴	0.1Δ
	安装齿轮的轴	$(0.01~0.03)m_n$
	安装蜗轮的轴	$(0.02~0.05)m$
许用偏转角 $[\theta]$/(°)	滑动轴承	0.06
	深沟球轴承	0.3
	调心球轴承	3
	圆柱滚子轴承	0.15
	圆锥滚子轴承	0.09
	安装齿轮处	0.06~0.12

注:l 为轴承跨距;Δ 为定子与转子之间的间隙;m_n 为齿轮法向模数;m 为蜗轮端面模数。

2) 弯曲刚度的校核计算

轴的弯曲变形计算较复杂,通常按材料力学的公式计算出轴的挠度 y 和偏转角 θ,轴的弯曲刚度的校核条件为

$$y \leqslant [y], \quad \theta \leqslant [\theta] \tag{3-14}$$

式中,$[y]$ 为轴的许用挠度,mm,见表3-6;$[\theta]$ 为轴的许用偏转角,(°),见表3-6。

计算机技术的发展为轴的强度和刚度计算提供了方便的计算工具,目前很多力学分析软件都具有强度和刚度计算功能,通过软件,可以精确分析轴的各个截面的强度和刚度。软

件使用的关键是正确建立力学模型。

4. 轴的振动简介

由于轴材料的不均匀性以及加工、制造的误差,轴转动时,轴和轴上零件会产生不平衡的离心力,从而引起轴的振动。当这个外力引起的强迫振动的频率与轴的自振频率相同或相近时,轴将产生共振。共振时,轴的振幅急剧增大,运转不稳定,从而影响轴的正常工作,甚至引起轴或整个机器的破坏。

轴的振动分为弯曲振动、扭转振动和纵向振动等。在通用机械中,轴的弯曲振动比扭转振动更常见,由于纵向自振频率很高,常予以忽略。

轴产生共振时的转速称为临界转速。对高速转动、跨距大的轴,应校核轴的临界转速,使轴的工作转速避开临界转速区。临界转速大小与轴的支承情况、轴的刚度、回转零件的质量等有关。高转速的轴,其临界转速有许多个,由低到高分别称为一阶临界转速、二阶临界转速……,各阶临界转速区的共振都会加剧轴的振动,但在一阶临界转速时,轴的振动最激烈、最危险。工作转速低于一阶临界转速的轴称为刚性轴,超过一阶临界转速的轴称为挠性轴。当轴的工作转速很高时,轴的工作转速应避开相应的共振区,这样的轴才具有振动稳定性。

轴的横向振动稳定性条件为

$$\text{刚性轴 } n < 0.85 n_{c1}; \quad \text{挠性轴 } 1.15 n_{c1} < n < 0.85 n_{c2}$$

式中,n 为轴的工作转速,r/min;n_{c1}、n_{c2} 分别为轴的一阶、二阶临界转速,r/min。

轴的临界转速计算方法可参阅文献。

3.1.3 提高轴的强度的措施

当轴的强度校核不满足要求时,即 $\sigma_{ca} > [\sigma_{-1b}]$ 时,就需要提高轴的强度,这可以从减小轴的计算应力 σ_{ca} 和增大轴的许用应力 $[\sigma_{-1b}]$ 两方面考虑。减小轴的计算应力 σ_{ca} 最直接的方法就是增大轴径;另外,改变轴系的结构,使轴的受力尽量合理,如减小悬臂的长度、合理布置轴上零件的位置等,也能减小轴的计算应力;改善轴的表面质量也可以提高轴的疲劳强度。提高轴的许用应力 $[\sigma_{-1b}]$ 的方法有采用更高级别的材料、采用合理的热处理工艺提高材料的性能等。

需要注意的是,轴的强度校核通常与轴系结构设计(第7章)交叉进行。另外,轴的结构尺寸除了考虑强度外,还要考虑轴的刚度、振动稳定性、加工和装配工艺条件,以及与轴有关联的其他零件和结构的要求。

例 3-1 已知某斜齿轮减速系统如图 3-1 所示,其中齿轮减速箱输入轴(高速轴)的结构如图 3-2(a)所示。轴上安装大带轮的压轴力为 $F_Q = 1000$ N;小斜齿轮分度圆直径为 105 mm,作用在齿轮上的 3 个分力的方向如

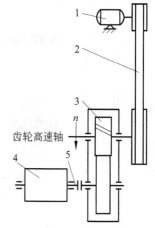

图 3-1 斜齿轮减速系统传动方案图
1—电动机;2—V 带传动;
3—斜齿圆柱齿轮传动;
4—卷筒;5—联轴器

图 3-2(b)所示,大小分别为圆周力 $F_t=2500$ N,径向力 $F_r=955.4$ N,轴向力 $F_a=800.3$ N。轴的材料为 45 钢,调质处理,硬度为 217~255 HBS。试按弯扭合成强度校核该齿轮减速箱输入轴(高速轴)的强度。

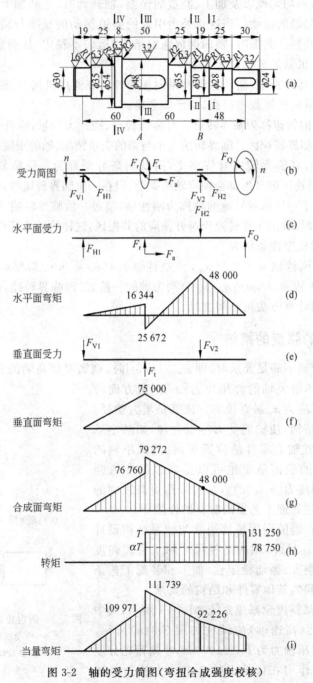

图 3-2 轴的受力简图(弯扭合成强度校核)

解：
1. 根据已知条件，画出齿轮高速轴的受力简图，见图 3-2(b)。
2. 计算轴承支反力

水平面(图 3-2(c))：

$$F_{H1} = \frac{F_Q \times 48 + F_a \times \frac{105}{2} - F_r \times 60}{60 + 60}$$

$$= \frac{1000 \times 48 + 800.3 \times 52.5 - 955.4 \times 60}{120} = 272.4(\text{N})$$

$$F_{H2} = F_Q + F_r + F_{H1} = 1000 + 955.4 + 272.4 = 2227.8(\text{N})$$

垂直面：

$$F_{V1} = F_{V2} = \frac{F_t}{2} = \frac{2500}{2} = 1250(\text{N})$$

3. 画出水平面弯矩 M_H 图(图 3-2(d))和垂直面弯矩 M_V 图(图 3-2(f))

水平面弯矩：小齿轮中间剖面左侧水平面弯矩为

$$M_{AHL} = F_{H1} \times 60 = 272.4 \times 60 = 16\,344(\text{N} \cdot \text{mm})$$

小齿轮中间剖面右侧水平面弯矩为

$$M_{AHR} = F_{H1} \times 60 - F_a \times \frac{105}{2} = 272.4 \times 60 - 800.3 \times 52.5$$

$$= -25\,672(\text{N} \cdot \text{mm})$$

右轴颈 B 中间剖面处水平面弯矩为

$$M_{H2} = F_Q \times 48 = 1000 \times 48 = 48\,000(\text{N} \cdot \text{mm})$$

垂直面弯矩：小齿轮中间剖面处的垂直面弯矩为

$$M_{AV} = F_{V1} \times 60 = 1250 \times 60 = 75\,000(\text{N} \cdot \text{mm})$$

4. 画出合成弯矩 M 图(图 3-2(g))

$$M = \sqrt{M_H^2 + M_V^2}$$

小齿轮中间剖面左侧弯矩为

$$M_{AL} = \sqrt{M_{AHL}^2 + M_{AV}^2} = \sqrt{16\,344^2 + 75\,000^2}$$

$$= 76\,760(\text{N} \cdot \text{mm})$$

小齿轮中间剖面右侧弯矩为

$$M_{AR} = \sqrt{M_{AHR}^2 + M_{AV}^2} = \sqrt{25\,672^2 + 75\,000^2}$$

$$= 79\,272(\text{N} \cdot \text{mm})$$

5. 画出轴的转矩 T 图(图 3-2(h))

轴的扭矩为 $T = F_t \times \frac{105}{2} = 2500 \times 52.5 = 131\,250(\text{N} \cdot \text{mm})$

6. 按下式求当量弯矩并画当量弯矩图(图 3-2(i))

$$M_{ca} = \sqrt{M^2 + (\alpha T)^2}$$

在这里，取 $\alpha=0.6$，则 $\alpha T=0.6\times 131\,250=78\,750(\text{N}\cdot\text{mm})$。由图 3-2(a)可知，在小齿轮中间剖面右侧和右轴颈中间剖面处的最大当量弯矩分别为

$$M_{AR}=\sqrt{M_{AL}^2+(\alpha T)^2}=\sqrt{76\,760^2+78\,750^2}$$
$$=109\,971(\text{N}\cdot\text{mm})$$
$$M_{AL}=\sqrt{M_{AR}^2+(\alpha T)^2}=\sqrt{79\,272^2+78\,750^2}$$
$$=111\,739(\text{N}\cdot\text{mm})$$

右轴颈中间剖面处的合成弯矩为

$$M_B=\sqrt{M_{H2}^2+(\alpha T)^2}=\sqrt{48\,000^2+78\,750^2}$$
$$=92\,226(\text{N}\cdot\text{mm})$$

7. 选择轴的材料，确定许用应力

轴材料选用 45 钢，调质处理，查表 3-2 得 $[\sigma_{-1}]=60\,\text{MPa}$。

8. 校核轴的强度

取 A 截面和截面 B 为危险截面。

由式(3-5)得 B 截面处的强度条件为

$$\sigma=\frac{M_B}{W}=\frac{M_B}{0.1d_B^3}=\frac{92\,226}{0.1\times 30^3}=34.2(\text{MPa})<[\sigma_{-1}]$$

A 截面处的强度条件为

$$\sigma=\frac{M_A}{W}=\frac{M_{AL}}{0.1d_A^3}=\frac{111\,739}{0.1\times 48^3}=10.10(\text{MPa})\ll[\sigma_{-1}]$$

结论：按弯扭合成强度校核齿轮减速箱输入轴的强度足够安全。

例 3-2 按安全系数法校核例 3-1 中减速箱输入轴的强度。已知轴材料选用 45 钢调质，$\sigma_b=600\,\text{MPa}$，$\sigma_s=355\,\text{MPa}$，$\sigma_{-1}=275\,\text{MPa}$，$\tau_{-1}=155\,\text{MPa}$；轴采用车削加工，$\psi_\sigma=0.34$，$\psi_\tau=0.21$，设计安全系数为 $S=1.5$。

解：根据疲劳强度条件中安全系数校核的方法，首先分析轴的受力和弯矩、扭矩，例 3-1 中步骤 1~5 仍需进行。此外要计算如下项目。

1. 判断危险剖面

如图 3-2(a)所示，经初步分析，剖面Ⅰ,Ⅱ,Ⅲ,Ⅳ有较大的应力和应力集中。下面以剖面Ⅰ为例进行安全系数校核。

2. 求剖面Ⅰ的应力

弯矩：$$M_\text{I}=1000\times\left(25+\frac{30}{2}\right)=40\,000(\text{N}\cdot\text{mm})$$

弯曲应力：$$\sigma=\frac{M_\text{I}}{W}=\frac{40\,000}{0.1\times 28^3}=18.22(\text{MPa})$$

切应力：$$\tau=\frac{T}{W_T}=\frac{131\,250}{0.2\times 28^3}=29.89(\text{MPa})$$

由于弯曲应力属于对称循环变应力,所以
$$\sigma_a = \sigma = 18.22 \text{ MPa}, \quad \sigma_m = 0$$
由于扭转切应力属于脉动循环变应力,所以
$$\tau_a = \tau_m = \frac{\tau}{2} = 14.95 \text{ MPa}$$

3. 求剖面 I 的有效应力集中系数

因剖面 I 处有轴的直径变化,过渡圆角半径 $R=1$ mm, $\frac{D-d}{R}=\frac{30-28}{1}=2, \frac{R}{d}=\frac{1}{28}=0.036$。有效应力集中系数可由附表 1-3 查得。由 $\sigma_b=600$ MPa 用插值法查得
$$k_\sigma = 1.665, \quad k_\tau = 1.42$$
注意:如果一个剖面上有多种产生应力集中的结构,则分别求出其有效应力集中系数,从中取得最大值即可。

4. 表面质量系数 β 及绝对尺寸系数 ε_σ 和 ε_τ

由附表 1-4 查得 $\beta=0.925(Ra=1.6\ \mu m)$。

由附表 1-7 查得 $\varepsilon_\sigma=0.91, \varepsilon_\tau=0.89$(按靠近应力集中处的最小直径 $\phi 28$ 查得)。

5. 求安全系数

按应力循环特性 $r=C$ 的情形计算安全系数。由式(1-11),当轴仅受法向应力或切向应力时,安全系数为

$$S_\sigma = \frac{\sigma_{-1}}{\frac{k_\sigma}{\varepsilon_\sigma \beta}\sigma_a + \psi_\sigma \sigma_m} = \frac{275}{\frac{1.665}{0.91 \times 0.925} \times 18.22} = 7.63$$

$$S_\tau = \frac{\tau_{-1}}{\frac{k_\tau}{\varepsilon_\tau \beta}\tau_a + \psi_\tau \tau_m} = \frac{155}{\frac{1.42}{0.89 \times 0.925} \times 14.95 + 0.21 \times 14.95} = 5.36$$

由式(1-13),计算安全系数为

$$S_{ca} = \frac{S_\sigma S_\tau}{\sqrt{S_\sigma^2 + S_\tau^2}} = \frac{7.63 \times 5.36}{\sqrt{7.63^2 + 5.36^2}} = 4.39 > S = 1.5$$

结论:在剖面 I 上,轴的疲劳强度满足要求,其他剖面的疲劳强度仍需作进一步分析与校核,计算方法同上。

3.2 滚动轴承

轴承是轴系的支承零件,根据摩擦性质的不同,可分为滚动轴承和滑动轴承。滚动轴承工作时依靠滚动体的滚动减小相对转动表面的摩擦和磨损,与滑动轴承相比具有起动容易、摩擦阻力小、功率消耗小、润滑和维护简单等优点,并且已经标准化,因此滚动轴承在一般机器中广泛应用。

滚动轴承是标准件,有专业的工厂大批量生产,因此设计的主要任务是根据工作和使用条件合理选择滚动轴承的类型和型号,并进行组合结构设计,确定固定、安装、润滑、密封等结构。轴承组合设计参考第7章。

3.2.1 滚动轴承的结构和国家标准

1. 滚动轴承的结构

滚动轴承的典型结构如图 3-3 所示。它由内圈 1、外圈 2、滚动体 3 和保持架 4 等组成。一般内圈安装在轴上;外圈安装在机架上;保持架的作用是把滚动体均匀地隔开,减少滚动体间的磨损和发热;滚动体是滚动轴承的核心元件,常见的有球、圆柱滚子、滚针、圆锥滚子、球面滚子和非对称球面滚子等(如图 3-4 所示)。

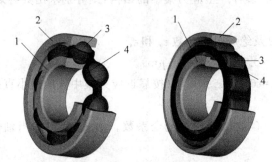

图 3-3 滚动轴承的典型结构
1—内圈;2—外圈;3—滚动体;4—保持架

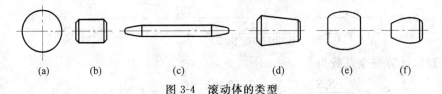

图 3-4 滚动体的类型
(a) 球;(b) 圆柱滚子;(c) 滚针;(d) 圆锥滚子;(e) 球面滚子;(f) 非对称球面滚

2. 滚动轴承的主要类型和性能

滚动轴承有多种分类方法。按滚动轴承能承受的主要载荷的方向分,有向心轴承($\alpha=0°$)、推力轴承($\alpha=90°$)和角接触轴承($0°<\alpha<90°$),α 为公称接触角;按滚动体的形状分,可分为球轴承和滚子轴承;按滚动轴承能否自动调心,可分为调心轴承和非调心轴承。

向心轴承主要承受径向载荷;推力轴承主要承受轴向载荷;角接触轴承可以承受径向、轴向的联合载荷(接触角 α 愈大,其承受轴向载荷的能力也愈大)。为了满足不同的需要,圆锥滚子轴承的接触角 $\alpha\approx(10°\sim29°)$;角接触球轴承有 $\alpha=15°$(70000C 型)、$\alpha=25°$(70000AC 型)和 $\alpha=40°$(70000B 型)等多种公称接触角。

常用滚动轴承的类型及性能特点见表 3-7。

表 3-7 常用滚动轴承的类型、代号和特点
（摘自 GB/T 272—1993 和 JB/T 2974—1993）

类型名称	代 号	结构简图	额定动载荷比①	极限转速比②	性 能 特 点
调心球轴承	10000		0.6～0.9	中	外圈的滚道是以轴承中心为球心的内球面，故可以自动调心，允许内外圈轴线在倾斜 $1.5°\sim3°$ 条件下工作。主要承受径向载荷，也能承受微量的轴向载荷
调心滚子轴承	20000		1.8～4	低	结构、特性和应用与调心球轴承基本相同，不同的是滚动体为滚子，故承载能力较调心球轴承大，允许内外圈轴线倾斜 $1.5°\sim2.5°$
圆锥滚子轴承	30000 $\alpha=10°\sim18°$ 30000B $\alpha=27°\sim30°$		1.1～2.5	中	适用于同时承受轴向和径向载荷的场合，应用广泛。通常成对使用。内、外圈可以分离，安装时应调整游隙
推力球轴承	50000		1	低	只能承受轴向载荷。内孔较小的是紧圈，与轴配合；内孔较大的是松圈，与机座固定在一起。极限转速较低，51000 只能承受单向轴向载荷；52000 可以承受双向轴向载荷
深沟球轴承	60000		1	高	摩擦力小，极限转速高，结构简单，使用方便，应用最广泛。但轴承本身刚性差，承受冲击载荷的能力较差。主要承受径向载荷，也能承受少量的双方向轴向载荷，适用高速场合。内、外圈的轴线相对倾斜 $2'\sim10'$
角接触球轴承	70000C $\alpha=15°$ 70000AC $\alpha=25°$ 70000B $\alpha=40°$		1	高	除滚动体为球外，其结构、特性和应用与圆锥滚子轴承基本相同，故承载能力较圆锥滚子轴承小，但极限转速比圆锥滚子轴承高

续表

类型名称	代 号	结构简图	额定动载荷比①	极限转速比②	性能特点
圆柱滚子轴承	外圈无挡边 N0000		1.5~3	高	只能承受径向载荷,对轴的相对偏斜很敏感,只允许内、外圈轴线倾斜在2'以内。内、外圈可以分离,工作时允许内、外圈有小的相对轴向位移
	内圈无挡边 NU0000				
滚针轴承	NA0000		—	低	在相同的内径下,其外径最小。用于承受纯径向载荷和径向尺寸受限制的场合。对轴的变形和安装误差非常敏感。一般不带保持架

注:① 基本额定动载荷比指同一尺寸系列的轴承的基本额定动载荷与单列深沟球轴承(推力球轴承为单向推力球轴承)的基本额定动载荷之比。
② 极限转速比指同一系列0级公差的各类轴承脂润滑时的极限转速与单列深沟球轴承(推力球轴承为单向推力球轴承)的极限转速之比。

3. 滚动轴承的国家标准

滚动轴承的类型很多,同一种类型又有不同的结构、尺寸和精度等级等,为了便于制造和选用,国家标准 GB/T 272 和 JB/T 2974 规定了滚动轴承代号表示方法。

滚动轴承代号由基本代号、前置代号和后置代号组成,用数字和字母表示,其含义见表3-8。

表3-8 滚动轴承代号的构成

前置代号	基本代号					后置代号						
	5	4	3	2	1							
轴承分部件代号	类型代号	尺寸系列代号		内径代号		内部结构代号	公差等级代号	密封与防尘结构代号	游隙代号	保持架及其材料代号	多轴承配置代号	特殊轴承材料代号	其他代号
		直径系列代号	宽度系列代号										

1) 基本代号

基本代号表示滚动轴承的类型、内径、直径系列和宽度系列,用数字或字母表示。

(1) 内径代号：用两位数字表示轴承的内径尺寸。常用轴承内径代号的尺寸见表 3-9。内径小于 10 mm 和大于 480 mm 的轴承的内径代号另有规定，见滚动轴承标准 GB/T 272—1993。

表 3-9　滚动轴承内径代号表示的轴承内径

内 径 代 号	00	01	02	03	04～96
轴承内径/mm	10	12	15	17	内径代号×5

(2) 尺寸系列代号：用两位数字表示，分别表示直径系列和宽度系列的组合，有时可以省略成一位数字。尺寸系列表示同类轴承内径相同时的不同外径和宽度。不同直径系列代号的轴承，其承载能力、极限转速不同，见图 3-5。直径系列的代号查《机械设计手册》或《滚动轴承国家标准》。

(3) 类型代号：从基本代号右起第 5 位，用 1～2 位数字，或字母表示轴承的类型。常用轴承类型代号见表 3-7。

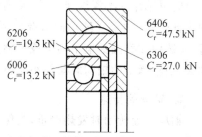

图 3-5　不同直径系列的对比

2) 前置代号

前置代号表示成套轴承的分部件，用字母表示，代号及其含义见滚动轴承标准 GB/T 272—1993 中的规定。

3) 后置代号

后置代号是轴承在内部结构、密封防尘与座圈形式、轴承材料、保持架结构及其材料、公差等级、游隙、成对轴承在一个支点处配置方式等有变化时，在基本代号后面所加的补充代号。后置代号用字母(或加数字)表示，下面介绍常用的几种代号，其他代号及其含义见滚动轴承标准 GB/T 272—1993。

(1) 公差等级代号：表示轴承制造的精度等级，分别用/P0(为普通级精度，可省略)，/P6x，/P6，/P5，/P4，/P2 表示，精度按以上次序由低到高。

(2) 游隙代号：C1，C2，0，C3，C4，C5 分别表示轴承径向游隙，游隙依次由小到大。0 组游隙在轴承代号中省略不写。在一般条件下工作的轴承，应优先选 0 组游隙轴承。

例 3-3　某轴承代号为 7211C/P5，试判断它的类型、内径尺寸、公差等级和游隙组别。

解：查表 3-7 和表 3-9 可知，7 为角接触球轴承；C 代表接触角为 15°，11 为内径代号，内径 $d = 11 \times 5 = 55 (mm)$；2 代表轻系列；P5 代表轴承公差等级为 5 级精度；径向游隙为 0 组的常用游隙。

3.2.2 滚动轴承的类型选择

滚动轴承是标准件,设计的目的是选择合适的轴承类型和大小。滚动轴承的选择首先是选择合适的轴承类型,然后确定选用轴承的尺寸即选择轴承的型号。滚动轴承在类型选择时主要考虑载荷条件、轴承转速、调心性能、经济性等要求。

1. 轴承的载荷条件

轴承工作时载荷的大小、方向和性质是选择轴承类型的主要依据。

载荷较小时采用点接触的球轴承;载荷较大时采用线接触的滚子轴承。轴承受纯径向载荷时可选用 6 类深沟球轴承、N 类的圆柱滚子轴承,当径向尺寸要求较小时可采用 NA 类的滚针轴承;轴承受纯轴向载荷时采用 5 类推力轴承;当轴承既受径向载荷又受轴向载荷时,应选用 3 类圆锥滚子轴承或 7 类角接触球轴承,且承受轴向载荷越大,选用接触角 α 就越大,当轴承受的轴向载荷较小时也可采用 6 类深沟球轴承。

2. 轴承的转速

轴承高速转动时发热严重,为保证轴承工作的温升不过高,通常轴承的工作转速应低于轴承的极限转速 $n_{\lim}$(查《轴承手册》),否则会降低轴承的寿命。一般点接触的球轴承的极限转速比线接触的滚子轴承高;内径相同时,轻系列的轴承离心力较小,它的极限转速比重系列轴承的高;另外,推力轴承在高速时离心力过大,且无法通过径向反力平衡,因此发热大,极限转速较低,不适宜高速场合。

对高转速的轴承,选用时优先选用球轴承、轻系列轴承;实体保持架优于冲压保持架;还可采用提高公差等级、改善润滑条件等措施改善高转速下轴承的发热情况。

3. 轴承的调心性能

轴承使用时的偏斜角应控制在许用范围内,否则轴承容易卡死或受到过大的附加载荷而不能正常工作。调心轴承的许用偏斜角较大($2°\sim3°$),当轴有较大挠性变形时尽量采用调心轴承。滚子轴承对偏斜最敏感(许用偏斜角只有 $2'\sim3'$),加工时轴承座的同轴度精度低的场合不宜采用滚子轴承。

4. 安装、拆卸

为方便轴承的安装、拆卸和间隙调整,可选用内、外圈可分离的轴承;当轴承安装在长轴上时,为了便于装卸,可采用带内锥孔的轴承。

5. 精度与经济性

滚动轴承的精度越高,性能越好,价格也就越贵。因此在选择滚动轴承的精度时,一方面要考虑设计的精度,另一方面还要考虑经济性的要求,避免出现不必要的提高轴承精度、增加成本的现象。同一型号、不同精度的轴承的比价大概为 P0∶P6∶P5∶P4≈1∶1.5∶2∶6。

3.2.3 滚动轴承的受力和失效分析

1. 滚动轴承的受力分析

以深沟球轴承为例,假设轴承只受径向载荷 F_r(图 3-6),轴承工作时内、外圈不变形,滚动体的变形在弹性范围内。考虑图 3-6 所示的情况,此时只有下半圈滚动体承载,且不同位置的滚动体承载不同,F_r 正下方的滚动体的变形最大,承受的载荷最大,向两边变形逐渐减小,相应地载荷逐渐减小。

因此处于不同位置的滚动体与内、外圈之间的接触应力也是变化的。滚动轴承工作时内、外圈相对转动,滚动体既绕轴承中心公转,又自转,滚动体上某点接触应力的变化如图 3-7(a)所示。轴承转动圈上某一点的接触应力变化与图 3-7(a)相似,而固定圈上某一点的接触应力变化如图 3-7(b)所示。

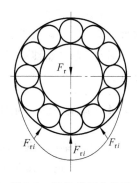

图 3-6 轴承的受力分析

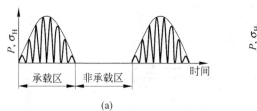

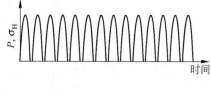

(a)　　　　　　　　　　(b)

图 3-7 轴承元件的载荷、应力分布

2. 滚动轴承的失效分析

滚动轴承的主要失效形式有疲劳点蚀、塑性变形、磨损、破裂等。

(1) 疲劳点蚀。轴承工作时轴承元件受到交变接触应力的作用,在大量重复地承受变化的接触应力后,轴承元件的表面产生疲劳裂纹,裂纹的发展造成元件表面材料的剥落,这种失效称为疲劳点蚀,它是在安装、润滑、维护良好的条件下滚动轴承的正常失效形式。

(2) 塑性变形。当轴承承受较大的瞬时过载或静载时,轴承表面的接触应力很大,轴承表面会产生永久的凹坑——塑性变形,这将加大轴承工作时的振动和噪声,大大降低轴承的运转精度。塑性变形一般是滚动轴承在低速转动($n \leqslant 10$ r/min)、摆动或工作时间较短时的失效形式。

(3) 其他失效形式。密封不良时会因为润滑油不洁造成滚动体和滚道的过度磨损,润滑油不足时会使轴承烧伤,安装、维护不当会造成滚动体破裂等失效。

3. 滚动轴承的设计准则

(1) 滚动轴承维护良好时的失效形式主要是疲劳点蚀,所以大多数的滚动轴承按动态承载能力来选择其型号,即计算滚动轴承不发生点蚀前的疲劳寿命。

(2) 滚动轴承低速转动或摆动时,一般不会发生疲劳破坏,这时轴承的主要失效形式是塑性变形,应按静态承载能力来选择轴承的型号。

另外,为保证轴承工作时不发生其他形式的失效,设计时应保证轴承安装、润滑、密封良好。

3.2.4 滚动轴承的寿命计算

1. 滚动轴承的基本额定寿命和基本额定动载荷

滚动轴承的寿命是指轴承中任意元件出现疲劳点蚀前的总转数,或在一定转速下的工作小时数。大量试验证明,由于制造精度、材料均质等的差异,即使同一材料、热处理、型号,同一批生产的轴承在相同条件下工作,轴承的寿命也有很大的离散性,最长寿命能达到最短寿命的 10 倍,因此对某一轴承很难预知其寿命,但对一批轴承用数理统计的方法可得到其寿命与概率的分布规律,如图 3-8 所示。

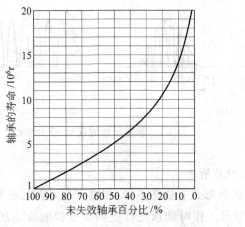

图 3-8 轴承寿命分布曲线

1) 基本额定寿命

同一批轴承在相同的工作条件下,有 90% 的轴承不产生疲劳点蚀时,轴承所转的总圈数 L_{10},或在一定转速下的工作小时数 L_h,称为轴承的基本额定寿命。

当可靠度要求不等于 90% 时,可以对基本额定寿命进行修正。

2) 基本额定动载荷

滚动轴承标准规定,基本额定寿命 L_{10} 恰好等于 $10^6 r$ 时所能承受的载荷,称为基本额定动载荷,用 C 表示,即在轴承承受的载荷等于基本额定动载荷时的基本额定寿命为 $10^6 r$。基本额定动载荷用来衡量轴承的承载特性,其值越大,表示轴承抗疲劳点蚀的能力越强,承载能力越大。基本额定动载荷又分为径向基本额定动载荷 C_r 和轴向基本额定动载荷 C_a。

径向基本额定动载荷对向心轴承是指平稳的纯径向载荷,对于向心角接触轴承是指使套圈间产生纯径向位移的载荷的径向分量;轴向基本额定动载荷对于推力轴承是平稳的纯轴向载荷。图 3-9 所示的 6208 轴承的基本额定动载荷 $C=29.5$ kN。

基本额定动载荷 C 值与滚动轴承的类型、材料、尺寸等有关。各种型号轴承的 C_r 和 C_a 值在《滚动轴承样本》和《机械设计手册》中均可查得。

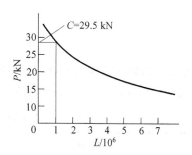

图 3-9 轴承(6208 型)载荷-寿命曲线

2. 滚动轴承的寿命计算方法

作用在轴承上的载荷 P 等于基本额定动载荷 C 时,轴承的寿命等于 10^6 r。大量试验表明,当作用在轴承上的载荷 P 不等于 C 时,其寿命将随载荷的增大而减小。滚动轴承的载荷 P 与寿命 L_{10} 的关系用疲劳曲线表示,如图 3-9 所示,该曲线方程可表示为

$$P^\varepsilon L_{10} = C^\varepsilon = 常数$$

所以

$$L_{10} = \left(\frac{C}{P}\right)^\varepsilon (10^6 \text{ r}) \tag{3-15}$$

式中,ε 为寿命指数,由试验得到,球轴承 $\varepsilon=3$,滚子轴承 $\varepsilon=10/3$;C 为轴承的基本额定动载荷,查表或手册;P 为轴承工作时承受的当量动载荷。

如果计算以小时为单位的轴承寿命,当转速为 n(r/min)时,轴承的寿命为

$$L_h = \frac{10^6}{60n} L_{10} = \frac{10^6}{60n}\left(\frac{C}{P}\right)^\varepsilon \tag{3-16}$$

由于滚动轴承的基本额定动载荷 C 是在工作温度不大于 100℃时确定的,因此如果工作温度大于 100℃,就应该采用经过特殊处理的高温轴承。而轴承表中的基本额定动载荷 C 是对一般温度轴承的,高温下轴承元件表面会出现软化,从而降低其承载能力,所以需对其进行修正。引入温度系数 f_t,则

$$\left.\begin{array}{l} C_t = f_t C \\ L_h = \dfrac{10^6}{60n}\left(\dfrac{C_t}{P}\right)^\varepsilon \end{array}\right\} \tag{3-17}$$

式中,C_t 为高温轴承的基本额定动载荷;f_t 为温度修正系数,见表 3-10。

表 3-10 滚动轴承的温度系数 f_t

轴承工作温度/℃	≤100	125	150	175	200	225	250	300
f_t	1.0	0.95	0.9	0.85	0.8	0.75	0.7	0.6

当轴承的设计寿命(预期寿命)L_h 已选定,并且当量动载荷 P 和转速 n 均为已知时,可

将式(3-16)变换为

$$C' = P\sqrt[\varepsilon]{\frac{60nL_h}{10^6}} = P\sqrt[\varepsilon]{\frac{nL_h}{16\,670}} \qquad (3\text{-}18)$$

式中,L_h 为轴承的预期寿命(见表 3-11),应取 $L_h \geqslant L_h'$;C' 为轴承满足预期寿命要求所应具备的额定动载荷值,选轴承时应使 $C \geqslant C'$。

表 3-11 滚动轴承预期寿命的推荐值 L_h'

机器种类		示 例	预期寿命 L_h'/h
不经常使用的机器和设备		阀门、门窗等的开闭机构	300~3000
间断使用的机械	中断使用不引起严重后果	手动机械、农业机械	3000~8000
	中断使用引起严重后果	升降机、发电站辅助设备、吊车等	8000~12 000
每天工作 8 h 的机械	利用率不高,不满载使用	起重机、电动机、齿轮传动等	12 000~20 000
	满载使用	机床、印刷机械、木材加工机械等	20 000~30 000
24 h 连续使用的机械	正常使用	水泵、纺织机械、空气压缩机等	40 000~60 000
	中断使用将引起严重后果	发电站主电机、给排水装置、船舶螺旋桨轴等	>100 000

3. 滚动轴承的当量动载荷 P

滚动轴承工作时,即使受到恒定的外力,轴承元件上的载荷和应力也是变化的,因此将滚动轴承的载荷称为动载荷。滚动轴承的基本额定动载荷 $C(C_r$ 和 $C_a)$ 是在轴承只受径向载荷或只受轴向载荷条件下确定的,当轴承实际载荷既有径向载荷又有轴向载荷的联合作用时,必须把它们折算成纯径向载荷或纯轴向载荷值,才能和基本额定动载荷 C 相比较,进行寿命计算。折算后的载荷是一个等效的假想载荷,称为当量动载荷,用字母 P 表示。通过大量的试验研究和理论分析,人们建立了轴承径向载荷 F_{br} 和轴向载荷 F_{ba} 联合作用时轴承当量动载荷的计算公式:

$$\left.\begin{array}{l}\text{向心轴承 } P_r = XF_{br} + YF_{ba} \\ \text{推力轴承 } P_a = XF_{br} + YF_{ba}\end{array}\right\} \qquad (3\text{-}19)$$

对只受径向载荷 F_{br} 的向心轴承,有 $P_r = F_{br}$;对只受轴向载荷 F_{ba} 的推力轴承,有 $P_a = F_{ba}$。

式中,F_{br} 为轴承受到的径向载荷,N;F_{ba} 为轴承受到的轴向载荷,N;X 为径向系数,查表 3-12;Y 为轴向系数,查表 3-12。

机器在工作中往往由于零件加工误差、弹性变形、惯性等产生附加力和冲击、振动等,这使滚动轴承实际承受载荷大于名义工作载荷,引入载荷系数 f_p(表 3-13),将当量动载荷予以适当放大。修正后滚动轴承的当量动载荷为

$$\left.\begin{array}{l}\text{向心轴承 } P_r = f_p(XF_{br} + YF_{ba}) \\ \text{推力轴承 } P_a = f_p(XF_{br} + YF_{ba})\end{array}\right\} \qquad (3-20)$$

对只受径向载荷 F_r 的向心轴承,有 $P_r = f_p F_{br}$;对只受轴向载荷 F_a 的推力轴承,有 $P_a = f_p F_{ba}$。

表 3-12 当量动载荷的径向系数 X 和轴向系数 Y

轴承类型		相对轴向载荷 F_{ba}/C_{0r}	e	单列轴承				双列轴承			
名 称	公称接触角 $\alpha/(°)$			$F_{ba}/F_{br} \leqslant e$		$F_{ba}/F_{br} > e$		$F_{ba}/F_{br} \leqslant e$		$F_{ba}/F_{br} > e$	
				X	Y	X	Y	X	Y	X	Y
深沟球轴承 (6000)	0	≤0.014	0.19				2.30				2.30
		0.028	0.22				1.99				1.99
		0.056	0.26				1.71				1.71
		0.084	0.28				1.55				1.55
		0.11	0.30	1	0	0.56	1.45	1	0	0.56	1.45
		0.17	0.34				1.31				1.31
		0.28	0.38				1.15				1.15
		0.42	0.42				1.04				1.04
		≥0.56	0.44				1.00				1.00
角接触球轴承	15	≥0.015	0.38				1.47		1.65		2.39
		0.029	0.40				1.40		1.57		2.28
		0.058	0.43				1.30		1.46		2.11
		0.087	0.46				1.23		1.38		2.00
		0.12	0.47	1	0	0.44	1.19	1	1.34	0.72	1.93
		0.17	0.50				1.12		1.26		1.82
		0.29	0.55				1.02		1.14		1.66
		≥0.44	0.56				1.00		1.12		1.63
	25		0.68	1	0	0.41	0.87	1	0.92	0.67	1.41
	40		1.14	1	0	0.35	0.57	1	0.55	0.57	0.93
圆锥滚子轴承		—	1.5tanα	1	0	0.40	0.4cotα	1	0.4cotα	0.67	0.67cotα
调心球轴承			1.5tanα					1	0.42cotα	0.65	0.65cotα
调心滚子轴承		—	1.5tanα					1	0.45cotα	0.67	0.67cotα
圆柱滚子轴承	0					X=1, Y=0					
滚针轴承	0					X=1, Y=0					

表 3-13　滚动轴承的载荷系数 f_p

载荷性质	f_p	应用举例
无冲击或轻微冲击	1.0～1.2	电动机、汽轮机、通风机、水泵等
中等冲击或中等惯性力	1.2～1.8	车辆、动力机械、起重机、造纸机、冶金机械、选矿机、水力机械、卷扬机、木材加工机械、传动装置、机床等
强大冲击	1.8～3.0	破碎机、轧钢机、石油钻机、振动筛等

计算当量动载荷时要确定径向、轴向系数 X 和 Y 的值(查表 3-12)。表 3-12 中的 e 是判断系数；比值 F_{ba}/C_{0r} 为相对轴向载荷，其中 C_{0r} 是滚动轴承的径向基本额定静载荷(查《轴承手册》)，轴承尺寸愈大，C_{0r} 值愈大。比值 F_{ba}/C_{0r} 愈大，说明该轴承承受的轴向载荷愈大，实际接触角和 e 值愈大。对于 F_{ba}/C_{0r} 的中间值，可以插值求 e 和 X，Y 的值。

4. 角接触轴承的当量动载荷

由于接触角的存在，角接触轴承即使只承受径向载荷，轴承内部也会产生轴向载荷 F_s (如图 3-10 所示)，所以应用式(3-20)计算角接触轴承的当量动载荷时，其中轴承的轴向载荷 F_{ba} 应综合考虑轴承所受轴向外载荷 F_a 和内部轴向载荷 F_s 的影响。

1) 角接触轴承的载荷中心和内部轴向载荷 F_s

如图 3-10 所示，角接触轴承结构存在接触角 α，因此轴承的支反力作用点不在轴承宽度 B 的中点，而在各滚动体的法向载荷作用线与轴线的交点 O，O 点称为载荷中心，O 点到轴承外侧面的距离 a 可从滚动轴承样本或《机械设计手册》中查到。

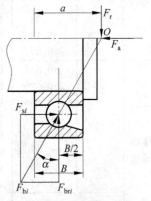

图 3-10　角接触轴承的载荷中心和内部轴向载荷

图 3-10 中，轴承受到的外部径向载荷为 F_r，由于存在接触角 α，轴承下半圈第 i 个滚动体的支点反力为 F_{bi}，F_{bi} 可分解为径向载荷 F_{bri} 和内部轴向载荷 F_{si}。每个滚动体径向载荷的和即为滚动轴承的径向载荷 F_{br}，它与外部径向载荷 F_r 平衡，即 $F_{br} = \sum F_{bri} = F_r$；每个滚动体内部轴向分力的和即为滚动轴承的内部轴向力 F_s，即 $F_s = \sum F_{si}$。角接触轴承内部轴向力 F_s 的经验计算公式见表 3-14，F_s 的方向根据安装时的接触角的开口方向确定。

表 3-14　角接触轴承内部轴向力 F_s 计算

轴承类型	角接触球轴承[①]			圆锥滚子轴承 30000 型[②]
	70000C 型 $\alpha=15°$	70000AC 型 $\alpha=25°$	70000B 型 $\alpha=40°$	
F_s	eF_{br}	$0.68F_{br}$	$1.14F_{br}$	$F_{br}/(2Y)$

注：① 70000C 型轴承的 $e=0.38\sim0.56$，它随 F_{ba}/C_{0r} 而变，初选轴承时可近似取 $e\approx0.47$。
② 30000 型圆锥滚子轴承 $F_r/(2Y)$ 中的 Y 是 $F_{ba}/F_{br}>e$ 时的轴向系数，查手册。

2) 角接触轴承的轴向载荷

为保证轴承正常工作,角接触轴承一般成对使用。图 3-11(a),(b)所示为角接触轴承成对使用时的两种安装方式,图(a)为正装(或称"面对面"安装),图(b)为反装(或称"背靠背"安装);图 3-11(c),(d)分别是图 3-11(a),(b)的简化图。图中,F_a 和 F_r 是作用在轴上的外载荷;F_{br1},F_{br2} 分别是轴承 1 和轴承 2 受到的径向载荷;F_{s1},F_{s2} 分别是轴承 1 和轴承 2 的内部轴向力。

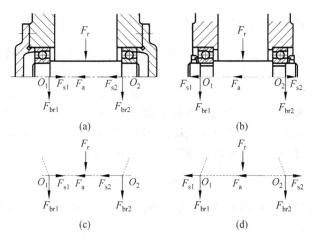

图 3-11　向心角接触轴承的轴向载荷

以图 3-11(a)为例。由前面的分析可知,面对面安装的角接触轴承的内部轴向力 F_{s1} 和 F_{s2} 的方向如图所示,当 $F_a+F_{s2} \geqslant F_{s1}$ 时,轴(连同轴承 2 的内圈和滚动体)有向左移动的趋势,左侧轴承 1 被"压紧",而轴承 2 被"放松"。此时,被"放松"的轴承承受的轴向力等于其自身内部轴向力,而被"压紧"的轴承轴向力等于其余轴向力之和,即

$$\left.\begin{array}{l} F_{ba2} = F_{s2} \\ F_{ba1} = F_{s2} + F_a \end{array}\right\} \quad (3-21)$$

当 $F_a+F_{s2}<F_{s1}$ 时,轴(连同轴承 1 的内圈和滚动体)有向右移动的趋势,右侧轴承 2 被"压紧",左轴承 1 被"放松"。同理,有

$$\left.\begin{array}{l} F_{ba1} = F_{s1} \\ F_{ba2} = F_{s1} - F_a \end{array}\right\} \quad (3-22)$$

滚动轴承背对背安装时(图 3.11(b))轴向载荷的计算方法同上。需要注意的是,在图 3.11(b)中,当轴有向左移动的趋势时,压紧的是右侧的轴承 2,放松的是左侧的轴承 1;而当轴有向右移动的趋势时,压紧的是左侧的轴承 1,放松的是右侧的轴承 2。

角接触轴承的轴向载荷的计算方法可归纳如下:

(1) 根据轴承的径向载荷 F_{br} 计算轴承的内部轴向力 F_s 的大小(表 3-14);

(2) 根据轴承的安装方向确定 F_s 的方向;

(3) 根据外加轴向力 F_a 和轴承内部轴向力 F_s 的矢量和,判明轴的移动趋势,判断哪个

轴承被"压紧",哪个轴承被"放松";

(4) 被"放松"的轴承的轴向载荷等于其自身的内部轴向力;被"压紧"的轴承的轴向载荷等于除它本身派生轴向力以外的其他轴向力的向量和。

3) 角接触轴承的当量动载荷

通过前面的分析得到了角接触轴承的轴向载荷 F_{ba},由此可以根据式(3-20)计算角接触轴承的当量动载荷 P,然后根据式(3-16)计算轴承的寿命。

3.2.5 滚动轴承的静态承载能力计算

对于瞬间受冲击载荷的轴承,或缓慢摆动、转速极低($n \leqslant 10$ r/min)、偶尔工作的滚动轴承,其主要的失效形式是滚动体与内、外圈滚道接触处产生过大的塑性变形(凹坑),这时应按静载荷承载能力选择轴承型号。GB/T 4662—1993 规定,使受载最大的滚动体与滚道接触中心处的接触应力达到一定值时的载荷称为基本额定静载荷,用 C_0(C_{0r} 为径向基本额定静载荷,C_{0a} 为轴向基本额定静载荷)表示,其值可从《滚动轴承样本》或《机械设计手册》中查到。

轴承上作用的径向载荷 F_{br} 和轴向载荷 F_{ba},可折合成一个当量载荷 P_{0r},要求满足

$$P_{0r} = X_0 F_{br} + Y_0 F_{ba} \leqslant \frac{C_0}{S_0} \tag{3-23}$$

式中,X_0,Y_0 分别为当量静载荷的径向系数和轴向系数,可查手册;S_0 为轴承静强度安全系数,其值的选取见表 3-15。

表 3-15 静强度安全系数 S_0

旋转条件	载荷条件	S_0	使用条件	S_0
连续旋转轴承	普通载荷	1～2	高精度旋转场合	1.5～2.5
	冲击载荷	2～3	振动冲击场合	1.2～2.5
不旋转及作摆动运动轴承	普通载荷	0.5	普通精度旋转场合	1.0～1.2
	冲击及不均匀载荷	1～1.5	允许有变形量的场合	0.3～1.0

例 3-4 设某齿轮轴根据工作条件选用深沟球轴承支承。轴承轴向载荷 $F_{ba}=1000$ N,径向载荷 $F_{br}=3000$ N,转速 $n=1440$ r/min,运转时有轻微冲击,工作温度在 100℃ 以下。要求轴承寿命 $L_h'=10\,000$ h,轴承内径 $d=50\sim60$ mm。试选择轴承型号。

解:

1. 初选轴承型号

轴承型号未确定前,相关参数 C_{0r},e,X 和 Y 不能确定,根据已知条件,预选轴承进行试算。根据载荷和尺寸要求,初选 6011 轴承,由手册查得:$d=55$ mm,$C_r=30\,200$ N,$C_{0r}=21\,800$ N。

2. 计算当量动载荷

由 $\dfrac{F_{ba}}{C_{0r}}=\dfrac{1000}{21\,800}=0.0459$,在表 3-12 中查出对应的 e 值在 $0.22\sim0.26$ 之间。由于

$$\frac{F_{\text{ba}}}{F_{\text{br}}} = \frac{1000}{3000} = 0.33 > e$$

所以 $X=0.56$,Y 值在 $1.71 \sim 1.99$ 之间。下面用线性插值法求 Y:

$$Y = 1.71 + \frac{(1.99-1.71) \times (0.056 - 0.0459)}{0.056 - 0.028} = 1.811$$

由式(3-20)计算当量动载荷,轻微冲击时取 $f_\text{p}=1.1$(表 3-13):

$$P_\text{r} = f_\text{p}(XF_{\text{br}} + YF_{\text{ba}}) = 1.1 \times (0.56 \times 3000 + 1.811 \times 1000) = 3841.2(\text{N})$$

3. 计算寿命

由于载荷平稳,取 $f_\text{t}=1.0$,对于球轴承 $\varepsilon=3$,有

$$L_\text{h} = \frac{10^6}{60n}\left(\frac{C_\text{r}}{P_\text{r}}\right)^\varepsilon = \frac{10^6}{60 \times 1440}\left(\frac{30\ 200}{3841.2}\right)^3 = 5625(\text{h}) < 10\ 000\ \text{h}$$

所以,6011 型轴承不满足寿命要求,可改选 6211 轴承,验算从略。对 6211,由手册查得: $d=55$ mm,$C_{0\text{r}}=29\ 200$ N,$C_\text{r}=43\ 200$ N,计算当量动载荷为 3982 N,寿命为 14 778 h。所以,6211 型轴承满足寿命要求和使用要求。

例 3-5 某减速器的一根主动齿轮轴用两个面对面安装的 30207 轴承支承,支点跨距为 240 mm,安装示意图如图 3-12(a)所示。已知齿轮传递的扭矩是 400 000 N·mm,转向如图所示,转速为 1400 r/min,斜齿轮的分度圆直径为 200 mm,螺旋角为 14.4°,工作时有轻微冲击,轴承工作温度在 100℃以下。要求轴承寿命不少于 10 年(一年以 300 天计算,三班制工作),试校核该轴承是否满足要求。

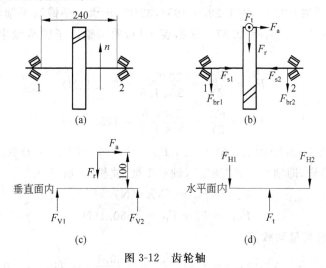

图 3-12 齿轮轴

解:

1. 计算齿轮受力

根据主动齿轮的转向和旋向判断齿轮轴向载荷的方向向左,画出受力分析简图(图 3-12(b)),计算齿轮受力。

圆周力：$$F_t = \frac{2T}{d} = \frac{2 \times 400\,000}{200} = 4000(\text{N})$$

径向力：$$F_r = \frac{F_t \cdot \tan \alpha_n}{\cos \beta} = \frac{4000 \times \tan 20°}{\cos 14.4°} = 1503.1(\text{N})$$

轴向力：$$F_a = F_t \tan \beta = 4000 \times \tan 14.4° = 1027.0(\text{N})$$

2. 计算轴承支反力

受力简图如图 3-12(c),(d)所示。

垂直面：
$$F_{V1} = \frac{-F_a \frac{d_1}{2} + F_r \times 120}{240} = \frac{-1027.0 \times 100 + 1503.1 \times 120}{240} = 323.6(\text{N})$$

$$F_{V2} = F_r - F_{V1} = 1503.1 - 323.6 = 1179.5(\text{N})$$

水平面：$$F_{H1} = F_{H2} = \frac{F_t}{2} = \frac{4000}{2} = 2000(\text{N})$$

3. 计算轴承的径向载荷

轴承水平面和垂直面支反力的合力对轴承仍是径向载荷。

$$F_{br1} = \sqrt{F_{H1}^2 + F_{V1}^2} = 2026.0(\text{N})$$

$$F_{br2} = \sqrt{F_{H2}^2 + F_{V2}^2} = 2321.9(\text{N})$$

4. 计算轴承的轴向载荷

查《机械设计手册》中的 GB/T 297—1994,30207 轴承为圆锥滚子轴承,其基本额定动载荷 $C_r = 54\,200$ N,$Y = 1.6$,$e = 0.37$。根据表 3-14,两圆锥滚子轴承派生的内部轴向力分别为

$$F_{s1} = \frac{F_{br1}}{2Y} = \frac{2026.0}{2 \times 1.6} = 633.1(\text{N})$$

$$F_{s2} = \frac{F_{br1}}{2Y} = \frac{2321.9}{2 \times 1.6} = 725.6(\text{N})$$

F_{s1},F_{s2} 的方向如图 3-12(b)所示。由于 $F_a + F_{s1} = 1027.0 + 633.1 = 1660.1(\text{N}) > F_{s2}$,因而轴有向右移动的趋势,即轴承 2 被"压紧",轴承 1 被"放松"。所以

$$F_{ba1} = F_{s1} = 633.1(\text{N})$$

$$F_{ba2} = F_a + F_{s1} = 1660.1(\text{N})$$

5. 计算轴承的当量动载荷

因为 $\frac{F_{ba1}}{F_{br1}} = \frac{633.1}{2026.0} = 0.312 < e = 0.37$,$\frac{F_{ba2}}{F_{br2}} = \frac{1660.1}{2321.9} = 0.715 > e = 0.37$,由表 3-12 得 $X_1 = 1.0$,$Y_1 = 0$；$X_2 = 0.4$,$Y_2 = 1.6$。

由式(3-20)得,$P_r = f_p(XF_{br} + YF_{ba})$,轻微冲击时,取 $f_p = 1.1$(表 3-13),则

$$P_{r1} = f_p(XF_{br1} + YF_{ba1}) = 1.1 \times (1.0 \times 2026.0 + 0 \times 633.1) = 2228.6(\text{N})$$

$$P_{r2} = f_p(XF_{br2} + YF_{ba2})P_2 = 1.1 \times (0.4 \times 2321.9 + 1.6 \times 1660.1) = 3943.41(\text{N})$$

因为 $P_{r1} < P_{r2}$，所以只需校核轴承 2 的寿命。

6. 计算轴承 2 的寿命

轴承 2 的寿命为 $L_{h2} = \dfrac{10^6}{60n}\left(\dfrac{C_r}{P_{r2}}\right)^\varepsilon = \dfrac{10^6}{60 \times 1400}\left(\dfrac{54\ 200}{3943.41}\right)^{10/3} = 74\ 042(\text{h})$

即 $L_{h2} = \dfrac{74\ 042}{300 \times 24} = 10.3(\text{年})$，满足要求。

3.3 滑动轴承

滑动轴承通过润滑剂将相对运动的轴和机架分隔开(或部分分隔开)，是通过润滑减少摩擦、磨损的轴承。虽然滚动轴承具有许多优点，很多支承结构采用滚动轴承的轴系结构，但在一些滚动轴承难以满足使用要求的场合，滑动轴承仍有重要的应用，如极高转速的轴的支承、承载特别大的轴承、受巨大冲击和振动载荷的轴承、根据装配需要必须剖分的轴承等。因此滑动轴承在航空发动机、铁路机车、轧钢机等方面大量应用。

滑动轴承的设计包括材料选择、结构设计、润滑剂及润滑方式选择、承载能力设计等。

3.3.1 滑动轴承的典型结构

滑动轴承根据所受的载荷方向可分为径向滑动轴承和推力滑动轴承。滑动轴承结构通常由两部分组成：由钢或铸铁等强度较高的材料制成的轴承座和由铜合金、铝合金或轴承合金等减摩耐磨材料制成的轴瓦。

1. 径向滑动轴承结构

1) 剖分式滑动轴承

图 3-13 所示为剖分式径向滑动轴承结构，它由轴承底座、轴承盖、剖分式轴瓦以及双头螺柱组成。轴承盖顶部设有注油孔，方便润滑；在剖开的轴承座与轴承盖之间设有止口结构，保证装配时轴承座与轴承盖的准确定位。这种轴承使轴系的装配与拆卸都很方便，当轴瓦磨损后可以通过减少剖分面处垫片的厚度来调整轴承间隙(调整后应修刮轴瓦内孔)。轴瓦与轴肩端面可承受一定的轴向载荷。

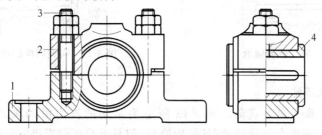

图 3-13 剖分式径向滑动轴承
1—轴承底座；2—轴承盖；3—双头螺柱；4—剖分式轴瓦

当轴承承受的径向载荷不与底座垂直或剖分面不宜开在水平方向时,还可以将剖分面设计成与水平方向有一定的倾斜,如图3-14所示。

2) 整体式滑动轴承

图3-15为整体式径向滑动轴承结构。这种滑动轴承结构简单,成本低,但是安装、拆卸和调整都不方便,而且轴套磨损后轴承间隙过大时无法调整,所以这种轴承多用于低速、轻载的工作场合。

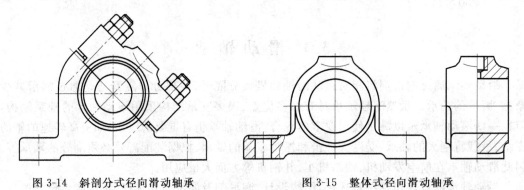

图3-14 斜剖分式径向滑动轴承　　图3-15 整体式径向滑动轴承

3) 调心滑动轴承

当轴的刚度较差或轴承座的加工、安装精度较低时,可采用图3-16所示的调心滑动轴承结构,此时轴瓦可在轴承座的球面内摆动,自动适应轴线方向的变化。

4) 其他结构的滑动轴承

图3-17所示为可调间隙的径向滑动轴承结构。通过调整轴承两端的螺母可以使轴瓦沿轴线移动,由于锥面的作用使内层轴瓦的内径发生变化,补偿由于磨损而失去的精度。

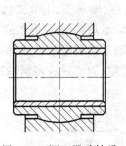 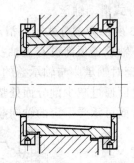

图3-16 调心滑动轴承　　图3-17 可调间隙的径向滑动轴承

2. 推力滑动轴承结构

推力滑动轴承承受轴向载荷。图3-18所示为常用的推力滑动轴承承载面的结构,图(a)所示为实心端面推力滑动轴承,其结构简单,但是承载面沿直径方向速度变化大,压强分布不均匀,靠近中心处的压强极大;图(b)所示为空心端面推力滑动轴承,由于靠近中心处不承载,避免了实心式的缺点;图(c)所示为单环式推力滑动轴承,可承受单向轴向载荷;当承受的载荷较大时可采用图(d)所示的多环式推力滑动轴承结构,这种滑动轴承承载面积增大,承载能力提高,且可承受双向轴向载荷,但是各环之间载荷分布不均匀,因此环数不宜过多,且结构设计时要注意考虑可装配性。

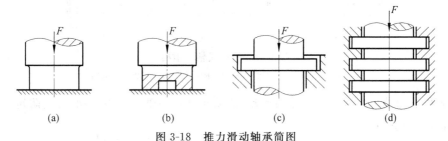

图 3-18 推力滑动轴承简图

(a) 实心端面;(b) 空心端面;(c) 单环式;(d) 多环式

推力轴承与径向轴承联合使用可以承受轴向和径向的复合载荷。图 3-19 所示为径向滑动轴承与推力滑动轴承的组合结构,轴端承载面采用镶嵌结构,以利加工;轴瓦背面采用球面调心结构,可防止偏载;轴瓦背面设有防转销。

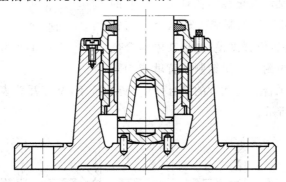

图 3-19 径向与推力滑动轴承组合结构

3.3.2 滑动轴承的轴瓦结构和材料

1. 滑动轴承的轴瓦结构

1) 轴瓦的结构

滑动轴承工作时与轴颈直接接触的部分称为轴瓦或轴套,它是滑动轴承的重要部分。轴瓦合理的结构设计是滑动轴承性能的重要保证。

轴瓦有整体式轴瓦和剖分式轴瓦两种结构。剖分式轴瓦用于剖分式轴承。图 3-20 所示为整体式轴瓦(轴套)结构。为方便润滑,可在轴瓦内表面开设油孔和油沟(图(b));在推力滑动轴承中为方便承载,轴瓦端部可设置凸缘(图(c))。

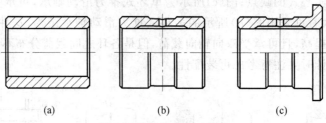

图 3-20 整体式轴瓦结构

(a) 普通结构；(b) 带油沟和油孔的结构；(c) 带凸缘的结构

轴瓦和滑动轴承座不允许有相对运动，为防止轴瓦在轴承座中转动，可设防转螺钉或防转销(如图 3-21 所示)。

轴瓦可以用一种材料制造，有时为了节省贵金属材料或由于结构的需要，在轴瓦的表面上浇铸或轧制一层减摩的轴承合金(称为轴承衬)。轴承合金的强度差，嵌入性好，一般厚度很薄。用两种材料制造的双金属轴瓦是将轴承合金浇铸在青铜或钢制的瓦背上，并经轧制或切削加工制成。轴承合金与青铜材料结合牢固，但是青铜强度差，如果在轴承合金与青铜构成的轴瓦外再附上一层钢制瓦背就成为三金属轴瓦。为提高轴承合金与瓦背的结合强度，防止脱落，常在瓦背表面制出螺纹、凹槽及榫头结构，如图 3-22 所示。

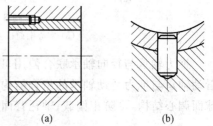

图 3-21 轴瓦的周向固定

(a) 设防转螺钉；(b) 设防转销

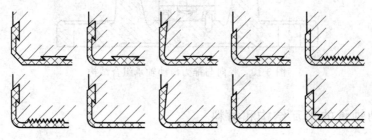

图 3-22 瓦背内表面结构

2) 油孔和油沟的位置

油沟位置应与载荷方向相对固定。如果载荷方向是固定的，油沟则应开在固定零件上(通常为轴瓦)；如果载荷方向是旋转的，则应将油沟开在旋转零件上(通常为轴)。

对于混合摩擦的滑动轴承，应将油沟设在承载区域，使承载区得到良好的润滑，此时油沟不应过多、过宽，以免占用过多的承载面积，影响承载能力。

对于流体动压轴承，油孔和油沟的位置不应设在承载区，而应开在最大油膜厚度处，保证润滑剂从最小压力处进入轴承。图 3-23 表示开设在油膜承载区的油沟对油膜承载能力的影响。

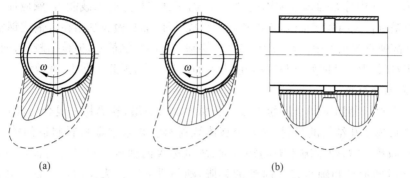

图 3-23 承载区的油沟对动压滑动轴承承载能力的影响
(a) 油沟对周向承载能力的影响；(b) 油沟对轴向承载能力的影响

为提高流体动压滑动轴承的油膜刚度，可在结构上布置多个油楔。图 3-24 是径向多油楔滑动轴承，在圆周方向布置了多个油楔。

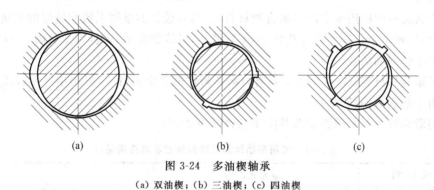

图 3-24 多油楔轴承
(a) 双油楔；(b) 三油楔；(c) 四油楔

2. 滑动轴承的材料

轴瓦和轴承衬的材料统称为轴承材料。根据滑动轴承的工作情况，滑动轴承的材料应具有以下性能：
(1) 良好的减摩、耐磨性，即轴承材料与轴材料组合时有良好的摩擦特性；
(2) 良好的抗黏附特性；
(3) 良好的摩擦顺应性和嵌入性，能嵌藏外来微粒，减少对轴颈的磨损；
(4) 良好的磨合性，可减少加工误差对摩擦、磨损的影响；
(5) 足够的强度和抗腐蚀性；
(6) 良好的导热性、工艺性和经济性。

常用的轴承材料有金属材料、粉末冶金材料和非金属材料等。

1) 金属材料

轴承合金是滑动轴承专用的耐磨、减摩材料,也称巴氏合金或白合金,一般以锡或铅等软材料为基体,基体中分布锑锡或铜锡的硬晶粒,因而具有很好的承载能力、顺应性、磨合性、耐磨性等。但轴承合金的强度很低,不能单独制作成轴瓦,而是做成贴附在青铜或钢轴瓦的轴承衬。一般在高速重载轴承中广泛采用。其中,锡基合金的性能最好,但价格较贵;而铅基、锌基材料价格相对低,力学性能好,但抗胶合能力不如锡基合金,因此用在中、低速场合。

2) 粉末冶金材料

粉末冶金材料是用不同金属粉末或在金属中加入石墨、硫等粉末混合后,经过高压成形和高温烧制形成多孔结构的材料,又称金属陶瓷材料。粉末冶金材料制造的轴承使用前需在热油中浸润数小时,使空隙中充满润滑油,故也称含油轴承。它具有自润滑性,工作时由于轴颈转动时的抽吸和轴承发热时油的膨胀,油便进入摩擦表面间起到润滑作用;不工作时,因毛细管作用,油又被吸回轴承多孔中。因此在较长时间内即使不加油,轴承也能较好地工作。如果定期给油,轴承的性能和寿命都能得到提高。这种轴承使用方便,但抗冲击性差,一般用于载荷平稳的场合。

3) 非金属材料

非金属材料中应用最多的是聚合物材料,它具有较低的摩擦系数和较好的顺应性,且抗腐蚀能力强,噪声小。缺点是导热性差,不宜散热,且线膨胀系数大(为金属的3~10倍),因此用在低速轻载的场合。

除了聚合物材料,碳-石墨也是具有自润滑特性的非金属材料,可用于环境较差的场合;橡胶可用于水润滑的场合。

常用滑动轴承材料的性能及其应用场合见表3-16。

表3-16 常用滑动轴承材料的性能及其应用场合

轴承材料		最大允许值			$t/℃$	应用范围
名称	代号	$[p]$/MPa	$[v]$/(m/s)	$[pv]$/(MPa·m/s)		
锡基轴承合金	ZSnSb11Cu6 ZSnSb8Cu4	平稳载荷			150	用于高速重载条件下的重要轴承,变载荷下易于疲劳,价贵,如汽轮机、大于750 kW的电动机、内燃机、高转速机床主轴的轴承等
		25(40)	80	20(100)		
		冲击载荷				
		20	60	15		
铅基轴承合金	ZPbSb16Sn16Cu2	12	12	12(50)	150	用于中速中载、变载但轻微冲击的轴承,如车床、发电机、压缩机、轧钢机等的轴承,温度低于120℃
	ZPbSb15Sn5	5	8	5		
	ZPbSb15Sn10	20	15	15		

续表

名称	轴承材料	最大允许值			$t/℃$	应用范围
	代号	$[p]$/MPa	$[v]$/(m/s)	$[pv]$/(MPa·m/s)		
锡青铜	ZCuSn10Pb1	15	10	15	280	用于中速、重载及变载荷的轴承
	ZCuSn5Pb5Zn5	5	3	10		用于中速、中载的轴承,如减速器、起重机的轴承及机床的一般主轴承
铅青铜	ZCuPb30	25	12	30(90)	280	用于高速轴承,能承受变载和冲击,如精密机床主轴的轴承
铝青铜	ZCuAl10Fe3	15	4	12	150	最宜用于润滑充分的低速重载轴承
黄铜	ZCuZn16Si4	12	2	10	200	用于低速、中载轴承,如起重机、机车、掘土机、破碎机的轴承
	ZCuZn38Mn2Pb2	10	1	10		
铝合金	2%铝锡合金	28~35	14	—	140	用于高速、中载轴承,是较新的轴承材料,可用于增压强化柴油机轴承
灰铸铁	HT150	4	0.5	—	163~241	用于低速、轻载且不重要的轴承,价格低廉
	HT200	2	1			
	HT250	0.1	2			
非金属材料	酚醛塑料	40	12	0.5	110	耐水、酸及抗振性极好。导热性差,重载时需用水或油充分润滑。吸水时易膨胀,轴承间隙宜取大
	尼龙	7	5	0.1	110	摩擦系数小,自润滑性好,用水润滑最好。导热性差,吸水易膨胀
	聚四氟乙烯	3.5	0.25	0.035	280	摩擦系数小,自润滑性好,低速时无爬行,能耐任何化学药品的侵蚀
	碳-石墨	4	12	0.5	420	自润滑性能好,耐高温,耐化学腐蚀,热(膨)胀系数低,常用于要求清洁的机器中

3.3.3 非流体润滑滑动轴承的承载能力设计

滑动轴承根据工作时的润滑状态可分为非流体润滑滑动轴承和流体润滑滑动轴承。当滑动轴承中润滑剂缺乏或形成流体动压润滑初期润滑不良时,滑动轴承处于混合润滑状态,即非流体润滑状态。此时,滑动轴承的失效形式主要是由于温升或疲劳产生的磨损。

因此,非流体润滑条件下的滑动轴承条件性计算主要包括:①限制引起磨损的平均压力 p 的计算;②限制温升过高的 pv 值的计算;③限制滑动速度 v 过大,防止因此引起的局部加速磨损。

1. 径向滑动轴承的工作能力校核

图 3-25(a)所示为径向滑动轴承的结构示意图。设计时一般已知轴承的载荷、转速及轴的直径,对轴承进行以下验算。

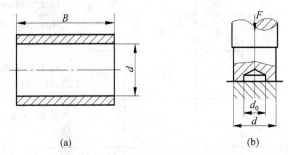

图 3-25 径向滑动轴承结构示意图
(a)径向滑动轴承;(b)推力滑动轴承

(1) 验算轴承的平均压力:

$$p = \frac{F}{Bd} \leqslant [p] \tag{3-24}$$

式中,F 为作用在轴承上的径向载荷,N;d 为轴颈直径,mm;B 为轴承宽度,mm,根据宽径比 B/d 确定;$[p]$ 为轴瓦材料的许用压强,MPa,见表 3-16。

(2) 验算轴承的 pv 值:

$$pv \leqslant [pv] \tag{3-25}$$

式中,v 为轴颈的圆周速度,m/s;$[pv]$ 为轴承材料的许用值,MPa·m/s,见表 3-16。

(3) 验算轴承的轴颈速度:

$$v \leqslant [v] \tag{3-26}$$

式中,$[v]$ 为轴颈圆周速度的许用值,m/s,见表 3-16。

2. 推力滑动轴承的工作能力校核

图 3-25(b)为推力轴承的结构示意图。设计时一般已知轴承的载荷、转速及承载轴环的尺寸,应对轴承进行以下条件性验算。

(1) 校验轴承的平均压强 p

$$p = \frac{F_a}{k \frac{\pi}{4}(d^2 - d_0^2)z} \leqslant [p] \tag{3-27}$$

式中,F_a 为作用在轴承上的轴向外载荷,N;d,d_0 分别为推力环的外径与内径,mm;z 为推力环的数目;k 为考虑承载面积因油沟而减少的系数,随油沟数目与宽度的不同取 $k=0.8\sim0.9$;$[p]$ 为轴承材料的许用压强,MPa。

(2) 校验轴承的 pv 值

$$pv = \frac{F_a n}{k \times 30\,000(d-d_0)z} \leqslant [pv] \qquad (3\text{-}28)$$

式中,v 为推力轴颈平均直径上的圆周速度,m/s;[pv]为轴承材料的许用值,MPa·m/s,单环或端面止推轴承所用材料的许用值[p]和[pv]见表 3-16,但对于多环轴承(图 3-18),因各环受力不均,这些许用值比表 3-16 中值要降低 20%~30%。

例 3-6 已知处于边界润滑状态的一个径向滑动轴承,径向外载荷的大小为 4.0 kN,轴颈的转速为 1000 r/min,工作温度最高为 130℃,轴颈允许的最小直径为 70 mm。试设计此轴承。

解:
1. 初取轴承的内径为 $D=75$ mm。
2. 设轴承的宽径比 $B/D=1$,则轴承的宽度 $B=D=75$ mm。
3. 轴承的工作能力校核

(1) 平均压强的校核:$p = \dfrac{F}{BD} = \dfrac{4000}{75 \times 75} = 0.711(\text{MPa})$

(2) 速度校核:$v = \dfrac{\pi D n}{60 \times 1000} = \dfrac{\pi \times 75 \times 1000}{60 \times 1000} = 3.93(\text{m/s})$

(3) pv 值校核:$pv = 0.711 \times 3.93 = 2.79(\text{MPa·m/s})$

(4) 查表 3-16,根据计算的工作参数可选择铝青铜,牌号为 ZCuAl10Fe3。其相应的最大许用值为[p]=15 MPa,[v]=4 m/s,[pv]=12 MPa·m/s。

3.3.4 流体动压滑动轴承的承载能力设计

当滑动轴承工作时,若相对运动的轴和轴瓦之间被润滑剂完全隔开,载荷由流体膜承担,则轴承为流体润滑滑动轴承。由于流体内部的摩擦系数很小,磨损小,并可以缓和冲击与振动,所以被广泛应用,尤其是在一些大型设备(如水轮机、轧钢机等)的支承中。获得流体润滑有两种途径:①用液压泵将一定压力的润滑油压入滑动轴承与轴颈之间,使两表面分开并能保证一定的油压平衡外载荷,也称为流体静压润滑;②借助于两个相对运动表面的楔形间隙、相对运动速度、润滑油的黏滞特性等,在相对运动的表面间形成具有一定压力的润滑油膜,来承担外载荷,称为流体动压润滑。这里主要介绍滑动轴承流体动压润滑的工作原理及其设计方法。

1. 流体动压润滑的基本理论——雷诺方程

19 世纪末,英国科学家雷诺根据流体力学原理提出了流体动压润滑的基本方程,揭示了流体薄膜形成动压的机理。

如图 3-26 所示,假设两相对运动的表面被润滑剂隔开,一个表面静止,另一个表面以速度 U_h 沿 x 方向运动。假设润滑剂为牛顿流体,流体的流动为层流,忽略重力、惯性力和磁力的影响,取润滑剂的一微元体进行分析,根据 x 轴方向的受力平衡条件,得

$$p\,\mathrm{d}y\mathrm{d}z + \tau\,\mathrm{d}x\mathrm{d}y = \left(p + \frac{\partial p}{\partial x}\mathrm{d}x\right)\mathrm{d}y\mathrm{d}z + \left(\tau + \frac{\partial \tau}{\partial z}\mathrm{d}z\right)\mathrm{d}x\mathrm{d}y$$

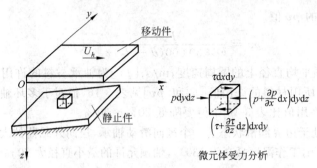

微元体受力分析

图 3-26 流体动压形成机理

整理后得

$$\frac{\partial p}{\partial x} = -\frac{\partial \tau}{\partial z} \tag{3-29}$$

对牛顿流体(见第 8 章),则有物理方程

$$\tau = -\eta \frac{\partial u}{\partial z} \tag{3-30}$$

将式(3-30)代入式(3-29),得

$$\frac{\partial p}{\partial x} = \eta \frac{\partial^2 u}{\partial z^2} \tag{3-31}$$

1) 油层的速度分布

对式(3-31)积分,可以得到油膜沿着膜厚方向(z 轴)的速度分布:

$$u = \frac{1}{2\eta}\frac{\partial p}{\partial x}z^2 + C_1 z + C_2 \tag{3-32}$$

其中,由边界条件确定积分常数 C_1 和 C_2:

$z = 0$ 时,$u = U_h$, 则 $C_2 = U_h$

$z = h$ 时,$u = 0$, 则 $C_1 = -\dfrac{U_h}{h} - \dfrac{\partial p}{\partial x}\dfrac{h}{2\eta}$

即润滑油膜内任意点在 x 方向上的流速为

$$u = \frac{1}{2\eta}\frac{\partial p}{\partial x}(z^2 - zh) + U_h \frac{h-z}{h} \tag{3-33}$$

由式(3-33)可以看到,速度 u 由两部分组成:式中前一项表示速度呈抛物线分布,这是由润滑剂沿 x 方向变化产生的压力流引起的;后一项表示速度呈线性分布,这是直接由剪切流引起的,如图 3-27 所示。

2) 润滑油的流量

润滑油在单位时间内沿 x 方向流过任意截面单位宽度面积的体积流量为

$$q_x = \int_0^h u \, dz = -\frac{h^3}{12\eta}\frac{\partial p}{\partial x} + U_h \frac{h}{2} \tag{3-34}$$

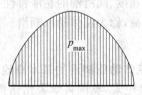

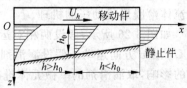

图 3-27 两相对运动平板间油层的速度和压力分布

假设润滑油沿 y 轴不流动(无端泄),且不可压缩流体的流量是连续的,则在任何截面上的 q_x 都是常数,即

$$\frac{\mathrm{d}q_x}{\mathrm{d}x} = \frac{U_h}{2}\frac{\mathrm{d}h}{\mathrm{d}x} - \frac{\mathrm{d}}{\mathrm{d}x}\left(\frac{h^3}{12\eta}\frac{\partial p}{\partial x}\right) = 0 \qquad (3\text{-}35)$$

整理后得

$$\frac{\partial p}{\partial x} = 6\eta U_h \frac{\mathrm{d}h}{\mathrm{d}x}\frac{1}{h^3} \qquad (3\text{-}36)$$

假设当 $\frac{\partial p}{\partial x}=0$ 时,油膜的厚度为 h_0(即最大油压处的油膜厚度为 h_0),则

$$\frac{\partial p}{\partial x} = 6\eta U_h \frac{h - h_0}{h^3} \qquad (3\text{-}37)$$

式(3-37)为一维雷诺方程,它是计算流体动力润滑轴承的基本方程。由一维雷诺方程可以看到,润滑油膜的压力变化与润滑油的黏度、表面相对滑动速度以及油膜的厚度变化有关。如图 3-27 所示,在油膜的入口处,油压为初始压强;当 $h > h_0$ 时,由式(3-37)可得 $\frac{\partial p}{\partial x} > 0$,油膜压力随 x 的增加而增加;当 $h < h_0$ 时,由式(3-37)可得 $\frac{\partial p}{\partial x} < 0$,油膜压力随 x 的增加而减小,到出口处的油压为外界压强;$h = h_0$ 处油膜压力达到最大值,$p = p_{\max}$,此时 $\frac{\partial p}{\partial x} = 0$。

根据一维雷诺方程和图 3-27,可以得出形成流体动压润滑油膜压力的必要条件:
(1) 润滑油要具有一定的黏度,且黏度越大,承载能力越强;
(2) 两摩擦表面要具有一定的相对滑动速度;
(3) 相对滑动的表面要形成收敛的楔形间隙;
(4) 有充足的供油量。

2. 流体动压径向滑动轴承的设计计算
1) 径向滑动轴承形成流体动压润滑的过程

径向滑动轴承的轴与轴承孔间有一定的间隙,形成流体动压油膜一般经过以下 3 种状态,如图 3-28 所示:①轴处于静止状态(图 3-28(a));②轴开始转动,此时由于轴与轴承内壁的摩擦作用,使轴颈沿轴承内壁向轴转动的反方向爬升(图 3-28(b));③随着转速的增

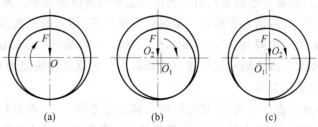

图 3-28 流体动力润滑的形成过程

加，润滑油进入油楔形成流体动压将轴颈浮起（图 3-28(c)）。

液体摩擦轴承在工作时没有金属的接触，但在起动和停止时要经过非液体摩擦阶段，所以液体滑动轴承也要满足非液体摩擦的 p，pv 和 v 的要求。

2) 稳定状态下滑动轴承的几何关系

图 3-29 所示为稳定状态下流体动压径向轴承的几何参数示意图，主要参数有以下几种。

(1) 偏位角 θ 和轴承包角 β：径向滑动轴承稳定工作时，径向外载荷 F 与轴承和轴颈连心线之间的夹角称为偏位角，记作 θ。轴承包角 β 一般为 120°和 180°两种。

(2) 相对间隙 ψ

$$\psi = \frac{R-r}{r} = \frac{\delta}{r}$$

其中，R 为轴承孔半径；r 为轴颈半径；δ 为轴承的半径间隙，$\delta = R - r$。

(3) 偏心率 ε

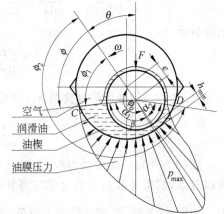

图 3-29 流体动压润滑径向轴承稳定工作状态下的几何参数

$$\varepsilon = \frac{e}{\delta}$$

其中，e 为轴承的偏心距。

(4) 最小油膜厚度 $h_{\min}$

$$h_{\min} = \delta - e = r\psi(1-\varepsilon) \tag{3-38}$$

当轴承的载荷增加时，偏心率增大，最小油膜厚度减小。承载油膜内，任意 φ 角处的油膜厚度为

$$h \approx R - r + e\cos\varphi = \delta(1+\varepsilon\cos\varphi) \tag{3-39}$$

3) 稳定状态下滑动轴承的承载能力

流体润滑轴承稳定工作状态下，轴颈与轴承内表面被润滑油隔开。轴瓦主要的失效形式是：由于制造过程中残留切屑或润滑油中的污物颗粒造成的磨粒磨损、由于温升过高使轴承和轴颈发生咬死的黏着磨损及润滑油污染等造成的腐蚀磨损等。雷诺方程给出了建立流体润滑的基本条件，而雷诺方程是在一系列假设条件下，用力的平衡条件、黏度条件和流体连续条件（各断面流量相同）推导得到的，而为了保证润滑油有一定的黏度，必须满足热平衡方程式，所以流体润滑滑动轴承承载能力计算的主要思路是在满足力平衡和热平衡的条件下，最小油膜厚度满足要求。

由于计算时涉及的雷诺方程、流量方程均为偏微分方程，一般需进行数值解析解，比较麻烦。在实际工程设计中，为方便起见，一般将轴承的参数进行无量纲化后用数值计算求解润滑方程，得到无量纲特征数与轴承偏心率、最小油膜厚度的关系曲线，借助这些曲线设计轴承参数,并进行承载能力的校核。这种方法简单、直观,对一般参数的轴承都适用。

(1) 承载量计算

如图 3-29 所示,流体动压润滑径向滑动轴承承受径向外载荷时,取 $x=r\varphi$,其垂直和水平方向的油膜压力和为

$$\left. \begin{array}{l} F = F_z = \int_0^B \int_{\phi_1}^{\phi_2} -p(\phi,y)\sin(\varphi+\theta) r \mathrm{d}\varphi \mathrm{d}y \\ F_x = 0 \end{array} \right\} \tag{3-40}$$

为便于实际的工程设计计算,定义无量纲承载系数——索氏数 S_0 为

$$S_0 = \frac{F\psi^2}{Bd\eta\omega} \tag{3-41}$$

式中,F 为轴承的径向外载荷,N;ψ 为轴承的相对间隙;B 为轴承宽度,m;d 为轴颈的直径,m;η 为润滑油的动力黏度,Pa·s;ω 为轴颈的转速,rad/s。

图 3-30 是轴承包角为 180°时索氏数 S_0 与偏心率 ε 之间的关系曲线。根据该图,可以对已知几何参数的滑动轴承计算出其承载量大小,也可以设计出给定外载荷及相关工作条

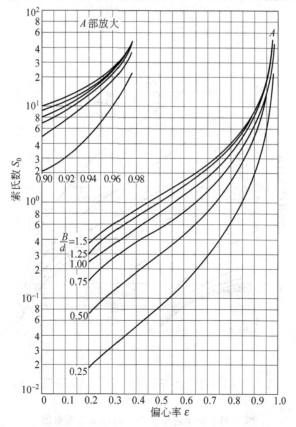

图 3-30 索氏数 S_0 与偏心率 ε 之间的关系曲线

件下所需滑动轴承的几何参数。可以看出,对同一轴承,外载荷增加时,偏心率增大,最小油膜厚度减小;在其他条件不变时,轴承的宽径比(B/d)越大,承载能力越强。

(2) 热平衡计算

轴承工作时的功耗将转变为热量,使润滑油油温升高,从而使其黏度降低,轴承的承载能力降低。因此要限制轴承的温升,使其在许用的范围内。

根据能量守恒原理,轴承的热平衡条件是:单位时间内轴承产生的热量 H_1 应与散出的热量 H_2 相等。

轴承产生的热量主要是流体内部的摩擦热,即

$$H_1 = \mu F v = P_\mu \tag{3-42}$$

式中,μ 为润滑油的液体摩擦系数;F 为轴承径向外载荷;v 为轴颈的线速度;P_μ 为轴承的摩擦功耗。

轴承的摩擦特性定义为 $\bar{\mu}=\dfrac{u}{\psi}$,$\bar{\mu}$-$\varepsilon$ 曲线见图 3-31。

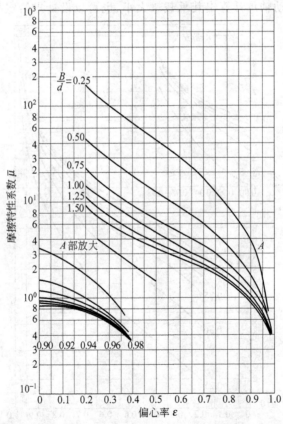

图 3-31 轴承包角为 180°时,$\bar{\mu}$-ε 关系曲线

轴承的摩擦力为 $F_\mu=\mu F=\psi\bar\mu F$，摩擦功耗为 $P_\mu=F_\mu v=\psi\bar\mu Fv$，因此

$$H_1=P_\mu=\psi\bar\mu Fv=\psi\bar\mu Bdpv \tag{3-43}$$

滑动轴承的散热包括两个方面：一部分通过流动的润滑油带走；另一部分通过热对流和辐射从轴承座扩散到空气中。所以，单位时间散热为

$$H_2=(Q\rho c_p+\alpha_s\pi dB)\Delta t\times 10^{-6} \tag{3-44}$$

式中，Q 为润滑油的流量，$Q=q_v\omega\psi d^3$，m^3/s，流量系数 q_v 见图 3-32；ρ 为润滑油密度，矿物油为 $\rho=850\sim900 kg/m^3$；c_p 为润滑油比热容，矿物油为 $1675\sim2090 J/(kg·K)$；α_s 为轴承的散热系数，$W/(m^2·K)$（轻型轴承或环境温度高的轴承在散热困难的情况下，α_s 可取 50；中型轴承或一般通风条件下的轴承，α_s 可取 80；重型轴承或冷却和通风条件良好的轴承，α_s 可取 140）；d 为轴颈的直径，m；B 为轴承宽度，m；Δt 为轴承的温升，$\Delta t=t_{出}-t_{入}$（其中，$t_{出}$，$t_{入}$ 分别为润滑油的出口和入口温度）。

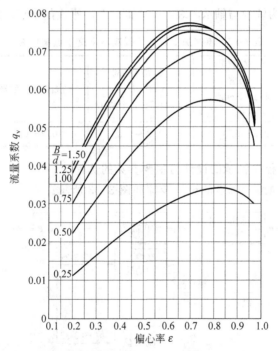

图 3-32　流体动压径向轴承 q_v-ε 关系曲线（轴承包角 $\beta=180°$时）

因为 $H_1=H_2$，所以

$$\psi\bar\mu Bdpv=(Q\rho c_p+\alpha_s\pi dB)\Delta t\times 10^{-6}$$

工作时轴承的温升为

$$\Delta t=\frac{\psi\bar\mu Bdpv\times 10^6}{Q\rho c_p+\alpha_s\pi dB}=\frac{\bar\mu p\times 10^6}{\left(\dfrac{Q}{\psi Bdv}\right)\rho c_p+\dfrac{\alpha_s\pi}{\psi v}}=\frac{\bar\mu p\times 10^6}{2q_v\rho c_p\dfrac{d}{B}+\dfrac{\alpha_s\pi}{\psi v}} \tag{3-45}$$

式中,$\bar{\mu}$ 为摩擦特性系数,见图 3-31。

为保证轴承的正常工作,一般要求轴承的工作平均温度不超过 75℃,即

$$t_{平均} = \frac{t_{出} + t_{入}}{2} \leqslant 75℃$$

润滑油入口油温一般比室温高,可取为 30~45℃。

(3) 形成流体动压润滑的最小油膜厚度的计算

从承载能力计算可以看到,最小油膜厚度越小,轴承的承载能力越大。但由于轴承和轴颈的加工表面具有一定的粗糙度,为实现流体动压润滑(即润滑剂将轴和轴承表面完全隔开),要保证轴承正常工作时的最小油膜厚度满足以下条件:

$$h_{\min} \geqslant [h_{\min}] \tag{3-46}$$

$$[h_{\min}] = (2 \sim 3)(Rz_1 + Rz_2) \tag{3-47}$$

式中,Rz_1 和 Rz_2 分别为轴颈与轴承内表面的表面微观不平度的十点高度,μm,参见表 3-17。

表 3-17 不同加工表面的微观不平度十点高度 Rz

加工方法	精车或精镗、中等磨光、刮(每 1 cm² 内有 1.5~3 个点)	铰、精磨、刮(每 1 cm² 内有 3~5 个点)	钻石刀镗、研磨	研磨、抛光、超精加工等
Rz/μm	3.2~6.3	0.8~3.2	0.2~0.8	约 0.2

4) 流体动压润滑径向轴承的设计与主要参数的选择

流体动压润滑径向滑动轴承的设计步骤如图 3-33 所示。

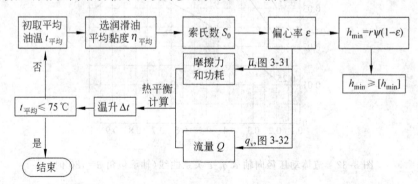

图 3-33 流体动压润滑径向滑动轴承设计的一般步骤

流体动压润滑径向滑动轴承的主要参数有以下几种。

(1) 轴承的宽径比 B/d

轴承宽径比大,承载能力强,但由于润滑油端泄量小,而轴承的散热能力降低,温升增加;反之,宽径比小,会提高轴承的散热能力,轴承运转的稳定性好,但轴承的承载能力相对

降低。因此,B/d不应小于0.25,一般情况取$B/d \approx 1$。

高速重载时温升高,宽径比宜取小值;低速重载的轴承,为提高轴承的刚性,宽径比宜取大值;轴的支承刚度要求高时(如机床等),宽径比宜取大值。表3-18是常用机器的宽径比B/d的推荐值。

表3-18 常用机器的宽径比B/d值

机器名称	汽轮机	电动机、发电机	离心压缩机、离心泵	轧钢机	齿轮减速箱	机床	传动轴	车辆轴承箱
B/d值	0.25~1.0	0.6~1.5	0.5~1.2	0.6~0.9	0.6~1.2	0.8~1.2	0.8~1.5	1.4~2.0

注:此表中的值应优先选用下限值。

(2) 相对间隙ψ

轴承的相对间隙影响轴承的流量,从而对轴承工作的温升具有很大影响。ψ的取值决定于轴承的载荷与速度。速度越高,ψ值应愈大,有利于散热;载荷越大,ψ值应愈小,以提高承载能力。此外,当$B/d<0.8$、轴承能自动调心或当轴承材料的硬度较低时,ψ取小值;反之取大值。可按照下面的公式初取ψ:

$$\psi = (0.6 \sim 1.0) \sqrt[4]{v} \times 10^{-3} \tag{3-48}$$

式中,v为轴颈的圆周速度,m/s。

表3-19是常用机器的ψ值。

表3-19 常用机器的ψ值

机器名称	汽轮机、电动机、齿轮减速箱	轧钢机、铁路车辆	机床、内燃机	离心泵、鼓风机
ψ值	0.001~0.002	0.0002~0.0015	0.0002~0.00125	0.001~0.003

(3) 润滑油黏度η的选择

润滑油黏度对轴承的承载能力和温升有重要的影响。一般重载低速、轴承工作表面粗糙或未经跑合的表面、轴承间隙较大时,采用黏度高的润滑油,使之易形成油膜,并具有高的承载能力。另外,在工作环境温度高时,应选择黏度指数大的油,减少温度对润滑油黏度的影响。

选用润滑油可以按照现有机器的使用经验,用类比法确定。流体润滑轴承一般需经过计算确定。润滑油的选择参考表8-4滑动轴承润滑油的选择。

流体动压推力轴承的设计方法请参阅相关《机械设计手册》。

例3-7 设计一试验台用中等载荷液体动压润滑普通圆柱形径向滑动轴承。已知轴颈直径$d=35$ mm,轴承包角$\beta=180°$,轴承所受径向载荷$F=3000$ N,轴颈转速$n=1500$ r/min。

解：

1. 选择轴承的结构和材料

(1) 选取轴承宽径比 B/d：根据工作情况初选 $B/d=1$，则轴承宽度 $B=35$ mm。

(2) 进行轴承工作性能的条件性计算：轴承的平均压强

$$p = \frac{F}{Bd} = \frac{3000}{35 \times 35} = 2.45 \text{(MPa)}$$

轴颈的圆周速度

$$v = \frac{\pi d n}{60 \times 1000} = \frac{\pi \times 35 \times 1500}{60 \times 1000} = 2.75 \text{(m/s)}$$

所以

$$pv = 2.75 \times 2.45 = 6.74 \text{(MPa·m/s)}$$

(3) 选择轴承材料：根据轴承条件性计算的结果，参考表 3-16，选用铝青铜，牌号为 ZCuAl10Fe3。其相应的最大许用值为

$$[p] = 15 \text{ MPa}, \quad [v] = 4 \text{ m/s}, \quad [pv] = 12 \text{ MPa·m/s}$$

(4) 确定轴承的相对间隙 ψ：按照式(3-48)，取

$$\psi = 0.9 \sqrt[4]{v} \times 10^{-3} = 0.9 \times \sqrt[4]{2.75} \times 10^{-3} = 0.001\,16$$

(5) 选择轴颈与轴承的配合：选择配合时，应使其平均的相对间隙值尽可能接近 0.001 16。查《机械设计手册》，选公差配合为 $\frac{H7}{f7}$，则孔的公差为 $\phi 35^{+0.025}_{0}$；轴的公差为 $\phi 35^{-0.025}_{-0.05}$。取轴颈表面研磨，轴承孔表面精磨，则最大的直径间隙为

$$2\delta_{\max} = 0.025 - (-0.05) = 0.075 \text{(mm)}$$

最大的相对间隙为

$$\psi_{\max} = \frac{2\delta_{\max}}{d} = \frac{0.075}{35} = 2.14 \times 10^{-3}$$

最小的直径间隙为

$$2\delta_{\min} = 0 - (-0.025) = 0.025 \text{(mm)}$$

最小的相对间隙为

$$\psi_{\min} = \frac{2\delta_{\min}}{d} = \frac{0.025}{35} = 0.71 \times 10^{-3}$$

2. 轴承的承载能力校核

1) 润滑油的选择

根据表 8-4，选用全损耗系统用油 L-AN46，并取其密度为 $\rho = 880$ kg/m³，$c_p = 2000$ J/(kg·℃)，$\alpha_s = 80$ W/(m·℃)。

2) 验算最大和最小间隙时的最小油膜厚度 $h_{\min} \geq [h_{\min}]$

(1) 求 $[h_{\min}]$：取轴颈表面 Rz_1 为 0.8 μm，轴承孔表面 Rz_2 为 1.6 μm。根据式(3-47)，取

$$[h_{\min}] = 2(Rz_1 + Rz_2) = 2(1.6 + 0.8) = 4.8(\mu m) = 4.8 \times 10^{-3} \text{(mm)}$$

(2) 通过 $S_0 = \dfrac{F\psi^2}{Bd\eta\omega}$，求轴承的偏心率 ε，计算最小油膜厚度 $h_{\min}$，具体如表 3-20 所示。

其中，轴颈的转速 $\omega = \dfrac{2\pi n}{60} = \dfrac{2 \times 3.14 \times 1500}{60} = 157(1/\text{s})$。

表 3-20　轴承在最大间隙和最小间隙时的索氏系数 S_0、偏心率 ε、最小油膜厚度 $h_{\min}$

步　骤	对　应　参　数　值	
1. 确定相对间隙	最大相对间隙 $\psi_{\max} = 2.14 \times 10^{-3}$	最小相对间隙 $\psi_{\min} = 0.71 \times 10^{-3}$
2. 确定等效温度	轴承间隙最大时，轴承的工作温度相对较低，取 $t_m = 50\text{℃}$	轴承间隙最小时，轴承的工作温度相对较高，取 $t_m = 70\text{℃}$
3. 由图 8-2 确定 ν，由式(8-2)计算 η	$\nu = 30 \text{ cSt}$ $\eta_{50\text{℃}} = 30 \times 880 \times 10^{-6} = 0.026(\text{Pa} \cdot \text{s})$	$\nu = 15 \text{ cSt}$ $\eta_{70\text{℃}} = 15 \times 880 \times 10^{-6} = 0.013(\text{Pa} \cdot \text{s})$
4. 由式(3-41)计算 S_0	$S_0 = \dfrac{3000 \times (2.14 \times 10^{-3})^2}{0.035 \times 0.035 \times 0.026 \times 157} = 2.75$	$S_0 = \dfrac{3000 \times (0.71 \times 10^{-3})^2}{0.035 \times 0.035 \times 0.013 \times 157} = 0.60$
5. 由图 3-30 确定偏心率 ε	$\varepsilon = 0.77$	$\varepsilon = 0.43$
6. 由式(3-38)计算 $h_{\min}$	$h_{\min} = 2.14 \times 10^{-3} \times \dfrac{35}{2} \times (1 - 0.77)$ $= 8.61 \times 10^{-3}(\text{mm})$	$h_{\min} = 0.71 \times 10^{-3} \times \dfrac{35}{2} \times (1 - 0.43)$ $= 7.08 \times 10^{-3}(\text{mm})$
7. 判断油膜厚度是否满足 $h_{\min} \geqslant [h_{\min}]$	$[h_{\min}] = 4.8 \times 10^{-3} \text{ mm}$ 满足 $h_{\min} \geqslant [h_{\min}]$	$[h_{\min}] = 4.8 \times 10^{-3} \text{ mm}$ 满足 $h_{\min} \geqslant [h_{\min}]$

3. 热平衡计算(见表 3-21)

4. 结论

设计的滑动轴承宽度 $B = 35 \text{ mm}$，选用全损耗系统用油 L-AN46，材料采用铝青铜，牌号为 ZCuAl10Fe3，轴颈表面研磨，轴承孔表面精磨，选用公差配合为 $\dfrac{H7}{f7}$，轴承的最大相对间隙 $\psi_{\max} = \dfrac{2\delta_{\max}}{d} = \dfrac{0.075}{35} = 2.14 \times 10^{-3}$，最小相对间隙 $\psi_{\min} = \dfrac{2\delta_{\min}}{d} = \dfrac{0.025}{35} = 0.71 \times 10^{-3}$。

3.3.5　滑动轴承与滚动轴承的性能比较

滚动轴承和滑动轴承各有特点，在一般参数场合滚动轴承得到了广泛应用，在高速、重载和低速、低载的场合滑动轴承有大量的应用。设计支承结构时，应根据具体载荷条件、结构要求、使用要求等，选择一种既能适应工作要求又经济的轴承。滑动轴承与滚动轴承的主要性能在以下几个方面有所不同：

表 3-21 热平衡计算

步 骤	最大相对间隙时	最小相对间隙时
1. 根据 ε 查图 3-31 求摩擦特性系数 $\bar{\mu}$	$\bar{\mu}=1.8$	$\bar{\mu}=6.0$
2. 根据 ε 查图 3-32 求流量系数 q_v	$q_v=0.074$	$q_v=0.062$
3. 由式(3-45)计算轴承温升 $$\Delta t=\dfrac{\bar{\mu}p\times 10^6}{2q_v\rho c_p\dfrac{d}{B}+\dfrac{\alpha_s\pi}{\psi v}}$$	$$\Delta t=\dfrac{1.8\times 2.45\times 10^6}{2\times 0.074\times 880\times 2000\times 1+\dfrac{80\times 3.14}{2.14\times 10^{-3}\times 2.75}}$$ $=14.5(℃)$	$$\Delta t=\dfrac{6.0\times 2.45\times 10^6}{2\times 0.062\times 880\times 2000\times 1+\dfrac{80\times 3.14}{0.71\times 10^{-3}\times 2.75}}$$ $=42.37(℃)$
4. 验算轴承的入口油温 $t_\lambda=t_m-\dfrac{\Delta t}{2}$	$t_\lambda=50-\dfrac{14.5}{2}=42.75(℃)$ 满足一般入口油温为 30~45℃ 的条件	$t_\lambda=70-\dfrac{42.37}{2}=48.8(℃)$ 入口油温稍大于 45℃，说明热平衡容易达到，设计结果可用
5. 计算轴承流量 $Q=q_v\psi\omega d^3$	$Q=0.074\times 2.14\times 10^{-3}\times 157\times 0.035^3$ $=10.6\times 10^{-7}(m^3/s)$	$Q=0.062\times 0.71\times 10^{-3}\times 157\times 0.035^3$ $=2.9\times 10^{-7}(m^3/s)$

(1) 承载能力方面。尺寸相同时，滑动轴承比滚动轴承有更高的承载能力。载荷很大时，滚动轴承不仅尺寸大，而且成本高，所以在高速、重载的场合一般采用滑动轴承。同时，流体润滑滑动轴承中的油膜还具有缓冲振动和冲击载荷的能力。

(2) 工作时的摩擦系数。非流体润滑的滑动轴承，工作时的摩擦为面接触的滑动摩擦，比滚动轴承的滚动摩擦大，但流体润滑的滑动轴承摩擦非常小。在重载时，为减小功率损失一般采用滑动轴承。另外，滚动轴承起动时摩擦阻力小，适合频繁起动的场合；而滑动轴承无论是何种润滑状态，起动都是混合摩擦状态，所以起动力矩较大。

(3) 轴承的寿命。滚动轴承的寿命受载荷和轴承尺寸的影响，一般寿命有限；混合摩擦的滑动轴承由于受到磨损的影响，一般寿命较短；而流体润滑滑动轴承由于磨损小，一般寿命较长。

(4) 结构和尺寸。滑动轴承有整体式和剖分式两种结构，因此便于满足大型轴颈或必须要求剖分结构的安装要求。另外，滑动轴承比滚动轴承结构简单，与滚动轴承比较，其径向尺寸较小，适合于径向尺寸要求小的场合。

(5) 安装、使用、维护及其经济性。通常滑动轴承的制造成本比同样规格的滚动轴承小。所以，对于载荷不大、转速和旋转精度要求不高的场合，可以选用含油滑动轴承。但是，由于滚动轴承的标准化程度较高，且滚动轴承润滑、密封的维护成本比流体润滑的滑动轴承小，因此，一般工况的机械常采用滚动轴承。

总之，采用滑动轴承还是滚动轴承要综合考虑以上各个因素。一个简单的原则是，一般参数条件下，采用滚动轴承；载荷、转速特别大时，采用流体润滑滑动轴承；载荷小、转速小、精度低且要求价格低时，采用混合摩擦的滑动轴承。

习 题

3-1 根据轴受到的载荷性质，判断自行车的前轴、中轴和后轴各是什么轴？

3-2 轴受载后，如果产生过大的弯曲变形或扭转变形，对轴的正常工作有什么影响？请举例说明。

3-3 轴的常用材料有哪些？为什么将轴的材料由碳钢改为合金钢不能提高轴的刚度？

3-4 轴的强度计算方法有几种？它们针对的是轴的什么失效？它们的使用条件和计算精度等有什么不同？

3-5 轴的强度计算中，轴的许用应力与材料的极限应力相等吗？为什么？

3-6 轴的弯扭合成强度计算公式 $M_{ca}=\sqrt{M^2+(\alpha T)^2}$ 中，α 的物理意义是什么？其大小怎样确定？静强度的计算公式中为什么没有考虑 α？

3-7 齿轮减速器中，为什么低速轴的直径要比高速轴粗？

3-8 如何提高轴的强度和刚度？

3-9 图示为两级圆柱齿轮减速器，已知高速轴转速 $n_1=1400$ r/min，低速轴转速 $n_2=$

420 r/min，传递功率 $P=5$ kW，轴的材料采用 45 钢，经调质处理。请按转矩计算两根轴的直径。

3-10 减速器的低速齿轮轴上有一斜齿圆柱齿轮，其直径为 $d_2=503.58$ mm，以及一个直齿圆柱齿轮，其直径为 $d_3=200$ mm，其他尺寸及受力如图所示，已知 $F_{t2}=1954$ N，$F_{r2}=258$ N，$F_{a2}=660$ N，$F_{t3}=4920$ N，$F_{r3}=1790$ N。请选择轴的材料和热处理方法，并按弯扭合成条件设计轴的危险断面直径。

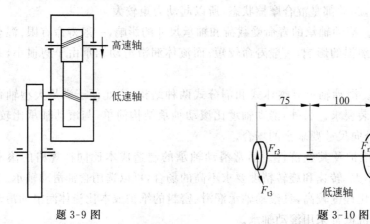

题 3-9 图　　　　　　　　　　题 3-10 图

3-11 设有一封闭式齿轮试验台，为了满足较大范围测试需要，要求作 3 根长度相同的光轴，各轴直径不同。当它们两端的相对扭转角为 25°时，转矩分别为 150，250，500 N·m。试选定这 3 根轴的材料和热处理方法，并求它们的直径和长度。

3-12 滚动轴承的基本元件有哪些？各起什么作用？

3-13 根据下列滚动轴承的代号，指出它们的类型、内径尺寸、公差等级、游隙组别：6215；N2208；7209AC；32209/P6。选择滚动轴承的类型时，要考虑哪些因素？

3-14 球轴承和滚子轴承各有什么优缺点？使用时的适用范围有什么不同？

3-15 深沟球轴承和角接触球轴承的结构有何不同？各应用在什么场合？

3-16 推力轴承为什么不适用于高速转动的轴？对承受轴向载荷的高速轴，应采用什么轴承？

3-17 滚动轴承工作时的主要失效形式是什么？如何避免？

3-18 什么是基本额定动载荷？在基本额定动载荷下，可靠度为 90% 时，轴承工作寿命为多少？

3-19 什么是滚动轴承的当量动载荷？为什么要按当量动载荷来计算滚动轴承的寿命？

3-20 什么是滚动轴承的基本额定寿命？滚动轴承工作时间达到基本额定寿命时，滚动轴承是否一定会损坏？如果没有损坏，滚动轴承是否必须更换？

3-21 为什么角接触球轴承和圆锥滚子轴承要成对使用？内部轴向载荷是如何产生

的？由这两类轴承支承的轴，支点位置应如何确定？

3-22 某轴系中采用深沟球轴承 6207，工作时有轻微冲击，轴承的径向载荷 $F_{br}=5000$ N，内圈转动，转速 $n=2000$ r/min，工作温度在 100℃ 以下。求该轴承的寿命。

3-23 要求单列深沟球轴承在径向载荷 $F_{br}=5500$ N、转速 $n=1000$ r/min 时能工作 6000 h（载荷平稳，工作温度在 100℃ 以下），试求此轴承必须具有的基本额定动载荷。

3-24 某齿轮减速器轴系决定采用深沟球轴承。已知轴颈处的最小直径为 45 mm，转速 $n=2900$ r/min，已知轴承的径向载荷 $F_{br}=3000$ N，轴向载荷 $F_{ba}=1200$ N，要求轴承寿命不少于 10 000 h。试选择轴承的型号。

3-25 某轴的支承结构采用角接触球轴承，如图 3-12(b) 所示。已知轴承 1 的径向载荷 $F_{br1}=2500$ N，轴承 2 的径向载荷 $F_{br2}=1800$ N，轴向力 $F_a=800$ N，轴的转速 $n=1480$ r/min。工作温度在 100℃ 以下，载荷平稳，要求寿命 $L_h\geq10\,000$ h。试选择轴承型号。

3-26 某减速器的高速轴用两个角接触球轴承支承。已知齿轮为主动轮，旋向和转向如图所示，齿轮齿数为 21，模数为 3，螺旋角为 14.25°，轴传递的功率为 20 kW，转速为 1440 r/min，工作时有轻微冲击；轴承工作温度允许达到 100℃。要求寿命 $L_h\geq15\,000$ h。试选择轴承型号（可认为轴承宽度的中点即为轴承载荷的作用点）。

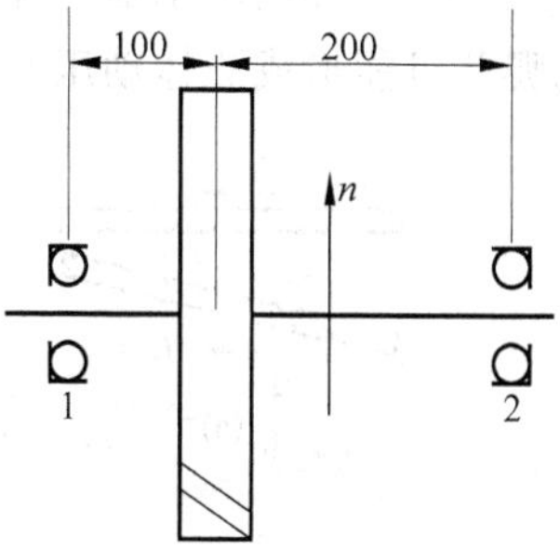

题 3-26 图

3-27 把题 3-26 中的角接触球轴承换成圆锥滚子轴承，试选择轴承型号。

3-28 在一般机械设计中，什么时候选用滑动轴承？什么时候选用滚动轴承？

3-29 举出 3 个采用滑动轴承的实例。

3-30 什么是滑动轴承的轴瓦和轴承衬？各用什么材料制造？

3-31 剖分式滑动轴承和整体式滑动轴承各有什么特点？设计时如何选用？

3-32 滑动轴承轴瓦的油沟设计时应注意什么？

3-33 混合润滑的滑动轴承设计时限制 p、v 和 pv 的物理意义是什么？

3-34 推导雷诺方程时做了哪些假设？这些假设与一般滑动轴承的情况是否一致？什么情况下假设与实际情况就不一致了？

3-35 形成流体动压润滑的必要条件是什么？

3-36 液体摩擦滑动轴承计算的主要内容和步骤是什么？

3-37 有一混合润滑径向滑动轴承，其轴径为 150 mm，宽度为 150 mm，轴承材料采用铜合金 ZCuSn10Pb1。试求轴承转速是 750，1000，15 000 r/min 时，该轴承能承受的最大径向载荷分别是多少？

3-38 有一混合润滑径向滑动轴承，轴瓦材料选用 ZPbSb15Sn10 制造。已知轴承的宽

径比 $B/d=1.0$,轴颈的转速为 1440 r/min。求该轴承最大的承载能力及尺寸(B 和 d 的值)。

3-39 有一混合润滑径向滑动轴承,轴颈转速为 1000 r/min,径向载荷为 20 000 N,载荷平稳,轴径大于等于 70 mm。试设计该轴承(选择轴承材料、润滑剂及润滑方式,并确定轴承的内径 d 和宽度 B)。

3-40 有一三环推力轴承,受轴向力 $F_a=5000$ N,轴环内径 d_1 和外径 d_2 满足 $d_1/d_2 \geqslant 0.7$,轴的转速为 150 r/min,轴承材料采用 ZCuSn5Pb5Zn5。试设计此轴承的尺寸。

3-41 如图所示,一个轻型圆锥轴,轴径为 d,锥顶角为 2α,并以速度 n 在一锥形支座上旋转,支座与轴之间的间隙内充满厚度为 h 的润滑油,润滑油的动力黏度为 η。试求作用于圆锥轴上的扭矩 T 的大小。

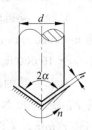

题 3-41 图

3-42 如图所示的 4 种情况,假设平板间充满一定黏度的润滑液,请问哪些可能形成流体动压?

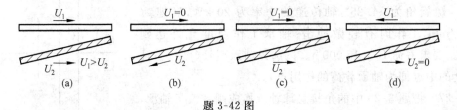

题 3-42 图

3-43 有一液体润滑径向滑动轴承,其内径为 50 mm,宽度为 80 mm,相对间隙为 0.001,工作时轴颈转速为 1200 r/min,摩擦功耗为 0.14 kW,采用 L-AN32 全损耗润滑油,工作温度 80℃。试求该轴承工作时的径向载荷大小。

3-44 有一液体润滑径向滑动轴承,其内径为 100 mm,宽度为 80 mm,相对间隙 $\psi=0.0025$,工作时轴颈转速为 960 r/min,轴承受到径向载荷为 2500 N,润滑油的黏度 $\eta=0.028$ Pa·s。求最小油膜厚度为多少?如果要求最小油膜厚度为 0.0048 mm,求允许的最低转速是多少?假设润滑油的黏度不变。

3-45 有一径向滑动轴承的内径为 50 mm,宽度为 70 mm,相对间隙为 0.0015,工作时轴颈转速为 1000 r/min,摩擦功耗为 0.14 kW,采用 L-AN32 全损耗润滑油,工作温度为 80℃。试求该轴承工作时的径向载荷大小。

3-46 如图所示为径向滑动轴承及轴颈设计尺寸。轴颈的工作转速为 960 r/min,轴承包角为 180°,采用 L-AN22 全损耗润滑油,工作时润滑油的有效温度为 80℃。试求此径向滑动轴承在最小和最大相对间隙时的承载力大小及最小油膜厚度。

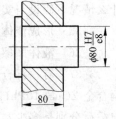

题 3-46 图

3-47 设计下表中所列出的机械装置中所采用的流体动压滑动

轴承,包括轴颈最终直径、轴承宽度、轴承直径间隙、最小油膜厚度、轴颈和轴承内表面的表面粗糙度、选用的润滑油牌号、轴承工作的最高温度、摩擦系数、摩擦力矩的大小及摩擦功耗。

序号	径向载荷/N	轴颈的最小直径/mm	轴颈的转速/(m/s)	用途
1	18 000	100	600	链传动的支承轴承
2	2200	25	2000	机床
3	5700	65	1700	打印机

机械系统连接零部件的设计

机械是由一系列零部件组成的,通过一定的形式把它们连接起来,实现预定的功能。机械连接通常分为机械静连接和机械动连接,其中,把两个以上的零件连接起来使之不能产生相对运动的机械连接称为机械静连接,简称连接。机械静连接又可分为可拆连接和不可拆连接两类。当拆开被连接零件时,连接件和被连接件都不被破坏,则称为可拆连接,如螺纹连接、键连接和联轴器等。在拆卸过程中,如果连接件或被连接件中的任意一件必须被破坏,则称为不可拆连接,如铆钉连接、焊接等。过盈连接介于可拆连接和不可拆连接之间。

4.1 螺纹连接

螺纹连接是利用螺纹连接件组成的连接,其结构简单,拆卸方便,工作可靠。螺纹连接件(又称螺纹紧固件)是由专业化的工厂大批量生产的标准件,制造成本低,采购方便,故在机械连接中得到了广泛的应用。

4.1.1 螺纹连接的类型

根据被连接件的特点或连接的功能,螺纹连接可分为4种基本形式:螺栓连接、螺钉连接、双头螺柱连接和紧定螺钉连接。此外,常用的还有地脚螺栓、吊环螺钉和T形槽螺栓等连接形式。

1. 螺栓连接

螺栓连接分为普通螺栓连接和铰制孔用螺栓连接两种,因其结构和承受载荷的方式不同,强度计算方法也不同。

1) 普通螺栓连接

图4-1(a)所示为普通螺栓连接。其结构特点是:被连接件上有通孔,带六方头的螺栓穿过通孔,螺栓与孔壁之间有间隙。工作载荷只使螺栓受拉伸。其优点是结构较简单,加工和拆装方便,成本较低,而且不受被连接件材料限制,适于被连接件不太厚的应用场合。

4 机械系统连接零部件的设计

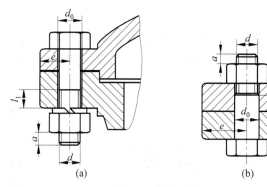

图 4-1 螺栓连接

(静载荷时 $l_1=(0.3\sim0.5)d$；变载荷时 $l_1\geqslant0.75d$；冲击或弯曲载荷时 $l_1\geqslant d$；
$e=d+(3\sim6)\mathrm{mm}$；$d_0\approx1.1d$；$a\approx(0.2\sim0.3)d$；铰制孔螺栓连接：$l_1\approx d$)
(a) 普通螺栓连接；(b) 铰制孔螺栓连接

2) 铰制孔用螺栓连接

图 4-1(b) 所示为铰制孔用螺栓连接。被连接件上有铰制孔，螺栓的无螺纹圆柱面与铰制孔多采用基孔制过渡配合（H7/m6）。这种连接能精确固定被连接件的相对位置，并能承受横向载荷，但孔的加工精度要求较高。

2. 螺钉连接

螺钉连接的结构如图 4-2 所示。它适用于有一个被连接件太厚，不易穿通的场合。在较厚的被连接件上有螺纹孔，另一件上是通孔，螺钉穿过通孔拧入螺纹孔。拆卸连接时必须将螺钉拧出，容易造成螺纹孔磨损，故螺钉连接不宜频繁拆卸。这种连接不用螺母，螺杆不外露，外观整齐。

3. 双头螺柱连接

图 4-3 所示为双头螺柱连接。拆开这种连接只需拧下螺母，不必自螺纹孔中拧出螺柱，从而保护了螺纹孔，故可频繁拆卸。螺柱的安装方法通常是在螺柱的应装螺母的螺纹段拧上两个螺母并相互挤紧，再以螺母作为"钉头"将螺柱拧入被连接件的螺纹孔。此后，完成其他安装步骤。

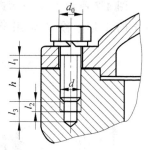

图 4-2 螺钉连接
(拧入深度 h，当螺纹孔件材料为钢或青铜时 $h\approx d$；铸铁时 $h\approx(1.25\sim1.5)d$；铝合金时 $h\approx(1.5\sim2.5)d$)

4. 紧定螺钉连接

图 4-4 所示为紧定螺钉连接。其作用是固定两个零件的相对位置。紧定螺钉拧入有螺纹孔的被连接件，用钉的前端抵住或顶入另一被连接件。紧定螺钉的前端可以是平端、锥端或圆柱端，并需淬火处理，使之不易塑性变形。若在被抵住的连接件上加工出凹坑，则连接更为可靠。

5. 地脚螺钉连接

地脚螺钉连接如图 4-5 所示。其作用是将设备固定在地基上。地脚螺钉的螺纹要符合标准,另一端的结构可根据需要自行设计,但需与地基结合牢固,具有足够的强度。

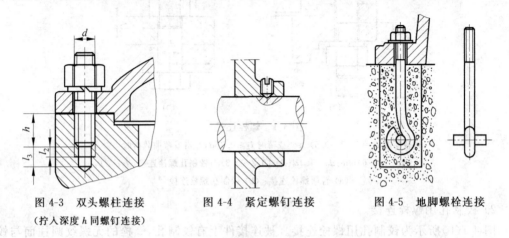

图 4-3　双头螺柱连接
(拧入深度 h 同螺钉连接)

图 4-4　紧定螺钉连接

图 4-5　地脚螺栓连接

6. 吊环螺钉连接

吊环螺钉的结构如图 4-6(a)所示,主要用于起吊零、部件。螺纹孔需按要求加工,螺钉的尺寸按零、部件的重量和螺钉安装及受力条件(图 4-6(b),(c))确定,详见相关设计手册。

7. T 形槽螺栓连接

图 4-7 所示为 T 形槽螺栓连接的结构。松开螺母,被连接件之一可与螺栓一起沿另一件上的 T 形槽移位,常用于机床工作台、试验装置或检验、测试装置的平台。

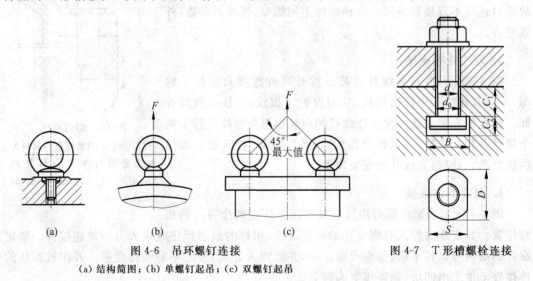

图 4-6　吊环螺钉连接
(a)结构简图;(b)单螺钉起吊;(c)双螺钉起吊

图 4-7　T 形槽螺栓连接

表 4-1 列出了标准螺纹连接件的图例、结构特点及适用条件。具体的尺寸、标准参见《机械工程手册》或《机械设计手册》。

表 4-1 常用标准螺纹连接件的图例、结构特点及应用

名称	图例	结构特点及应用
六角头螺栓	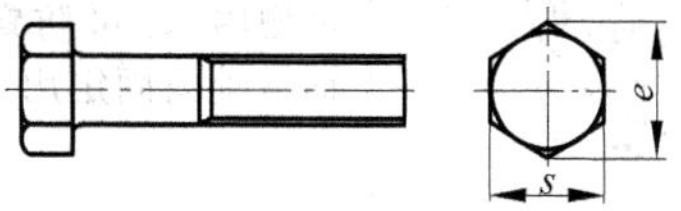	螺纹精度分 A、B、C 3 级，通常多用 C 级。杆部可以是全螺纹或一段螺纹
螺柱	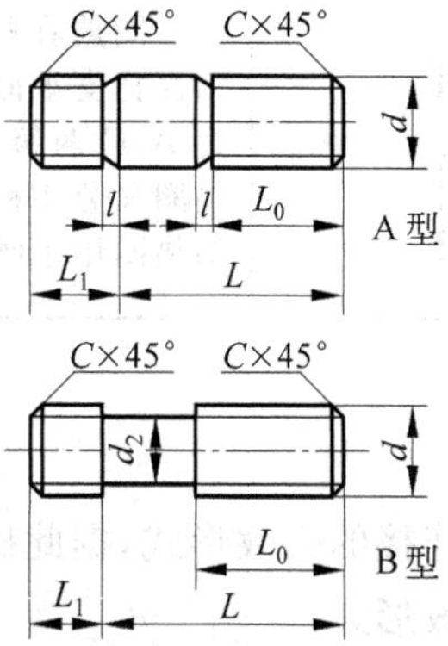 A 型、B 型	两端均有螺纹，两端螺纹可相同或不同。有 A 型、B 型两种结构。一端拧入厚度大不便穿透的被连接件，另一端用螺母
螺钉	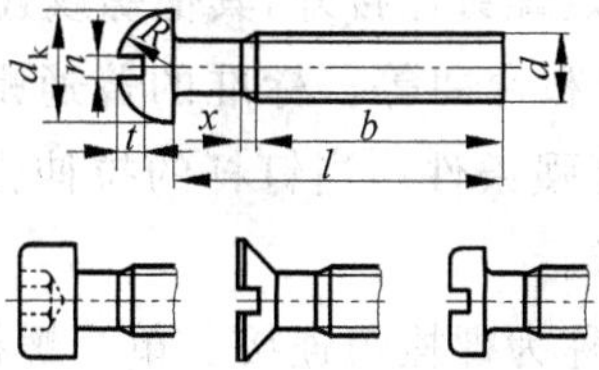	头部形状有圆头、扁圆头、内六角头、圆柱头和沉头等。起子槽有一字槽、十字槽、内六角孔等。十字槽强度高，便于用机动工具。内六角用于要求结构紧凑的地方
紧定螺钉	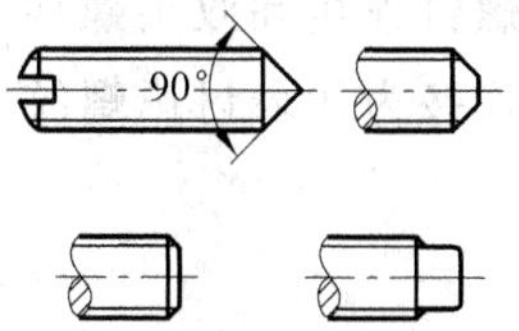	紧定螺钉末端形状常用的有锥端、平端和圆柱端。锥端用于被紧定件硬度低，不常拆卸的场合。平端常用于紧定硬度较高的平面或经常拆卸的场合。柱端压入轴上的凹坑中，适用于紧定空心轴上的零件
六角螺母	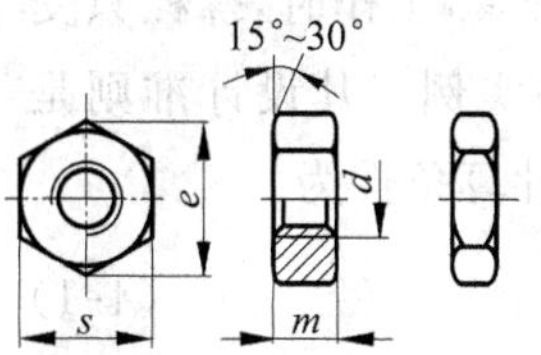	按厚度分为标准的和薄的两种。螺母的制造精度与螺栓对应，分 A、B、C 3 级，分别与同级别的螺栓配用

续表

名 称	图 例	结构特点及应用
圆螺母		圆螺母常与止动垫圈配用。装配时,垫圈内舌嵌入轴槽内,外舌嵌入螺母槽内,即可防螺母松脱。常作滚动轴承轴向固定用
垫圈		垫圈放在螺母与被连接件之间,用以保护支承面。平垫圈按加工精度分为 A,C 两级。用于同一螺纹直径的垫圈又分 4 种,特大的用于铁木结构。斜垫圈用于倾斜的支承面

4.1.2 单个螺栓连接的强度计算

为了正确地设计螺纹连接,必须分析螺纹连接的失效形式,据此确定其设计准则。不同的连接结构、受力和工作条件决定了不同的失效形式。

通常,在螺纹连接中,除铰制孔螺栓和紧定螺钉连接外,其他螺纹连接在工作时,螺杆均受拉伸,钉头及螺纹的不同部位受挤压、剪切和弯曲等。标准的普通螺纹连接件的螺纹尺寸、钉杆和钉头尺寸以及螺母高度等都符合等强条件。当钉杆的拉伸强度符合 $\sigma \leqslant [\sigma]$ 设计准则时,其他部位的强度则相应地也符合要求。

在工程实际中,螺栓连接多为成组使用,称为螺栓组连接。单个螺栓连接的强度计算是螺栓组连接设计计算的基础。普通螺栓连接、螺钉连接和双头螺柱连接的强度计算方法基本相同,故本节以螺栓连接为代表讨论螺纹连接的强度计算问题。

1. 松螺栓连接

承受工作载荷之前,螺栓不受力,螺母不拧紧,工作时,螺栓只受工作载荷,为松螺栓连接。图 4-8 所示为吊钩实例。其设计准则是在工作载荷 F 的作用下,螺栓不被拉断,强度计算条件为

$$\sigma = \frac{F}{\frac{\pi}{4}d_1^2} \leqslant [\sigma] \tag{4-1}$$

式中,F 为工作载荷,N;d_1 为螺纹小径,mm;$[\sigma]$ 为螺栓材料的许用拉应力,MPa,参见表 4-6。

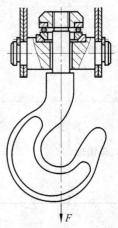

图 4-8 松螺栓连接

设计公式为

$$d_1 \geqslant \sqrt{\frac{4F}{\pi[\sigma]}} \tag{4-2}$$

根据式(4-2)求得 d_1 后,按国家标准查出螺纹大径并确定其他相关尺寸。

2. 受横向工作载荷的受拉螺栓连接

如图 4-9 所示,连接靠被连接件接合面间的摩擦力承受横向工作载荷 F。接合面间不打滑是其设计准则。因此,预紧力 F_p 应满足

$$F_p \geqslant \frac{K_n F}{\mu_c m} \tag{4-3}$$

式中,μ_c 为接合面间的摩擦系数,见表 4-2;m 为接合面数目;K_n 为可靠性系数,按载荷是否平稳及工作要求确定,一般取 1.1~1.5。

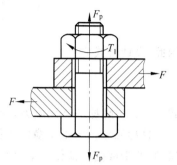

图 4-9 受横向工作载荷的受拉螺栓连接

表 4-2 连接接合面间的摩擦系数 μ_c

被连接件材料	接合面的表面状况	摩擦系数 μ_c
钢或铸铁零件	干燥的加工表面 有油的加工表面	0.10~0.16 0.06~0.10
钢结构	喷砂处理的表面 涂富锌漆的表面 轧制、清理浮锈的表面	0.45~0.55 0.35~0.40 0.30~0.35
铸铁对木材、砖或混凝土	干燥表面	0.40~0.50

这种螺栓连接除受预紧力 F_p 产生的拉力外,还受有拧紧时产生的螺纹摩擦力矩 T_1,从而使螺栓处于拉伸和扭转的复合应力状态下。因此,对这种螺栓连接进行强度计算时,应综合考虑拉应力和扭转切应力的作用。

螺栓危险截面的拉应力为

$$\sigma = \frac{F_p}{\frac{\pi}{4}d_1^2}$$

螺栓危险截面的扭转切应力为

$$\tau = \frac{F_p \tan(\psi+\rho_v)\frac{d_2}{2}}{\frac{\pi}{16}d_1^3} = \tan(\psi+\rho_v)\frac{2d_2}{d_1}\frac{F_p}{\frac{\pi}{4}d_1^2}$$

式中,ψ 为螺纹升角;ρ_v 为螺纹当量摩擦角;d_2 为螺纹中径。

对于 M10~M64 钢制普通螺纹螺栓,可以近似取 $\psi=2°30'$,$\rho_v=10°30'$,$d_2/d_1=1.04$~

1.08,则由上式可以得出 $\tau \approx 0.5\sigma$,根据塑性材料的第四强度理论有

$$\sigma_v = \sqrt{\sigma^2 + 3\tau^2} = \sqrt{\sigma^2 + 3(0.5\tau)^2} \approx 1.3\sigma \qquad (4-4)$$

$$\sigma = \frac{1.3F_p}{\frac{\pi}{4}d_1^2} \leqslant [\sigma] \qquad (4-5)$$

因此,设计公式为

$$d_1 \geqslant \sqrt{\frac{4 \times 1.3F_p}{\pi[\sigma]}} \qquad (4-6)$$

式中,$[\sigma]$ 为螺栓的许用应力,参见表 4-6。

这种靠摩擦力抵抗横向工作载荷的受拉螺栓连接,要求螺栓保持较大的预紧力,否则在振动、冲击或变载荷作用下,由于摩擦系数的变动将使连接的可靠性下降,有可能出现松脱。

3. 受轴向工作载荷的受拉螺栓连接

这是一种比较常见的受拉螺栓连接形式,工作时的受力状况比较复杂,需要分析螺栓连接的受力与变形的关系,求出螺栓总拉力的大小。

图 4-10 所示为单个螺栓连接在承受轴向工作载荷前后的受力与变形情况。

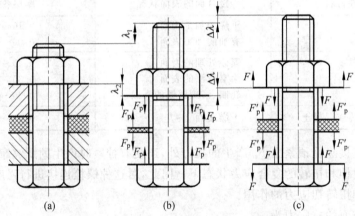

图 4-10 受轴向工作载荷的受拉螺栓连接
(a) 开始拧紧;(b) 拧紧后;(c) 受工作载荷时

图 4-10(a)表示螺母刚好拧到与被连接件相接触,但尚未拧紧。此时螺栓和被连接件均不受力,因此也不发生变形。

图 4-10(b)表示螺母已拧紧,但尚未承受工作载荷。此时螺栓受预紧力 F_p 的拉伸作用,其伸长量为 λ_1。相反,被连接件在预紧力 F_p 的作用下,其压缩量为 λ_2。

图 4-10(c)是承受工作载荷 F 后的情况。若螺栓和被连接件是在弹性变形范围内,则两者的受力和变形关系符合胡克定律。当螺栓承受工作载荷 F 后,其伸长量增加 $\Delta\lambda$,总伸长量为 $\lambda_1 + \Delta\lambda$。根据连接的变形协调条件,则被连接件将会放松,其压缩变形的减小量应

等于螺栓拉伸变形的增加量 $\Delta\lambda$。因此总压缩量为 $\lambda_2-\Delta\lambda$。被连接件的压缩力由 F_p 减至 F'_p,F'_p 称为残余预紧力。

图 4-11 所示为螺栓和被连接件的受力和变形关系图。由图中可得:

螺栓的刚度 $$c_1=\tan\theta_1=\frac{F_p}{\lambda_1}$$

被连接件的刚度 $$c_2=\tan\theta_2=\frac{F_p}{\lambda_2}$$

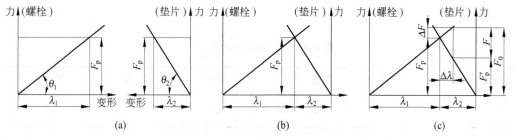

图 4-11 螺栓和被连接件的受力和变形关系

在连接尚未承受工作载荷 F 时,螺栓和被连接件的受力均为预紧力 F_p(见图 4-11(a),(b));当连接承受工作载荷 F 时,螺栓的总拉力为 F_0,相应的总伸长量为 $\lambda_1+\Delta\lambda$,被连接件的压缩力等于残余预紧力 F'_p,相应的总压缩量为 $\lambda_2-\Delta\lambda$(见图 4-11(c))。由图中可以得出

$$F_0=F'_p+F \tag{4-7}$$

螺栓的总拉力 F_0、预紧力 F_p 以及残余预紧力 F'_p 之间的关系可由图 4-11(c)中的几何关系导出:

$$F_p=F'_p+(F-\Delta F) \tag{4-8}$$

$$\frac{\Delta F}{F-\Delta F}=\frac{\Delta\lambda\tan\theta_1}{\Delta\lambda\tan\theta_2}=\frac{c_1}{c_2} \tag{4-9}$$

$$\Delta F=\frac{c_1}{c_1+c_2}F \tag{4-10}$$

将式(4-10)代入式(4-8),得螺栓的预紧力为

$$F_p=F'_p+\left(1-\frac{c_1}{c_1+c_2}\right)F=F'_p+\frac{c_2}{c_1+c_2}F \tag{4-11}$$

螺栓的总拉力为

$$F_0=F_p+\Delta F=F_p+\frac{c_1}{c_1+c_2}F \tag{4-12}$$

式(4-7)和式(4-12)是螺栓总拉力的两种表达形式,计算时可根据设计要求、工作条件和已知参数等选用。

不同的应用场合,被连接件接合面间残余预紧力 F'_p 的推荐值见表 4-3。

表 4-3 残余预紧力 F_p' 的推荐值

工作情况	有紧密性要求	冲击载荷	不稳定载荷	稳定载荷	地脚螺栓
残余预紧力 F_p'	$(1.5\sim1.8)F$	$(1.0\sim1.5)F$	$(0.6\sim1.0)F$	$(0.2\sim0.6)F$	$\geqslant F$

式(4-12)中的 $\dfrac{c_1}{c_1+c_2}$ 称为螺栓的相对刚度,其大小与螺栓和被连接件的结构尺寸、材料以及垫片、工作载荷的位置等因素有关,可通过计算或试验确定。表 4-4 中的推荐数据可供设计时参考。

表 4-4 螺栓的相对刚度 $\dfrac{c_1}{c_1+c_2}$

被连接钢板间所用垫片材料	金属或无垫片	皮革	铜皮石棉	橡胶
$\dfrac{c_1}{c_1+c_2}$	$0.2\sim0.3$	0.7	0.8	0.9

在求得螺栓的总拉力 F_0 后,即可进行螺栓的强度计算。考虑到螺栓连接在总拉力的作用下可能需要补充拧紧,需计入扭转切应力的影响。按式(4-4)和式(4-5)得

$$\sigma = \frac{1.3F_0}{\frac{\pi}{4}d_1^2} \leqslant [\sigma] \tag{4-13}$$

设计公式为

$$d_1 \geqslant \sqrt{\frac{4\times 1.3F_0}{\pi[\sigma]}} \tag{4-14}$$

若螺栓连接承受变载荷,工作载荷在 F_1 和 F_2 之间变化,则螺栓的总拉力在 F_{01} 和 F_{02} 之间变化,如图 4-12 所示。

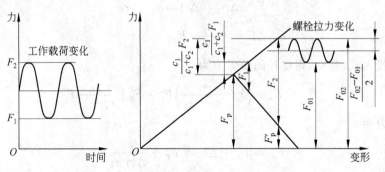

图 4-12 工作载荷变化时螺栓拉力的变化

在危险截面上,螺栓受的最大拉应力 $\sigma_{\max}=\dfrac{F_{02}}{\pi d_1^2/4}$,最小拉应力 $\sigma_{\min}=\dfrac{F_{01}}{\pi d_1^2/4}$。承受变载荷的螺栓连接多为疲劳失效,而影响疲劳强度的主要因素是应力幅,故螺栓的疲劳强度条件为

$$\sigma_a = \frac{\sigma_{max} - \sigma_{min}}{2} = \frac{(F_{02} - F_{01})/2}{\pi d_1^2/4} \leqslant [\sigma_a] \qquad (4\text{-}15)$$

将式(4-12)代入式(4-15)得

$$\sigma_a = \frac{c_1}{c_1+c_2} \frac{(F_2-F_1)/2}{\pi d_1^2/4} = \frac{c_1}{c_1+c_2} \frac{2(F_2-F_1)}{\pi d_1^2} \leqslant [\sigma_a] \qquad (4\text{-}16)$$

式中,$[\sigma_a]$为螺栓的许用应力幅,MPa,见表 4-6。

设计受变载荷的螺栓连接时,一般可先按静载荷强度计算公式(4-14)初定螺栓直径,然后校核疲劳强度。

4. 铰制孔螺栓(受剪螺栓)连接

铰制孔螺栓依靠螺栓杆的抗剪强度以及螺栓杆与孔壁间的抗挤压强度来工作(图 4-13),因此,其主要失效形式为螺栓杆被剪断和螺栓杆与孔壁的接触面被压溃。这种连接的预紧力和螺纹表面的摩擦力矩一般较小,计算时常忽略不计。

剪切强度

$$\tau = \frac{F}{m\frac{\pi}{4}d_0^2} \leqslant [\tau] \qquad (4\text{-}17)$$

设计公式为

$$d_0 \geqslant \sqrt{\frac{4F}{\pi m[\tau]}} \qquad (4\text{-}18)$$

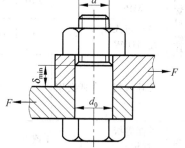

图 4-13 铰制孔螺栓连接

挤压强度

$$\sigma = \frac{F}{d_0 \delta_{min}} \leqslant [\sigma_p] \qquad (4\text{-}19)$$

式中,F 为单个螺栓的工作剪应力,N;d_0 为铰孔直径,mm;m 为螺栓的抗剪工作面数目;δ_{min} 为螺栓杆与孔壁的最小接触长度,mm,一般 $\delta_{min} \geqslant 1.25 d_0$;$[\tau]$ 为螺栓的许用切应力,MPa,见表 4-7;$[\sigma_p]$ 为螺栓或孔壁的许用挤压应力,MPa,见表 4-7。

铰制孔螺栓的强度计算,一般由式(4-18)求得螺栓杆直径 d_0,依此值根据设计标准确定标准的 d_0 和公称直径 d,再按式(4-19)进行挤压强度校核。

4.1.3 螺纹连接件的材料与许用应力

1. 螺纹连接件的材料

螺纹连接件(螺钉、螺母、垫圈、锁紧件等)所用的材料要具有足够的强度和可靠性。同时,由于螺纹连接件的形状复杂,易引起较大的应力集中,因此要求螺钉、螺母等材料有较大的塑性和韧性,对应力集中不敏感。螺钉、螺母是大批量生产的零件,必须容易切削或滚压,以便于生产。

常用螺钉、螺母材料有 Q215,Q235,35 钢和 45 钢,对于重要或特殊用途的螺纹连接件,可选用 15Cr、20Cr、40Cr、15MnVB 和 30CrMnSi 等力学性能较好的合金钢。

表 4-5 为国家标准规定的螺栓、螺钉、螺柱和螺母的力学性能等级。其中,螺栓、螺钉和螺母的性能等级用一个带点的数字表示,如 6.8。点前面的数字表示公称抗拉强度 σ_b 的 1/100,点后面的数字表示公称屈服强度的 1/10。螺母的性能等级代号由可与该螺母相配的最高性能等级的螺栓公称抗拉强度的 1/100 表示。

表 4-5 螺栓、螺钉、螺柱和螺母的力学性能等级
(根据 GB/T 3098.1—2000 和 GB/T 3098.2—2000)

	性能等级 (标记)	3.6	4.6	4.8	5.6	5.8	6.8	8.8	9.8	10.9	12.9
螺栓、螺钉、螺柱	抗拉强度极限 σ_b/MPa	300	400		500		600	800	900	1000	1200
	屈服极限 σ_s/MPa	180	240	320	300	400	480	640	720	900	1080
	最小布氏硬度/HBW	90	114	124	147	152	181	238	276	304	366
	推荐材料	低碳钢	低碳钢或中碳钢					低碳合金钢、中碳钢,淬火并回火		中碳钢,低、中碳合金钢、合金钢,淬火并回火	合金钢,淬火并回火
相配合螺母	性能等级 (标记)	4 或 5			5		6	8 或 9	9	10	12
	推荐材料	易切削钢,低碳钢					低碳钢或中碳钢	中碳钢		中碳钢,低、中碳合金钢,淬火并回火	

注:9.8 级仅适于螺纹大径 $d \leqslant 16$ mm 的螺钉、螺栓和螺柱;8.8 级及更高性能级别的屈服极限为 $\sigma_{0.2}$。

2. 螺纹连接件的许用应力

螺纹连接件的许用应力与材料及热处理工艺、结构尺寸、载荷性质、工作温度、加工装配质量和使用条件等诸多因素有关,选用时需要综合考虑上述因素。一般设计时可参阅表 4-6 和表 4-7。

表 4-6 受拉螺栓连接的许用应力及安全系数

螺栓所受载荷情况	许用应力	不控制预紧力时的安全系数 S				控制预紧力时的安全系数 S
		材料\直径	M6~M16	M16~M30	M30~M60	不分直径
静载	$[\sigma] = \dfrac{\sigma_s}{S}$	碳钢	5~4	4~2.5	2.5~2	1.2~1.5
		合金钢	5.7~5	5~3.4	3.4~3	

续表

螺栓所受载荷情况	许用应力	不控制预紧力时的安全系数 S			控制预紧力时的安全系数 S
变载	按最大应力 $[\sigma]=\dfrac{\sigma_s}{S}$	碳钢	12.5~8.5	8.5	8.5~12.5	1.2~1.5
		合金钢	10~6.8	6.8	6.8~10	
	按循环应力幅 $[\sigma_a]=\dfrac{\varepsilon\sigma_{-1}}{S_a k_\sigma}$	$S_a=2.5\sim5$			$S_a=1.5\sim2.5$

注:σ_{-1} 为材料在拉(压)对称循环下的疲劳极限,MPa;ε 为尺寸系数;k_σ 为有效应力集中系数。

表 4-7 受剪螺栓连接的许用应力及安全系数

所用材料		剪 切		挤 压	
		许用应力$[\tau]$	安全系数 S	许用应力$[\sigma_p]$	安全系数 S
静载	钢	$[\tau]=\dfrac{\sigma_s}{S}$	2.5	$[\sigma_p]=\dfrac{\sigma_s}{S}$	1.25
	铸铁	—		$[\sigma_p]=\dfrac{\sigma_b}{S}$	2~2.5
变载	钢	$[\tau]=\dfrac{\sigma_s}{S}$	3.5~5	按静载荷降低 20%~30%	
	铸铁	—			
混凝土$[\sigma_p]$/MPa		1~2			
木材$[\sigma_p]$/MPa		2~4			

4.1.4 螺栓组连接的受力分析与计算

螺栓组连接受力分析的目的是,找出受力最大的螺栓,求出其所受力的大小和方向,再按单个螺栓进行强度计算,最后确定螺栓尺寸。

在对螺栓组连接进行受力分析时,一般假设:①全组螺栓的尺寸规格和所施加的预紧力均相同;②被连接件为刚体,受载前后接合面保持平面;③螺栓的变形在弹性范围内。

1. 承受横向载荷的螺栓组连接

图 4-14 所示为承受横向载荷的螺栓组连接,载荷 F_Σ 与螺栓轴线垂直,并通过螺栓组的对称中心。螺栓组可采用普通螺栓连接(图 4-14(a))或铰制孔螺栓连接(图 4-14(b))。

1) 普通螺栓连接

根据被连接件接合面间不打滑的条件,可以求得每个螺栓上应施加的预紧力为

$$zF_p\mu_c m \geqslant K_n F_\Sigma \tag{4-20}$$

$$F_p \geqslant \frac{K_n F_\Sigma}{z\mu_c m} \tag{4-21}$$

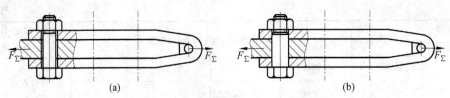

图 4-14 承受横向载荷的螺栓组连接

(a) 普通螺栓连接;(b) 铰制孔螺栓连接

式中,z 为螺栓的数目。

求得预紧力 F_p 后,即可按式(4-5)进行强度计算。

2) 铰制孔螺栓连接

假设连接中每个螺栓所受的横向工作载荷 F 相同,则

$$F = \frac{F_\Sigma}{z} \tag{4-22}$$

已知工作剪力 F 后,可按式(4-17)和式(4-19)分别进行剪切强度和挤压强度计算。

2. 承受轴向工作载荷的受拉螺栓组连接

图 4-15 所示为一承受轴向载荷 F_Σ 的汽缸盖螺栓组连接,F_Σ 的作用线与螺栓轴线平行,并通过螺栓组的对称中心。计算时可认为各螺栓受载均匀,则每个螺栓所受的工作载荷为

$$F = \frac{F_\Sigma}{z} \tag{4-23}$$

式中,F_Σ 为轴向载荷,N,$F_\Sigma = \frac{\pi}{4} D^2 p$;$D$ 为汽缸内径,mm;p 为气体压力,MPa。

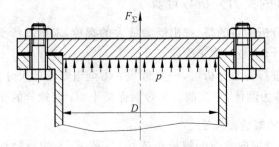

图 4-15 承受轴向工作载荷的受拉螺栓组连接

需要指出的是,每个螺栓除受工作载荷 F 外,还有预紧力 F_p 的作用,故应按式(4-7)计算螺栓总拉力 F_0,再按载荷性质选择相应的公式进行强度计算。

3. 承受扭转力矩的螺栓组连接

图 4-16 所示为承受扭转力矩的螺栓组连接,螺栓组有绕其几何中心转动的趋势。与承

受横向载荷的螺栓组连接相同,也分为普通螺栓连接和铰制孔螺栓连接。

1) 普通螺栓连接

如图 4-16(a)所示,设每个螺栓的预紧力相同,由预紧力产生的摩擦力 $\mu_c F_p$ 作用在每个螺栓的中心,方向垂直于螺栓中心与螺栓组几何中心 O 的连线,并与外力矩 T 的方向相反。底座受力平衡条件为

$$T = \mu_c F_p r_1 + \mu_c F_p r_2 + \cdots + \mu_c F_p r_n$$

计入可靠性系数 K_n,则每个螺栓的预紧力为

$$F_p = \frac{K_n T}{\mu_c (r_1 + r_2 + \cdots + r_n)} \tag{4-24}$$

式中,$r_1, r_2, \cdots, r_n$ 分别为各螺栓中心至螺栓组几何中心 O 的距离;μ_c 为接合面间的摩擦系数,见表 4-2。

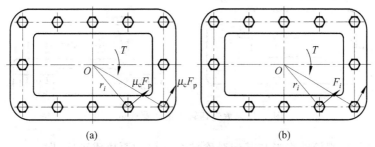

图 4-16 承受扭转力矩的螺栓组连接

(a) 普通螺栓连接;(b) 铰制孔螺栓连接

2) 铰制孔螺栓连接

如图 4-16(b)所示,在旋转力矩 T 的作用下,螺栓和孔壁直接承受横向载荷(工作剪力),假定被连接件底座为刚体,各螺栓所受的工作剪力 F_i 与其到螺栓组几何中心 O 的距离 r_i 成正比。即

$$\frac{F_1}{r_1} = \frac{F_2}{r_2} = \cdots = \frac{F_n}{r_n} = \frac{F_{max}}{r_{max}} \tag{4-25}$$

式中,$F_1, F_2, \cdots, F_n$ 分别为各螺栓工作剪力;$r_1, r_2, \cdots, r_n$ 分别为各螺栓中心至螺栓组几何中心 O 的距离。

根据被连接件底座的静力平衡条件得

$$T = F_1 r_1 + F_2 r_2 + \cdots + F_n r_n \tag{4-26}$$

将式(4-25)代入式(4-26),可得

$$T = \frac{F_{max}}{r_{max}} (r_1^2 + r_2^2 + \cdots + r_n^2)$$

则受力最大的螺栓工作剪力为

$$F_{max} = \frac{T r_{max}}{r_1^2 + r_2^2 + \cdots + r_n^2} \tag{4-27}$$

4. 承受翻转力矩的螺栓组连接

图 4-17 所示为承受翻转力矩 M 的螺栓组连接。为简化分析,假设机座为刚体,在翻转力矩 M 的作用下,被连接件接合面仍保持为平面,并且有绕对称轴 $O\!-\!O$ 反转的趋势。在螺栓组中每个螺栓的预紧力为 F_p,M 作用后,$O\!-\!O$ 左侧各螺栓所受的轴向力加大,接合面间的压力减小,右侧各螺栓的预紧力减小,接合面间的压力增大。由机座静力平衡条件可得

$$M = F_1 l_1 + F_2 l_2 + \cdots + F_n l_n \tag{4-28}$$

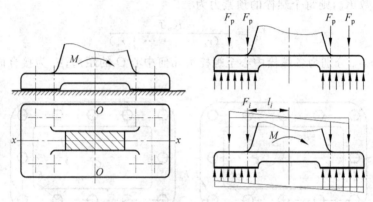

图 4-17 承受翻转力矩的螺栓组连接

螺栓受载后,各螺栓的变形与其到对称轴 $O\!-\!O$ 的距离成正比,即

$$\frac{F_1}{l_1} = \frac{F_2}{l_2} = \cdots = \frac{F_n}{l_n} = \frac{F_{\max}}{l_{\max}} \tag{4-29}$$

将式(4-28)代入式(4-29)得

$$F_{\max} = \frac{M l_{\max}}{l_1^2 + l_2^2 + \cdots + l_n^2} \tag{4-30}$$

式中,$l_1, l_2, \cdots, l_n$ 分别为各螺栓中心至对称轴 $O\!-\!O$ 之间的距离;$l_{\max}, F_{\max}$ 分别为至对称轴 $O\!-\!O$ 最远螺栓的距离和所受的工作载荷。

在计算承受翻转力矩螺栓组的强度时,应首先根据最大工作载荷 $F_{\max}$ 由式(4-7)或式(4-12)计算螺栓的总拉力 F_0,然后按式(4-13)进行强度计算。

承受翻转力矩的螺栓组连接,一方面要求螺栓有足够的强度,同时还应防止连接接合面压应力消失(左侧)而出现缝隙以及压应力过大(右侧)而被压溃,即受拉侧(左侧)应满足

$$\sigma_{\min} = \frac{zF_p}{A} - \frac{M}{W} > 0 \tag{4-31}$$

受压侧(右侧)应满足

$$\sigma_{\max} = \frac{zF_p}{A} + \frac{M}{W} \leqslant [\sigma_p] \tag{4-32}$$

式中,A 为接合面间的接触面积,mm^2;W 为接合面的抗弯截面系数,mm^3;$[\sigma_p]$ 为接合面材料的许用挤压应力,MPa,见表 4-8。

4 机械系统连接零部件的设计

表 4-8 接合面材料的许用挤压应力 $[\sigma_p]$ MPa

接合面材料	砖（白灰砂浆）	砖（水泥砂浆）	混凝土（200#～300#）	木材	铸铁	钢
$[\sigma_p]$	0.8～1.2	1.5～2	2～3	2～4	$(0.4～0.5)\sigma_b$	$0.8\sigma_s$

在工程实际中，作用于螺栓组的载荷往往是几种载荷状况的组合，对于各种组合载荷均可按单一载荷状况求得每个螺栓连接的受力，再按力的叠加原理得到螺栓的实际受力。在图 4-18 所示的螺栓组连接中，工作时承受外载荷 F，将其分解可以求得螺栓组的受力，即横向载荷 F_x、轴向载荷 F_z 和翻转力矩 M 3 种基本承载形式。

显然，$F_x = F\cos\alpha$，$F_z = F\sin\alpha$，$M = FH\cos\alpha$。

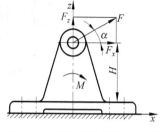

图 4-18 螺栓组连接受力分析

4.1.5 提高螺纹连接强度的措施

以螺栓连接为例，螺栓连接的强度主要取决于螺栓自身的强度。影响螺栓强度的因素很多，除了螺栓的材料、尺寸参数、制造和装配工艺外，还有螺纹牙间的载荷分配、应力幅度、应力集中和附加应力等。

1. 改善螺纹牙间的载荷分配不均现象

由于螺栓和螺母的刚度和变形性质不同，当螺纹连接受载后，各圈螺纹牙上的受力也是不均匀的。此时，螺栓受拉伸，其螺纹的螺距增大；而螺母受压缩，其螺纹的螺距减小（见图 4-19）。这种螺距变化差主要依靠各圈旋合螺纹牙的变形来补偿。显然，在螺母支承面处的第一圈螺纹变形最大，其受力也最大，以后各圈逐一递减。旋合螺纹间的载荷分布如图 4-20 所示。试验证明：有 10 圈螺纹的螺母，约有 34% 的载荷集中作用在第 1 圈，第 8 圈以后的螺纹牙几乎不承受载荷。因此，采用加厚螺母以增加旋合圈数的方法，并不能提高螺纹连接的强度。

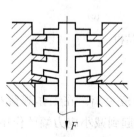

图 4-19 旋合螺纹的变形示意图

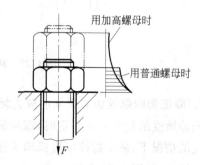

图 4-20 旋合螺纹间的载荷分布

为了改善螺纹牙间的载荷分配不均现象,常采用如下方法改进螺母的结构:

(1) 悬置螺母。如图4-21(a)所示,螺杆与悬置螺母同时受拉力,使两者变形协调,旋合螺纹牙间的载荷分布趋于均匀。自行车辐条上的螺母即为悬置螺母。

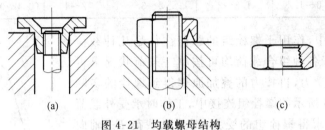

图4-21 均载螺母结构
(a) 悬置螺母;(b) 环槽螺母;(c) 内斜螺母

(2) 环槽螺母。如图4-21(b)所示,环槽螺母和螺栓在支承面处的变形性质相同(均为受拉),从而改善了旋合螺纹牙的受载状况。

(3) 内斜螺母。如图4-21(c)所示,螺母旋入端有$10°\sim15°$的内斜角,使原受力较大的几圈螺纹牙受力点外移,由于刚性减小易于变形,因而螺纹旋合段载荷分布趋于均匀。

2. 减小应力集中的影响

螺栓的形状比较复杂,在螺纹牙根部、螺纹收尾处、螺栓杆截面变化处以及螺栓杆与螺栓头的过渡处等都会产生应力集中。加大螺纹根部圆角半径、加大螺栓头过渡部分圆角(图4-22(a))、切制卸载槽(图4-22(b))、采用卸载过渡圆弧(图4-22(c))、在螺纹收尾处用退刀槽等,都可以减小应力集中的影响。但应注意,螺纹连接件是标准件,牙型和各部分尺寸、圆角等均已标准化,采用一些特殊结构会增加制造成本,一般只在重要连接时予以考虑。

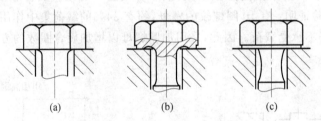

图4-22 减小螺栓应力集中的结构

3. 降低影响螺栓疲劳强度的应力幅

螺栓所受的最大应力一定时,螺栓的疲劳强度取决于应力幅。在工作载荷和残余预紧力不变的情况下,减小螺栓刚度或增大被连接件刚度都能起到减小应力幅的作用,但预紧力需相应增大,如图4-23所示。

减小螺栓刚度的措施有:适当增大螺栓的长度;部分减小螺杆直径(图4-24(a))或将螺

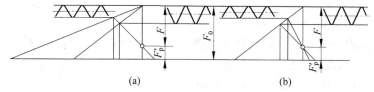

图 4-23 降低螺栓应力幅的受力示意图
(a) 减小螺栓刚度；(b) 增加被连接件刚度

杆做成中空的结构——柔性螺栓(图 4-24(b))。柔性螺栓受力时变形量大，吸收能量作用强，也适于承受冲击和振动载荷。此外，在螺母下面安装弹性元件(图 4-25)，也能起到柔性螺栓的效果。

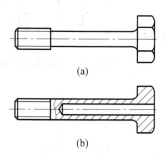

图 4-24 减小螺栓刚度措施图

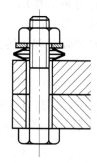

图 4-25 螺母下面装弹性元件

为了增大被连接件的刚度，通常不宜采用刚度小的垫片。图 4-26 所示的紧密连接，应以采用密封环为佳。

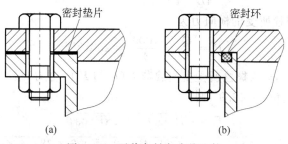

图 4-26 两种密封方式的比较
(a) 采用密封垫片；(b) 采用密封环

此外，在设计、制造和装配过程中应尽量避免螺纹连接产生附加弯曲应力，以免造成螺栓强度的严重降低。关于在结构上应注意的问题，将在第 7 章中讨论。

例 4-1 如图 4-27 所示，电机轴上安装一 V 带轮，压轴力 $Q=1000$ N，为水平方向。用 4 个普通螺栓 a,b,c,d 将电机固定在钢架上。螺栓强度级别为 4.6，电机底面与钢架间的摩擦系数 $\mu_c=0.15$，各部分尺寸如图所示。试设计此螺栓连接。

解:

1. 螺栓组受力分析、失效分析

将载荷 Q 向螺栓组几何中心简化，可得螺栓组受横向载荷 Q、扭转力矩 T 和翻转力矩 M，扭转力矩 T 为

$$T = Q \times 190 = 1000 \times 190 = 1.9 \times 10^5 (\text{N} \cdot \text{mm})$$

翻转力矩 M 为

$$M = Q \times 112 = 1000 \times 112 = 1.12 \times 10^5 (\text{N} \cdot \text{mm})$$

根据载荷的情况，此螺栓组可能产生以下失效：

（1）在预紧力和翻转力矩的作用下，电机右侧螺栓受力最大，螺栓可能被拉断；

（2）在翻转力矩的作用下，电机右侧底面可能分离，左侧底面或钢架可能被压溃；

（3）在横向载荷 Q 和扭转力矩 T 的作用下，电机底面可能产生滑移。

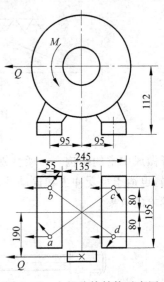

图 4-27 电机连接结构示意图

2. 螺栓组工作能力计算

1) 确定螺栓所受的总横向载荷 F

扭转力矩 T 使每个螺栓承受的横向力为

$$R = \frac{T}{4L}$$

式中，L 为 a,b,c,d 至 O 点的距离。

因为

$$L = \sqrt{80^2 + 95^2} = 124.2 (\text{mm})$$

所以

$$R = \frac{T}{4L} = \frac{1.9 \times 10^5}{4 \times 124.2} = 382.4 (\text{N})$$

横向载荷 Q 使每个螺栓所受的横向力为

$$P = \frac{Q}{4} = \frac{1000}{4} = 250 (\text{N})$$

由图 4-28 可见，a,d 两螺栓所受横向载荷 F（R 与 P 的合力）最大，且从已知几何关系可计算出 R 与 P 的夹角 $\theta = 49.9°$，则

$$F = \sqrt{R^2 + P^2 + 2RP\cos\theta}$$
$$= \sqrt{382.4^2 + 250^2 + 2 \times 382.4 \times 250 \times \cos 49.9°}$$
$$= 576.1 (\text{N})$$

2) 确定螺栓的预紧力 F_p

为了保证电机底面不产生滑移，取 $K_n = 1.2$，则

$$F_p = \frac{K_n F}{\mu_c} = \frac{1.2 \times 576.1}{0.15} = 4608.8 (\text{N})$$

由接合面不分离的条件可得下式：

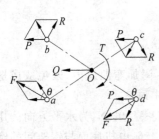

图 4-28 4 组螺栓受力示意图

$$\sigma_{\min} = \frac{zF_p}{A} - \frac{M}{W} > 0$$

由图 4-29 可得，接合面面积 $A = 2 \times 55 \times 195 = 21\,450(\text{mm})^2$，接合面抗弯截面系数 $W = \frac{195 \times 245^2(1-\beta^3)}{6}$，式中 $\beta = \frac{135}{245} = 0.55$。所以

$$W = \frac{195 \times 245^2(1 - 0.55^3)}{6} = 1\,626\,246.1(\text{mm}^3)$$

则

$$F_p \geqslant \frac{MA}{Wz} = \frac{1.12 \times 10^5}{1\,626\,246.1} \times \frac{21\,450}{4} = 369.3(\text{N})$$

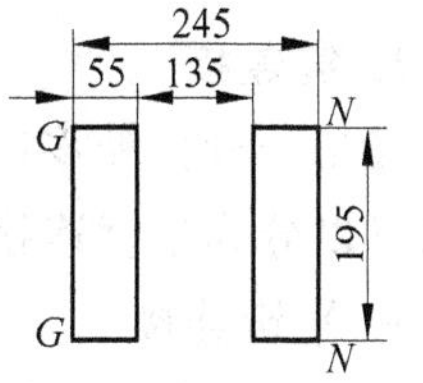

综合以上分析，取 $F_p = 4608.8\,\text{N}$ 可以保证电机底面不产生滑移，接合面不分离。

图 4-29 接合面结构示意图

3）确定螺栓直径

由式(4-30)，右侧螺栓承受的工作载荷为

$$F_{\max} = \frac{Ml_{\max}}{zl^2} = \frac{M}{zl} = \frac{1.12 \times 10^5}{4 \times 95} = 294.7(\text{N})$$

由表 4-4 查得，$\frac{c_1}{c_1+c_2} = 0.2$。由式(4-12)，螺栓总拉力为

$$F_0 = F_p + \frac{c_1}{c_1+c_2}F = 4608.8 + 0.2 \times 294.7 = 4667.7(\text{N})$$

由螺栓强度等级 4.6，查表 4-5 和表 4-6 并计算得（不控制预紧力）

$$[\sigma] = \frac{\sigma_s}{S} = \frac{240}{4} = 60(\text{MPa})$$

由式(4-14)，螺栓小径为

$$d_1 \geqslant \sqrt{\frac{4 \times 1.3 F_0}{\pi[\sigma]}} = \sqrt{\frac{4 \times 1.3 \times 4667.7}{\pi \times 60}} = 11.348(\text{mm})$$

查《机械设计手册》，选取 4 个 M16($d_1 = 13.835\,\text{mm}$)的螺栓。

3. 校核电机左侧底面是否被压溃

$$\sigma_{\max} = \frac{zF_p}{A} + \frac{M}{W} = \frac{4 \times 4608.8}{21\,450} + \frac{1.12 \times 10^5}{1\,626\,246.1} = 0.93(\text{MPa})$$

由表 4-8，电机底面为铸铁，$[\sigma_p] = 0.4\sigma_b = 0.4 \times 200 = 80(\text{MPa})$；
电机底面为钢架，$[\sigma_p] = 0.8\sigma_s = 0.8 \times 240 = 192(\text{MPa})$。
因为 $\sigma_{\max} < [\sigma_p]$，所以满足强度条件，电机左侧底面或钢架不会被压溃。

4.2 轴毂连接

轴毂连接是指轴与轴上传动零件如齿轮、蜗轮、带轮以及联轴器等零件之间的连接。连接的作用是传递运动和动力。常用的轴毂连接是键连接。此外，还有无键连接，即型面连接

和过盈配合连接。

4.2.1 轴毂连接的主要类型

1. 键连接

键是一种标准零件,其结构、尺寸和公差配合的选用都应符合国家标准。键连接按键的形状可以分为平键连接、半圆键连接、楔键连接、切向键连接和花键连接等类型。

1) 平键连接

图 4-30 所示为普通平键连接的结构。平键靠键与键槽侧面的挤压和键的剪切来传递转矩。在高度方向键和键槽有间隙,故不影响轴和轴上零件的对中。平键连接不能承受轴向力。

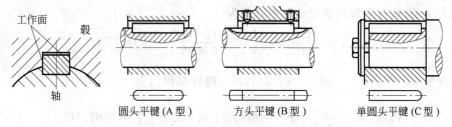

图 4-30 普通平键连接

普通平键按端部结构分为:圆头平键(A 型)、方头平键(B 型)和单圆头平键(C 型)3 种类型。圆头平键在键槽中轴向定位可靠;方头平键在键槽中的轴向定位不好,有时需用紧定螺钉进行固定;单圆头平键常用于轴端。普通平键连接的被连接件——轴和轮毂不能作轴向相对移动,称为静连接。

图 4-31(a)所示为导向平键连接。轴上零件可沿轴向移动。因长键加工困难,有时可采用图 4-31(b)所示的滑键连接。滑键随轴上零件在键槽中作轴向滑动。这两种平键连接被称为动连接。

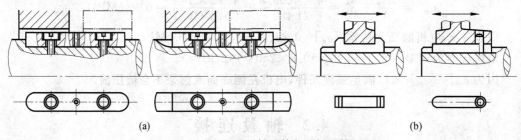

图 4-31 导向平键连接与滑键连接
(a) 导向平键连接;(b) 滑键连接

2)半圆键连接

图 4-32 所示为半圆键连接。半圆键与键槽配合较松,键在键槽中可绕其几何中心摆动,以适应轮毂槽底面的方向。半圆键连接因轴上键槽较深,对轴的强度削弱较大,一般用于传递转矩不大的锥形轴或轴端的轴毂连接。

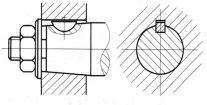

图 4-32 半圆键连接

3)楔键连接

图 4-33 所示为楔键连接。键的上、下表面为工作面,依靠工作面间的摩擦力传递转矩,同时还可以承受单向的轴向载荷。键的两个侧面与键槽不发生接触。键的上表面与轮毂键槽底面均有 1∶100 的斜度。楔键按形状可分为普通楔键和钩头楔键,普通楔键按其端部形状又可分为圆头楔键和方头楔键。装配时,圆头楔键要先放入轴上键槽中,然后打紧轮毂;方头和钩头楔键则在轮毂装好后才将键放入键槽打紧。钩头楔键的钩头用于拆卸,安装在轴端时,应注意加装防护罩。

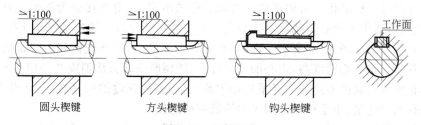

图 4-33 楔键连接

楔键连接由于楔紧作用使轴与轮毂的配合产生偏心和偏斜,因此主要用于低速、轻载、定心精度要求不高的场合。

4)切向键连接

图 4-34 所示为切向键连接。切向键由两个斜度为 1∶100 的楔键组成,工作面为两楔键拼合后的上下两平行平面,其中一个平面处于含轴心线的平面内,工作时靠工作面间的挤压传递转矩。装配时两键分别从轮毂两端打入,拼合后沿轴的切线方向楔紧。单组切向键只能传递单向转矩,如果需要双向传递转矩,则应采用两组切向键。由于切向键的键槽对轴的强度削弱较大,一般多用于重型机械中直径大于 100 mm 的轴上。

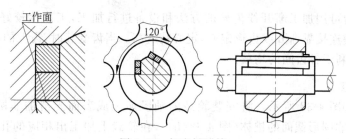

图 4-34 切向键连接

5) 花键连接

花键连接由内花键和外花键组成,如图 4-35 所示。与平键连接比较,二者都是靠键和键槽的侧面传力,但由于结构形式和制造工艺的不同,花键连接在强度、工艺和使用方面有以下优点:

(1) 接触齿数多,接触面积大,承载能力强;

(2) 齿槽浅,齿根应力集中小;

(3) 制造工艺可以保证各齿沿周向均匀分布,齿间受力均衡;

(4) 定心表面具有较高的加工精度,轴与轮毂对中性好;

(5) 用于动连接具有良好的导向性。

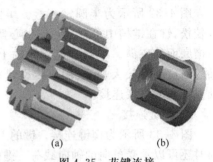

图 4-35 花键连接
(a) 内花键;(b) 外花键

花键连接的缺点是齿根仍存在应力集中,加工需要专门的设备,成本相对较高。

花键连接已经标准化。按照键齿横截面形状的不同,花键连接分为矩形花键连接和渐开线花键连接,适用于承受重载荷或变载荷及要求对中精度高的静连接或动连接。

矩形花键连接如图 4-36 所示。内、外花键靠小径定心,即外花键和内花键的小径为配合表面。其特点是定心精度高,定心的稳定性好,能用磨削的方法消除热处理引起的变形。

矩形花键按齿高的不同分为轻系列和中系列,轻系列花键的齿高较小,承载能力较弱,常用于轻载或静连接;中系列花键用于中等载荷的连接。

渐开线花键连接如图 4-37 所示,其齿廓为渐开线。与渐开线齿轮相比,渐开线花键的齿较短,齿根较宽,压力角较大(常用 30°或 45°),不发生根切的最少齿数较小。与矩形花键相比,渐开线花键的强度高,承载能力强。

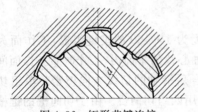 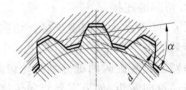

图 4-36 矩形花键连接 　　　　图 4-37 渐开线花键连接

渐开线花键可用加工渐开线齿轮的方法和设备进行加工,工艺性较好,制造精度也较高。渐开线花键连接靠渐开线齿形定心,定心精度高。当齿受载时,齿上的径向力能起到自动定心作用,有利于各齿间的均载。

2. 型面连接

型面连接如图 4-38 所示。将安装轮毂的轴段加工成表面光滑的非圆形截面的柱体(图 4-38(a))或非圆形截面的锥体(图 4-38(b)),在轮毂上加工出相应的孔,从而形成轴与孔相配合的型面连接。

4 机械系统连接零部件的设计

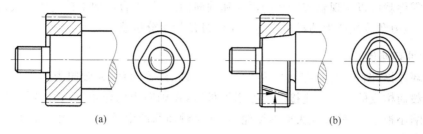

图 4-38 型面连接

型面连接装拆方便,连接面上没有键槽及尖角,减小了应力集中,因此可传递较大的转矩。但由于型面加工比较复杂,目前应用还不广泛。

3. 销连接

主要用来固定零件之间相对位置的销称为定位销,是组合加工和装配时的重要辅助零件;销用于轴毂连接时,称为连接销,只能用于在低转速下传递较小的转矩。此外,销还可以作为安全装置中的过载剪断零件,称为安全销。

圆柱销、圆锥销和开口销等均为标准件。圆柱销靠过盈配合固定在孔中,多次拆装会发生松动。圆锥销有 1∶100 的锥度,具有可靠的自锁作用,销紧后不会自动松动,多次拆装也不会破坏连接性能。销连接的结构见图 4-39。

4. 过盈连接

图 4-40 所示为过盈连接的示意图,过盈连接的轴与孔组成过盈配合。除用于轴毂连接外,过盈连接还可用于其他连接结构,如轮圈与轮芯的连接以及滚动轴承与轴或座孔的连接等。

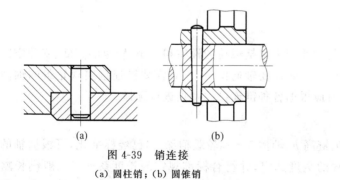

图 4-39 销连接
(a)圆柱销;(b)圆锥销

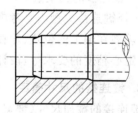

图 4-40 过盈连接

过盈连接装配前孔的内径小于轴的外径,由于配合直径间存在过盈量,在装配后的配合面间便产生了一定的径向压力,工作中依靠由径向压力产生的摩擦力承受转矩或轴向力。过盈连接的特点是结构简单、对中性好、承载能力强、承受冲击性能好、对轴削弱少,不需要附加其他零件就可以实现轴和轮毂的周向和轴向固定;但配合面加工精度要求较高,装拆不便,且承载能力和装配产生的材料应力对实际过盈量十分敏感。

5. 弹性环连接

弹性环连接(图 4-41)是在轴与轮毂之间装入内、外锥形环,在轴向力的作用下,同时胀紧轴与轮毂而构成的一种静连接。当拧紧螺母时,在轴向力的作用下,内、外锥形环互相楔紧。内环缩小抱紧轴,外环胀大而撑紧轮毂,使接触面间产生径向压紧力。工作中利用径向压紧力产生的摩擦力承受转矩和轴向力。

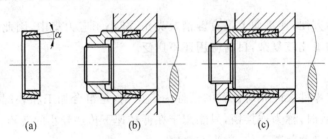

图 4-41 弹性环连接
(a) 弹性环结构;(b) 单组弹性环;(c) 多组弹性环

弹性环连接定心性好,装拆方便,且对零件的工作表面基本无损伤,可多次装拆反复使用。弹性环连接引起的应力集中较小,承载能力高,并且有安全保护作用。与过盈配合相比,由于要在轴与轮毂间安装弹性环,因此弹性环连接所需的径向和轴向空间均较大。

4.2.2 键连接的设计

键连接的设计包括选择键连接的类型、键的尺寸、键的材料和热处理方法,并校核键连接的强度。

1. 键连接的类型选择

选择键连接类型需要考虑的主要因素包括载荷的性质和大小、转速的高低、安装空间的大小、轮毂在轴上的位置、轮在轴上是否需要轴向滑移、是否需要键连接实现轮毂的轴向固定、对定心精度的要求等,设计时应根据各种键连接的特点进行选择。

2. 键连接的尺寸确定

键连接的截面尺寸(键宽 b、键高 h、轴槽深 t 和轮毂槽深 t_1)已经标准化,可根据轴的直径在标准中选取,键长 L 按轮毂的宽度选定,并符合标准规定的长度系列。一般键长略短于轮毂宽度,导向平键的长度选择还必须考虑键的滑移距离。键一般选用抗拉强度不低于 600 MPa 的钢材制造,常用 45 钢、Q275 钢等,如轮毂为非金属材料,键可用 20 钢和 Q235 钢等。

3. 键连接的强度校核

1) 平键连接的强度校核

平键连接传递转矩时,连接的受力分析如图 4-42 所示。工程实践表明,对于采用常用的材料组合并按标准选取尺寸的普通平键连接(静接),其主要失效形式为键、轴上键槽和轮毂上键槽三者中较弱者被压溃。除非有严重过载,一般不会出现键的剪断。因此,通常只按工作面上的挤压应力进行强度校核。

假设载荷在键的工作面上均匀分布,普通平键连接的强度条件为

$$\sigma_p = \frac{2T}{dlk} \leqslant [\sigma_p] \tag{4-33}$$

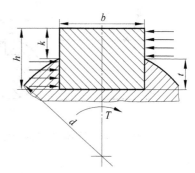

图 4-42 平键连接的受力分析

式中,T 为键连接传递的转矩,N·mm;d 为轴的直径,mm;l 为键的工作长度,mm;方头平键 $l=L$,圆头平键 $l=L-b$,单圆头平键 $l=L-b/2$(L 为键的长度,b 为键的宽度);k 为键与轮毂的接触高度,mm,$k \approx 0.5h$;$[\sigma_p]$ 为键、轴和轮毂三者中最弱材料的许用挤压应力,MPa,见表 4-9。

表 4-9 键连接的许用挤压应力$[\sigma_p]$和许用压强$[p]$

许用挤压应力、许用压强	连接工作方式	连接中的较弱材料	载荷性质		
			静载荷	轻微冲击	冲击
$[\sigma_p]$	静连接	钢	120~150	100~120	60~90
		铸铁	70~80	50~60	30~45
$[p]$	动连接	钢	50	40	30

注:动连接中的连接零件如经过淬火,则许用压强$[p]$值可提高 2~3 倍。

对于导向平键连接和滑键连接(动连接),其主要失效形式为相对滑动的两零件中强度较弱材料的过度磨损,通常按工作面上的压强进行条件性的强度校核计算。计算公式与式(4-33)基本相同,只是将公式中的挤压应力改为压强,许用挤压应力改为许用压强,键的工作长度为相对滑动的两零件的实际接触长度。

2) 半圆键连接的强度校核

半圆键连接的受力情况如图 4-43 所示,其受力情况与失效形式与普通平键连接相似,强度条件同式(4-33)。需要注意的是,半圆键的接触高度 k 应根据实际键高选取,键的工作长度 l 可近似取为键的公称长度 L。

3) 切向键连接的强度校核

切向键连接的受力分析如图 4-44 所示,其主要失效形式为工作面的压溃。假设挤压应

力沿键的长度和宽度方向均匀分布,合力作用于键宽的中点处,键宽 $t \approx d/10$,合力与轴心的偏移量 $y \approx 0.45d$,强度条件为

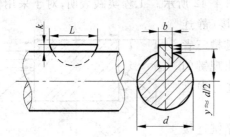

图 4-43 半圆键连接的受力分析

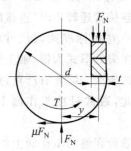

图 4-44 切向键连接的受力分析

$$\sigma_p = \frac{T}{dlt(0.5\mu + 0.45)} \leqslant [\sigma_p] \qquad (4\text{-}34)$$

式中,l 为键的接触长度;μ 为摩擦系数,通常取 $\mu = 0.12 \sim 0.17$。其他变量的名称和单位同式(4-33)。

平键连接可通过增加键的数量的方法提高其承载能力。通常采用两个平键,并沿周向 180°布置。考虑到两个平键时载荷分布的不均匀性,强度校核可按 1.5 个键计算。半圆键连接也可以采用双键提高承载力,两个半圆键应布置在同一直线上。两个楔键沿周向 90°～120°布置。切向键连接可通过采用两对键使其具有双向传递转矩的能力,两个切向键沿周向 120°布置。

例 4-2 某 7 级精度的钢制齿轮与钢轴用键连接,载荷有冲击,连接传递的转矩为 1050 N·m,连接处的轴径为 80 mm,齿轮轮毂宽度为 90 mm。试设计此连接。

解:

1. 确定键连接的类型和尺寸

7 级精度的齿轮传动要求较高的对中性,由于是静连接,选用 A 型平键。

由《机械设计手册》查得当轴径 $d=80$ mm 时,键宽 $b=22$ mm,键高 $h=14$ mm。参照齿轮轮毂宽度及普通平键的长度系列,取键长 $L=80$ mm。

2. 键连接的强度校核

挤压强度条件为

$$\sigma_p = \frac{2T}{dlk} \leqslant [\sigma_p]$$

式中,$T=1050$ N·m,$d=80$ mm,$l=L-b=(80-22)=58$ mm,$k=0.5h=7$ mm,故

$$\sigma_p = \frac{2 \times 1050 \times 10^3}{80 \times 58 \times 7} = 64.7 (\text{MPa})$$

由表 4-9 查得许用挤压应力为 $[\sigma_p]=75$(MPa),因 $\sigma_p < [\sigma_p]$,故满足强度要求。

4.2.3 花键连接的设计

花键连接的设计方法与平键连接相似,首先根据连接的结构特点、使用要求和工作条件选定花键的类型和尺寸,然后进行必要的强度校核。

花键连接的受力情况如图 4-45 所示,其主要失效形式是工作面被压溃(静连接)或工作面过度磨损(动连接)。通常对花键连接只进行挤压强度或耐磨性计算。计算时,假定载荷在键的工作面上均匀分布,各齿压力的合力作用在平均直径 d_m 处,其强度条件如下:

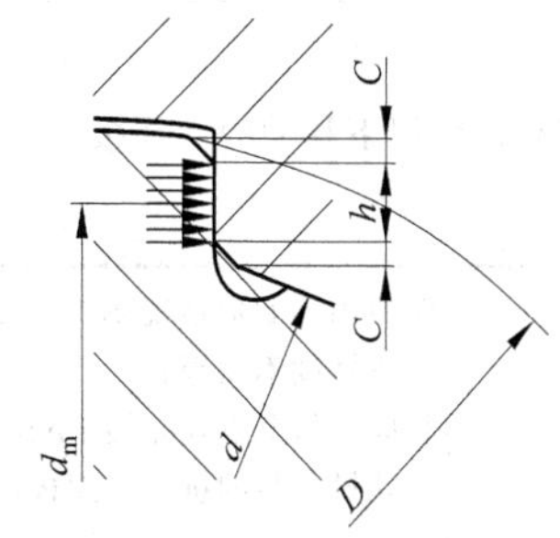

挤压强度

$$\sigma_p = \frac{2T}{\psi z h l d_m} \leqslant [\sigma_p] \quad (4-35)$$

图 4-45 花键连接的受力分析

耐磨性

$$p = \frac{2T}{\psi z h l d_m} \leqslant [p] \quad (4-36)$$

式中,T 为连接传递的转矩,N·mm;ψ 为载荷分布不均系数,与齿数和精度有关,一般取 $\psi=0.7\sim0.8$;z 为花键齿数;d_m 为化简平均直径,mm,$d_m = \frac{D+d}{2}$;l 为花键的工作长度,mm;h 为花键齿侧面工作高度,mm,矩形花键的 $h = \frac{D-d}{2} - 2C$;渐开线花键的 $\alpha = 30°$ 时,$h = m$,$\alpha = 45°$ 时,$h = 0.8m$(m 为花键模数);$[\sigma_p]$ 为许用挤压应力,MPa,见表 4-10;$[p]$ 为许用压力,MPa,见表 4-10。

表 4-10 花键连接的许用挤压应力 $[\sigma_p]$ 和许用压力 $[p]$ MPa

连接工作方式	使用和制造情况	$[\sigma_p]$ 或 $[p]$	
		齿面未经热处理	齿面经过热处理
静连接	不良	35~50	40~70
	中等	60~100	100~140
	良好	80~120	120~200
空载下移动的动连接	不良	15~20	20~35
	中等	20~30	30~60
	良好	25~40	40~70

续表

连接工作方式	使用和制造情况	$[\sigma_p]$或$[p]$	
		齿面未经热处理	齿面经过热处理
在载荷作用下移动的动连接	不良	—	3~10
	中等	—	5~15
	良好	—	10~20

注：① 使用和制造情况不良系指受变载荷、有双向冲击、振动频率高和振幅大、润滑不良(动连接)、材料硬度不高或精度不高等；

② 同一情况下，$[\sigma_p]$或$[p]$的较小值用于工作时间长和较重要的场合；

③ 花键材料的抗拉强度极限不低于 600 MPa。

4.3 联轴器和离合器

联轴器和离合器是机械传动中常用的部件，用来连接主、从动回转构件使其一同旋转并传递转矩；有时也可作为安全装置，即当转矩超过规定时，联轴器或离合器自行脱开或打滑，以保证机器中的主要零部件不致因过载而损坏。联轴器连接的分与合只能在机器停车时进行，而离合器连接的分与合可随时进行。

图 4-46 所示为联轴器和离合器的应用实例。齿轮减速器 3 将电动机 1 的高速回转变成卷筒 5 的低速回转。减速器的输入轴通过联轴器 2 与电动机 1 的轴连接起来。为了便于操作，减速器的输出轴通过离合器 4 与卷筒 5 的轴连接。当电动机 1 连续回转时，可以随时控制卷筒 5 的起、停。联轴器和离合器的存在使得由电动机、减速器和卷筒 3 部分组成的卷扬机在加工、装配、运输和维修方面都十分方便。

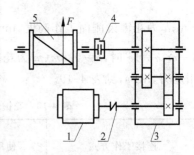

图 4-46 卷扬机示意图
1—电动机；2—联轴器；3—减速器；
4—离合器；5—卷筒

由于联轴器和离合器的种类繁多，本章仅介绍典型结构及其相关知识，以便为读者选用标准件和自行设计提供必要的基础。

4.3.1 联轴器

1. 联轴器的性能要求

根据不同的工作情况，联轴器需具备以下性能：

(1) 可移性。联轴器的可移性是指补偿两回转构件相对位移的能力。如图 4-47 所示，图(a)为轴向位移，图(b)为径向位移，图(c)为角位移，图(d)为综合位移。被连接构件间的制造和安装误差、运转中的温度变化和受载变形等因素,都对可移性提出了要求。可移性能补偿或缓解由于回转构件间的相对位移造成的轴、轴承、联轴器及其他零部件之间的附加载荷。

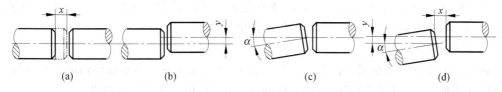

图 4-47 联轴器的可移性
(a)轴向位移;(b)径向位移;(c)角位移;(d)综合位移

(2)缓冲性。对于经常负载起动或工作载荷变化的场合,联轴器中需具有起缓冲、减振作用的弹性元件,以保护原动机和工作机少受或不受损伤。

(3)安全、可靠,具有足够的强度和使用寿命。

(4)结构简单,装拆、维护方便。

2. 联轴器的类型与选择

1)联轴器的类型

联轴器根据对各种相对位移有无补偿能力(即能否在发生相对位移条件下保持连接的功能),可分为刚性联轴器(无补偿能力)和挠性联轴器(有补偿能力)两大类。挠性联轴器又可按是否具有弹性元件分为无弹性元件的挠性联轴器和有弹性元件的挠性联轴器两个类别。常用联轴器的类型见图 4-48。

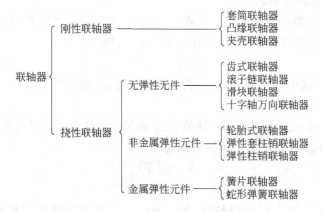

图 4-48 常用联轴器的类型

刚性联轴器虽然不具有可移性和缓冲性,但因结构简单、制造容易、不需要维护和成本低等特点而得到广泛应用。

挠性联轴器具有补偿两回转构件相对位移的能力。其中,弹性元件挠性联轴器由于含有能产生较大弹性变形的元件,除具有可移性外还具有缓冲和减振作用,但在传递转矩的能力方面,因受弹性元件的强度限制,一般不及无弹性元件的联轴器。带弹性元件的联轴器中按弹性元件的材质不同,又可分为金属弹性元件和非金属弹性元件。金属弹性元件的主要特点是强度高、传递转矩大、使用寿命长、不易老化且性能稳定。非金属弹性元件的优点是制造方便、易获得各种结构形状,且具有较高的阻尼性能。

2) 联轴器的选择

联轴器的类型需要根据工作条件选择。表 4-11 列出了各种类型联轴器的特点,可作为类型选择的依据。常用联轴器的性能比较列于表 4-12,供具体选用时参考。

表 4-11 各种类型联轴器的特点

刚性联轴器	挠性联轴器	
	无弹性元件	有弹性元件
(1) 传递转矩大;(2) 运转可靠; (3) 工作寿命长;(4) 对冲击载荷敏感		(1) 具有缓冲和吸振性,适于频繁起动和正反转的工作场合 (2) 弹性元件比较薄弱,不适于低速和大转矩
要求安装精度和回转构件刚度高	能不同程度地适应安装误差和相对位移	(3) 安装误差和相对位移会加快元件的损坏

常用的联轴器多已标准化或规范化。选用时,首先按工作条件确定类型,其次按转矩、轴径和转速选择联轴器的型号。必要时校核联轴器中薄弱件的承载能力。

(1) 计算联轴器的计算转矩

联轴器传递的转矩包括正常的工作载荷、起动时的动载荷及工作时的过载现象。应将轴上的最大转矩作为计算转矩,此计算转矩可按下式计算:

$$T_c = KT \tag{4-37}$$

式中,T 为联轴器传递的转矩,N·m;K 为工作情况系数,见表 4-13。

(2) 选择联轴器的型号

根据已知的转速 n、计算转矩 T_c、轴颈 d、空间尺寸和性能要求以及价格,从手册或标准中选择使用的联轴器,所选型号必须同时满足

$$\left. \begin{array}{l} T_c \leqslant [T] \\ n \leqslant n_{\max} \end{array} \right\} \tag{4-38}$$

式中,$[T]$ 为该型号联轴器的许用转矩,N·m;$n_{\max}$ 为该型号联轴器所允许的最高转速,r/min。

例 4-3 如图 4-46 所示,选择电动机与齿轮减速器输入轴之间的联轴器。已知电动机功率 $P=15$ kW,转速 $n=1460$ r/min,电动机轴直径 $d=42$ mm。

表 4-12　常用联轴器的性能比较

序号	联轴器名称	转矩范围 /N·m	轴径范围 /mm	最高转速范围 /(r/min)	许用相对位移 轴向/mm	许用相对位移 径向/mm	许用相对位移 角向	特点及应用说明
1	套筒联轴器 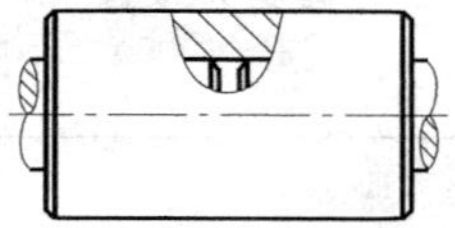	圆锥销：0.3~4000 平键：71~5600 花键：150~12 500	4~100	低	要求两轴严格精确对中			结构简单，径向尺寸小，制造容易，成本低，但装拆时需沿轴向移动较大的距离，通常用于连接两轴直径相同的圆柱形轴端，一般用于小功率传动轴系
2	凸缘联轴器 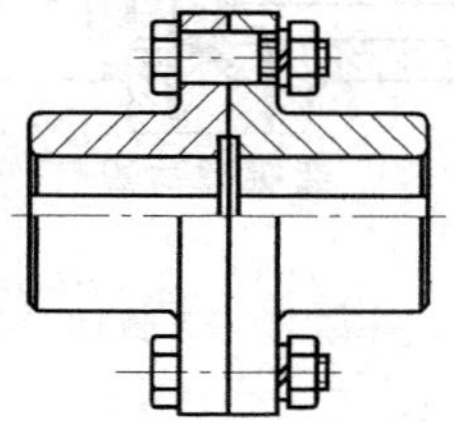	10~20 000	10~180	2300~13 000	要求两轴严格精确对中			结构简单，工作可靠，装拆方便，刚性好，传递转矩大。但当加载荷，精度较低时，将引起较大的附加载荷，适用于对中精度良好的一般传动。制造精度高时，也可用于高速传动
3	夹壳联轴器 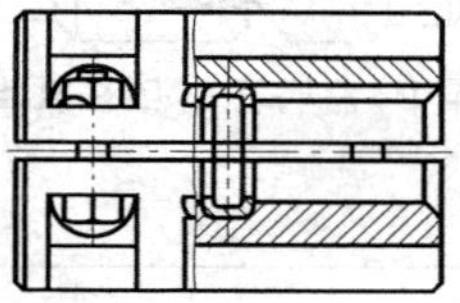	85~9000	30~110	380~900	要求两轴严格精确对中			装拆方便，不需沿轴向移动两轴，但平衡困难，而且两轴径必须是相同的圆柱形。仅适用于低速传动的水平轴的连接，以垂直速传动的水平轴或传速平稳载荷为宜

续表

序号	联轴器名称	转矩范围/N·m	轴径范围/mm	最高转速范围/(r/min)	许用相对位移 轴向/mm	许用相对位移 径向/mm	许用相对位移 角向	特点及应用说明
4	十字轴式万向联轴器（小型） 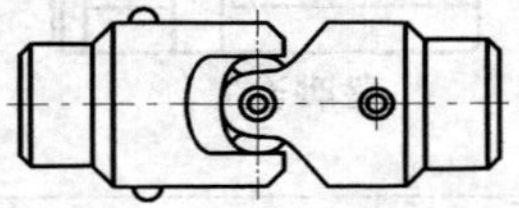	小型：12.5~1280 中型：8000~40 000	小型：8~40 中型：50~415	3300			≤45° 常用<10°	径向外形尺寸小，紧凑，维修方便，能传递空间两相交轴线之间夹角大，两轴线之间夹角大的传动，但当采用单个万向联轴器时，从动轴转速有不均匀现象，主要用于相交轴之间的传动连接
5	滑块联轴器 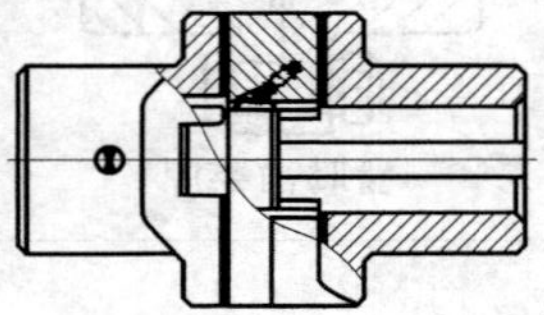	金属滑块：120~20 000 非金属滑块：17~3430	金属滑块：15~150 非金属块：15~950	金属滑块：100~250 非金属滑块：1700~8200	较大	金属滑块：0.04d 非金属块：0.01d+0.25，d为轴径	金属滑块：0°31' 非金属块：0°40'	结构较小，径向位移大，轴向位移敏感，传动效率较低，加径向力大，心产生的离心力限制适宜用于高速，对于径向位移较大的两轴连接
6	链条联轴器 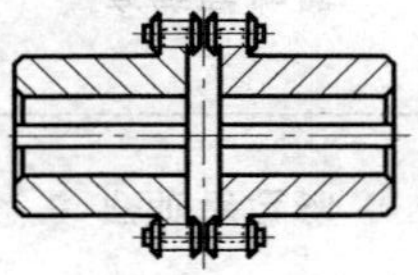	40~25 000	16~190	900~4500	1.4~9.5	0.19~1.27	1°	结构简单，采用标准件，工艺性好，制造容易，重量轻，装拆更换方便，可因反转时有一般传动，但因反转时空行程，故不宜用于冲击载荷很大的逆向传动，也不适宜于垂直传动轴

续表

序号	联轴器名称	转矩范围/N·m	轴径范围/mm	最高转速范围/(r/min)	许用相对位移 轴向/mm	许用相对位移 径向/mm	许用相对位移 角向	特点及应用说明
7	双啮合型齿式联轴器 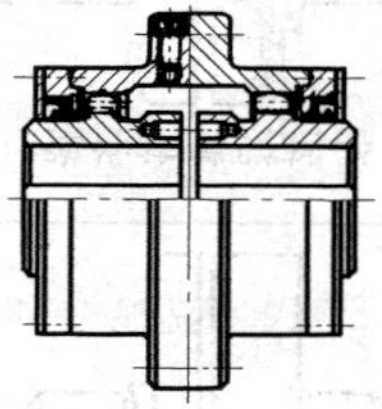	CL型 710～1 000 000 CL-H型 1430～15 040	CL型 18～560 CL-H型 60～130	CL型 300～3780 CL-H型 9700～18 000	较大	0.4～6.3	直齿： ≤0°30′ 鼓形齿： ≤1°30′	具有高的承载能力，工作可靠，补偿性能好，工作中需要良好的润滑。可适用于正反转多变、起动频繁，在各种转速、大功率工作的传动的连接，但对位移性能相对较差，制造困难
8	单啮合型齿式联轴器 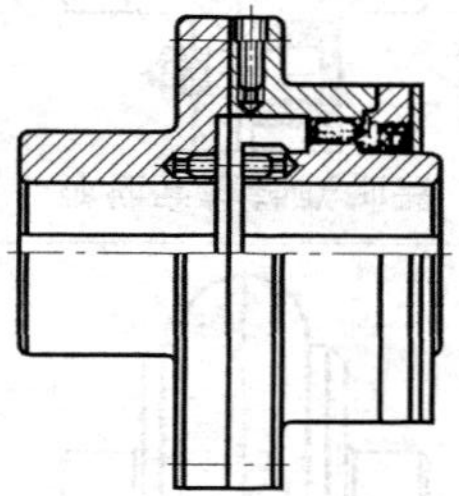	同双啮合型	同双啮合型	同双啮合型	较大	0.0873A A为中间轴长度	同双啮合型	其特点和应用与双啮合型齿式联轴器相似，但由于中间有两相连接的齿轴，而且可以增加两轴的径向位移量，此外，还可利用中间轴使联轴器具有扭转弹性
9	蛇形弹簧联轴器 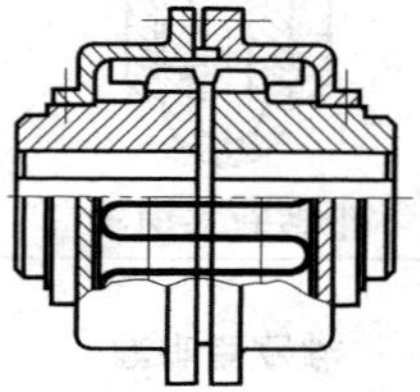	36～270 000	15～306	450～15 000	4～20	0.7～3	1°15′	弹性好，缓冲减振能力强，工作可靠，但弹簧尺寸小，径向制造工艺性差，加工困难，应用有限，主要用于有严重冲击载荷的重型机械

续表

序号	联轴器名称	转矩范围 /N·m	轴径范围 /mm	最高转速范围 /(r/min)	许用相对位移			特点及应用说明
					轴向/mm	径向/mm	角向	
10	轮胎式联轴器 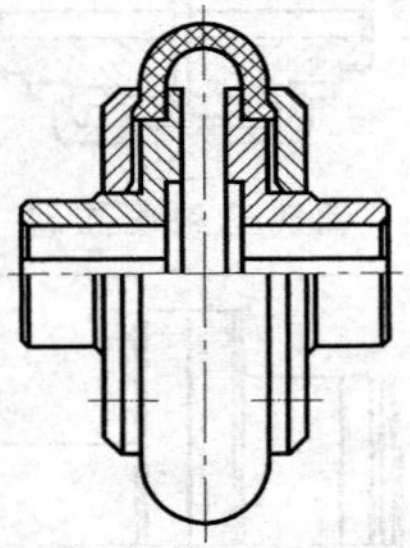	10~25 000	11~180	800~5000	1.0~8.0	1.0~5.0	1°30′	结构简单，弹性好，扭转刚度小，减振能力强，补偿两轴相对位移量大，不需润滑，但径向外形尺寸大，附加轴向载荷大。主要用于有转多变、冲击载荷，正反转频繁、起动频繁的传动轴系
11	弹性套柱销联轴器 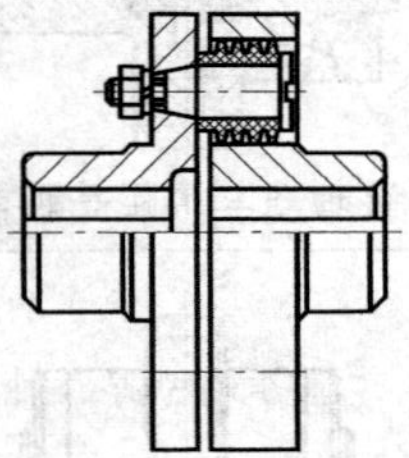	6.3~16 000	9~160	1150~8800	较大	0.2~0.6	0°30′ ~ 1°30′	结构紧凑，装配方便，具有一定的弹性和缓冲性能，补偿两轴相对位移量不大，当位移过大时，联轴器的工作性能恶化，弹性件易损坏。主要用于一般的中小功率传动轴系
12	弹性柱销联轴器 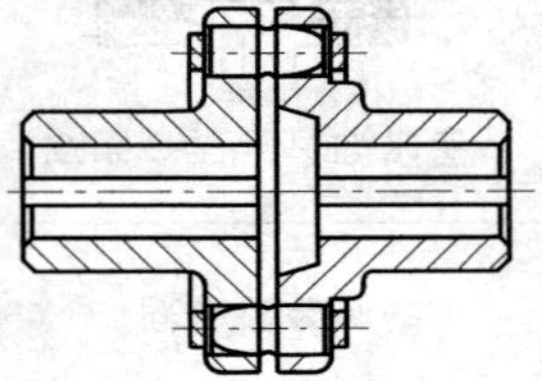	160~160 000	12~340	850~7100	0.5~3	0.15~0.25	0°30′	结构简单，制造容易，更换方便，柱销较耐磨，但弹性位移较小，补偿两轴相对载荷较平稳，起动频繁、轴向窜动量较大，对缓冲要求不高的传动轴系

表 4-13 工作情况系数 K

工作机		原 动 机			
		电动机或汽轮机	四缸和四缸以上内燃机	双缸内燃机	单缸内燃机
转矩变化情况	变化很小(如小型发电机、通风机、离心泵)	1.3	1.5	1.8	2.2
	变化小(如透平压缩机、木工机床、运输机)	1.5	1.7	2.0	2.4
	变化中等(如搅拌机、增压泵、压缩机、冲床)	1.7	1.9	2.2	2.6
	变化中等且有冲击(如水泥搅拌器、织布机、拖拉机)	1.9	2.1	2.4	2.8
	变化较大且有较大冲击(如造纸机械、挖掘机、起重机、碎石机)	2.3	2.5	2.8	3.2
	变化大且有强烈冲击(如压延机、重型初轧机)	3.1	3.3	3.6	4.0

解:

1. 选择联轴器类型

为了隔离振动与冲击,选用弹性套柱销联轴器。

2. 选择联轴器型号

1) 计算联轴器传递的转矩

$$T = 9550\frac{P}{n} = 9550 \times \frac{15}{1460} = 98.12(\mathrm{N \cdot m})$$

2) 确定计算转矩

由表 4-13 查得 $K=2.3$,故由式(4-37)得

$$T_c = KT = 2.3 \times 98.12 = 225.68(\mathrm{N \cdot m})$$

3) 选择联轴器型号

从 GB 4323—1984 中查得 TL6 型弹性套柱销联轴器的许用转矩 $[T]=250\mathrm{~N \cdot m}$,允许的最高转速 $n_{\max}=3800\mathrm{~r/min}$,轴径为 $32 \sim 42\mathrm{~mm}$,满足要求。其余计算从略。

4.3.2 离合器

1. 离合器的性能要求

根据不同的工作情况,离合器需具备以下性能:

(1) 人工操纵时应方便省力;自动或电动操纵时,离、合迅速而平稳。

(2) 运转可靠,调节和维护方便。

(3) 外廓尺寸和质量小。对摩擦式离合器,要求其耐磨性好并具有良好的散热能力。

2. 离合器的类型与选择

1) 离合器的类型

离合器按其离合原理,可分为嵌合式和摩擦式;按实现离、合动作的过程,可分为操纵式

和自动式;按离合器的操作方式,可分为机械式、气压式、液压式和电磁式等,进一步从结构等方面还可细分为若干种不同的形式,详见图4-49。

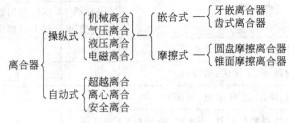

图 4-49 离合器的分类

嵌合式离合器是通过主、从动元件上牙齿之间的嵌合力传递回转运动和动力的。因此,工作比较可靠,传递的转矩较大,但运转中接合困难。

摩擦式离合器是通过主、从动元件间的摩擦力传递回转运动和动力的。因此,运动中便于接合,过载打滑可以保护其他零部件,但传递转矩较小,适用于高速、低转矩的工作场合。

2) 离合器的选择

离合器的类型需根据工作条件和用户对象选择。表 4-14 列出了离合器基本类型的特点,可作为选型的依据。常用离合器的性能比较列于表 4-15,供具体选用时参考。

表 4-14 离合器基本类型的特点

嵌 合 式	摩 擦 式
(1) 适于低速、大转矩 (2) 只能在静止或相对转速很低时接合,接合时有冲击 (3) 除安全类离合器外,无过载保护性能 (4) 尺寸较小,结构简单,维护、修理容易	(1) 适于高速、小转矩 (2) 运转中能平稳接合,便于实现自动控制 (3) 有过载保护性能 (4) 尺寸较大,结构复杂(个别除外),维护、修理麻烦

表 4-15 常用离合器的性能比较

序号	名称和简图	转矩范围/N·m	特点和应用
1	牙嵌离合器	63~4100	外形尺寸小,传递转矩大,接合后主、从动轴无相对滑动,传动比不变。但接合时有冲击,适合于静止接合,或转速差较小时接合(对矩形牙转速差不超过 10 r/min,对其余牙形转速差不超过 300 r/min),主要用于低速机械的传动轴系

续表

序号	名称和简图	转矩范围/N·m	特点和应用
2	圆盘摩擦离合器 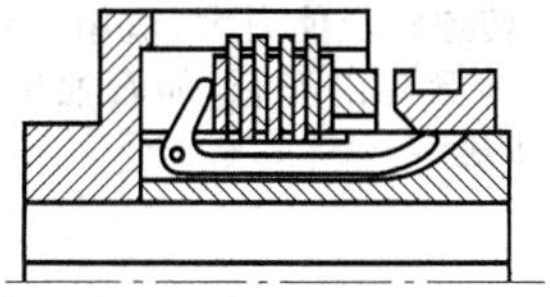	20~16 000	利用摩擦片或摩擦盘作为接合元件，结构形式多（单盘（片）、多盘（片）、干式、湿式、常开式、常闭式等），结构紧凑，传递转矩大，安装调整方便，摩擦材料种类多，能保证在不同工况下具有良好的工作性能，并能在高速下进行离、合。广泛应用于交通运输、机床、建筑、轻工和纺织等机械中
3	锥面摩擦离合器 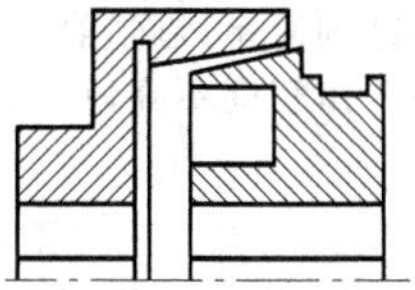	5000~286 000	可通过空心轴同轴安装，在相同直径及传递相同转矩条件下，比单盘摩擦离合器的接合力小 2/3，且脱开时分离彻底。其缺点是外形尺寸大，起动时惯性大，锥盘轴向移动困难。实用上常制成双锥盘的结构形式
4	牙嵌式安全离合器 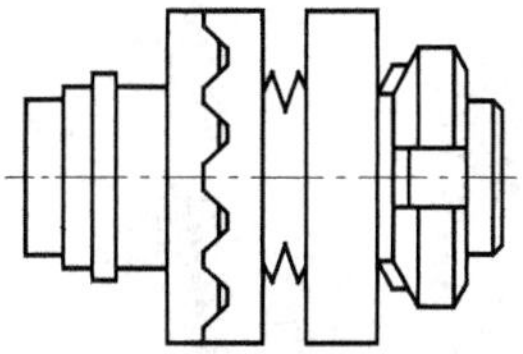	4~400	在断开瞬时会产生冲击力，可能折断牙，故宜用于转速不高、从动部分转动惯量不大的轴系
5	钢球式安全离合器 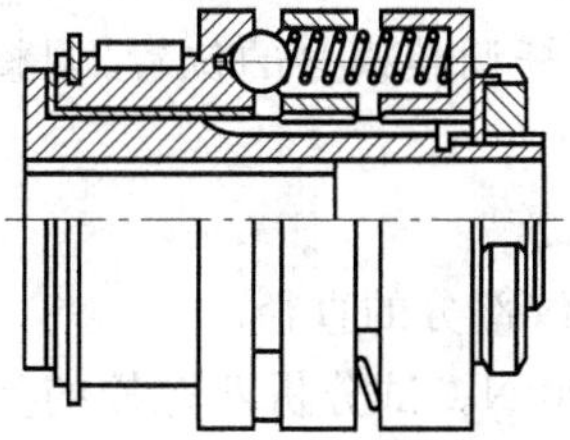	13~4880	制造简单，工作可靠，过载时滑动摩擦力小，动作灵敏度高，可适用于转速较高的传动
6	滚柱超越离合器 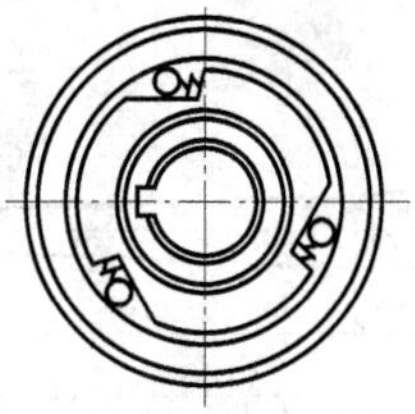	2.5~770	结构简单，制造容易，溜滑角小，主要用于机床和无级变速器等的传动装置中

序号	名称和简图	转矩范围/N·m	特点和应用
7	楔块超越离合器	250～24 900	尺寸小,传递转矩能力大,适用于传递转矩大、要求结构紧凑的场合,如石油钻机、提升机和锻压机械等
8	剪销式安全离合器	30～2000	通过设计限制传递的转矩,防止过载而发生机械事故,结构简单,制造容易,尺寸紧凑,保护严密,但工作精度不高,可用于偶然过载的传动

常用的离合器多已标准化或规范化,其具体型号的选择方法与联轴器类似,详细内容可查阅《机械设计手册》或有关资料。

习 题

4-1 试正确画出普通螺栓连接、铰制孔螺栓连接、螺柱及螺钉连接的结构图。

4-2 紧螺栓连接与松螺栓连接的区别何在？两种连接的强度计算有何不同？

4-3 如图所示,旋转式悬臂起重吊车上用一对拉紧螺杆调整横梁的位置,调整好之后即可受载,吊车的最大起重量 $Q=3000\ \text{N}$。

(1) 两拉紧螺杆的螺纹为什么设计为一个左旋、一个右旋？

(2) 如螺栓采用 Q235 钢,安全系数 $S=4$,设计拉杆螺纹部分的直径。

4-4 图示扳手手柄采用普通螺栓连接,扳手力 $P=200\ \text{N}$。试分析两螺栓的受力并选择螺栓材料和确定螺栓直径。扳手被连接两零件间的摩擦系数 $\mu_c=0.15$。

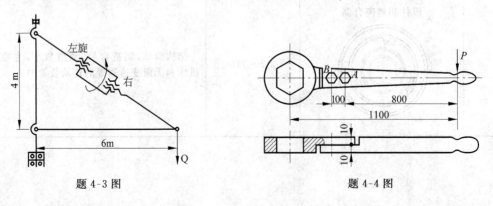

题 4-3 图　　　　　　　　　　题 4-4 图

4-5 用两个 M10 的普通螺栓将 3 块板连接在一起,如图所示。螺栓的许用拉应力 $[\sigma]=160$ MPa,被连接件接合面间的摩擦系数 $\mu_c=0.2$,若取摩擦传力可靠性系数 $K_n=1.2$,计算此连接允许承受的静载荷 Q 的极限值。若改用两个 M10 的铰制孔螺栓,铰孔直径 $d_0=11$ mm,上、下板厚各 10 mm,中间板厚 20 mm,板与螺栓材料相同,许用剪应力 $[\tau]=96$ MPa,许用挤压应力 $[\sigma_p]=1.92$ MPa。计算此连接允许承受的静载荷 Q 的极限值。(提示:需查《机械设计手册》确定铰制孔螺栓配合面长度)

4-6 某机座采用 4 个普通螺栓固定在混凝土壁上,机座底面尺寸如图所示。已知:拉力 $F=4$ kN,$\alpha=45°$,混凝土许用挤压应力 $[\sigma_p]=2$ MPa,接合面间的摩擦系数 $\mu_c=0.3$。试设计此连接。

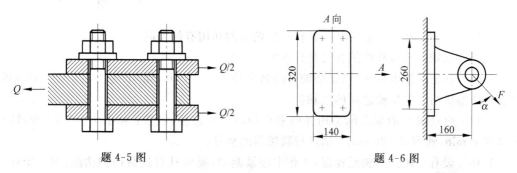

题 4-5 图 　　　　　题 4-6 图

4-7 汽缸盖与缸体采用螺栓连接,气体压力 p 在 $0\sim2.6$ MPa 之间变化,要求残余预紧力为螺栓工作压力的 1.6 倍,汽缸内径 $D=280$ mm,连接螺栓数目 $z=12$,螺栓性能级别 6.8 级。试按静强度和应力幅确定螺栓直径。

4-8 分析图示螺纹连接的结构错误,并设计正确的结构。

4-9 普通平键的 3 种端部结构各适用于何种场合?与之对应的轴上键槽如何加工?

4-10 在同一轴段上需布置两个普通平键,试完成结构设计。如果是两个楔键,应如何设计?为什么?

4-11 安装于轴端的锥齿轮,其配合直径为 60 mm,轮毂长为 90 mm,工作时载荷平稳。试设计普通平键连接的结构和尺寸,并计算连接能传递的最大转矩。

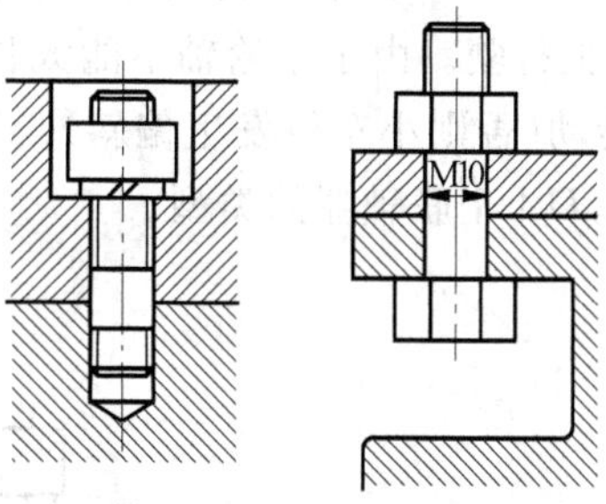

题 4-8 图

4-12 凸缘联轴器的结构如图所示,轴的材料为 45 钢,联轴器的材料为 HT250。试确定键连接的尺寸并计算其承载能力。

4-13 如图所示,滑移齿轮传递转矩 $T=200$ N·m,载荷平稳,齿轮在空载状态下移动。试选择花键类型,并校核连接强度。

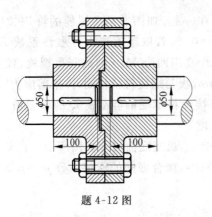

题 4-12 图

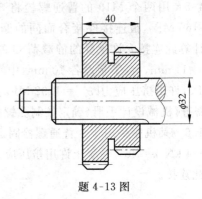

题 4-13 图

4-14 联轴器和离合器的功用是什么？两者的功用有何异同？

4-15 联轴器中可移性的含义是什么？

4-16 在柴油发电机中，已知柴油机的名义转速 $n=1500$ r/min，名义功率 $P=15$ kW。试选择柴油机与发电机轴之间的联轴器。

4-17 电动机与油泵之间采用弹性套柱销联轴器连接，已知：功率 $P=2.2$ kW，转速 $n=960$ r/min，轴颈 $d=25$ mm。试选择联轴器的型号。

4-18 设有一闭式齿轮减速器，工作中频繁起动，要求具有过载保护功能，现决定在转速为 $n=450$ r/min 的轴上设置一连接装置。试分析并确定连接方式和连接类型。

4-19 汽车发动机与变速箱之间采用离合器连接，试确定离合器的类型。

4-20 图示为起重机小车装置，电动机 1 通过联轴器 A 经过减速器 2 带动车轮在钢轨 3 上行驶。由于车轮轴不能太长，故用一中间轴 4 与联轴器 C,D 相连接。要求两车轮同步转动（否则小车将发生偏斜）。为安装方便，C,D 两联轴器要求轴向可移动。试选择 A,B,C,D 4 个联轴器的类型。

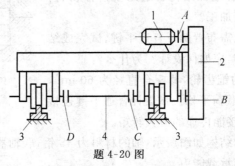

题 4-20 图

1—电动机；2—减速器；3—钢轨；4—中间轴；A,B,C,D—联轴器

5 弹 簧

5.1 概 述

弹簧是一类弹性零件,它在载荷作用下可以产生较大的变形,在各种机械设备、仪器仪表、车辆等装置中得到广泛的应用。

5.1.1 弹簧的用途

弹簧的主要用途如下:

(1) 控制机械运动,如内燃机的进、排气门弹簧,离合器以及制动器的控制弹簧等。

(2) 缓冲与减振,如各种车辆悬挂系统的减振弹簧、各种减振器弹簧、弹性联轴器中的弹簧等。

(3) 存储能量,指通过弹簧变形存储能量,作为机械装置的原动力,如机械钟表及各种仪器中的原动弹簧、枪门弹簧等。

(4) 测量力和力矩,指通过弹簧变形的大小测量作用于弹簧上的力的大小,如弹簧秤等。

5.1.2 弹簧的类型

常见的弹簧按照所承受的载荷形式,可以分为压缩弹簧、拉伸弹簧、扭转弹簧和弯曲弹簧;按照弹簧的形状,可以分为螺旋弹簧、碟形弹簧、平面涡卷弹簧、板簧和环形弹簧,表 5-1 所列为常见的弹簧类型。

螺旋弹簧由弹簧丝卷制而成,制造方法简便,应用最广泛。螺旋弹簧可以制成压缩弹簧、拉伸弹簧和扭转弹簧,可以制成圆柱形或圆锥形、等螺距或变螺距。本章只分析螺旋弹簧的结构形式和设计方法。

碟形弹簧承载能力大,占用轴向尺寸小,可以承受冲击载荷,常用于空间受限制的场合。

表 5-1 常见弹簧的基本类型

形状\载荷	拉伸	压缩	扭转	弯曲
螺旋弹簧	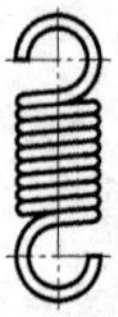 圆柱螺旋拉伸弹簧	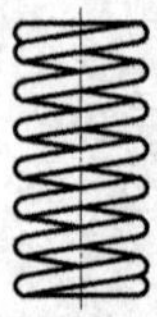 圆柱螺旋压缩弹簧	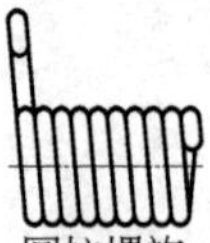 圆柱螺旋扭转弹簧	
其他弹簧		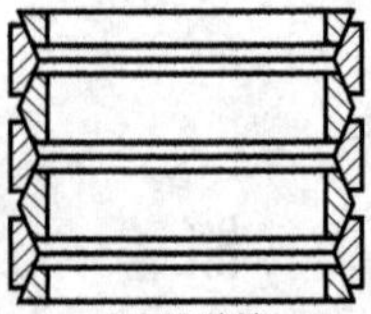 环形弹簧 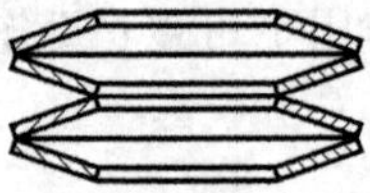 / 碟形弹簧	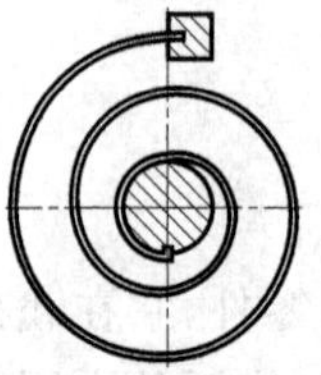 平面涡卷弹簧	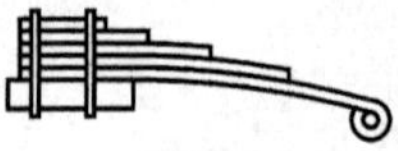 板簧

环形弹簧承载能力大,具有很强的缓冲吸振作用,常用作车辆和其他重型设备的缓冲元件。

板簧在载荷作用方向的尺寸较小,允许变形量较大。由于多层板簧具有较好的消振作用,在车辆悬挂系统应用较多。

5.2 弹簧的材料和制造方法

5.2.1 弹簧的常用材料

一般情况下,弹簧工作中材料的变形和承受应力较大,而且多承受交变应力作用,因此需要弹簧材料具有较高的屈服强度和疲劳强度以及足够的冲击韧性。对于截面尺寸较大的弹簧材料,加工过程需要热成形,成形后还需要进行热处理,因此要求材料具有较好的热处理工艺性。

弹簧常用材料有碳素弹簧钢丝、重要用途碳素弹簧钢丝、弹簧用不锈钢丝、热轧弹簧钢丝和青铜线,见表 5-2。

弹簧钢丝和青铜线的抗拉强度见表 5-3 和表 5-4,许用应力见表 5-5。

表 5-2 弹簧常用材料

材料名称及牌号	直径/mm	切变模量 G/GPa	弹性模量 E/GPa	推荐硬度 HRC	推荐温度/℃	性能
碳素弹簧钢丝 25~80 40Mn~70Mn	B级：0.08~13 C级：0.08~13 D级：0.08~6	79	206	—	−40~130	强度高、性能好。B级用于低应力弹簧，C级用于中等应力弹簧，D级用于高应力弹簧
重要用途碳素弹簧钢丝 65Mn T9A T8MnA	E组：0.08~6 F组：0.08~6 G组：1~6					强度高，韧性好，用于重要的小弹簧
弹簧用不锈钢丝 A组 1Cr18Ni9 0Cr18Ni10 0Cr17Ni12Mo2 B组 1Cr18Ni9 0Cr18Ni10 C组 0Cr17Ni8Al	0.08~12	71	193		−200~300	耐腐蚀，耐高、低温，用于腐蚀或高、低温环境工作的小弹簧
油淬火回火钢丝 65Mn					40~120	弹性好，用于普通机械用弹簧
油淬火回火钢丝 50CrVA	5~80	79	196	45~50	40~210	有较高的疲劳强度，抗高温，用于工作温度高的较大弹簧
油淬火回火钢丝 55Si2Mn					40~250	有较高的疲劳强度，弹性好，广泛用于各种机械的弹簧
硅青铜线 QSi3-1		41			−40~120	有较高的耐腐蚀和防磁性能，用于机械或仪表等的弹性元件
锡青铜线 QSn4-3 QSn6.5-0.1 QSn6.5-0.4 QSn7-0.2	0.1~6	40	93.2	90~100 HBW	−250~120	有较高的耐磨损、耐腐蚀和防磁性能，用于机械或仪表等的弹性元件
铍青铜线 QBe2	0.03~6	44	129.5	37~40	−200~120	有较高的耐磨损、耐腐蚀、防磁和导电性能，用于机械或仪表等的精密弹性元件

表 5-3 弹簧钢丝的抗拉强度 σ_b MPa

钢丝直径 /mm	碳素弹簧钢丝			重要用途碳素弹簧钢丝			弹簧用不锈钢丝		
	B级	C级	D级	E组	F组	G组	A组	B组	C组
1.0	1660~2010	1960~2300	2300~2690	2020~2350	2350~2650	1850~2110	1471	1863	1765
1.2	1620~1960	1910~2250	2250~2550	1920~2270	2270~2570	1820~2080	1373	1765	1667
1.4	1620~1910	1860~2210	2150~2450	1870~2200	2200~2500	1780~2040	1373	1665	1667
1.6	1570~1860	1810~2160	2110~2400	1830~2140	2160~2480	1750~2010	1324	1667	1569
1.8	1520~1810	1760~2110	2010~2300	1800~2130	2060~2360	1700~1960	1324	1667	1569
2.0	1470~1760	1710~2010	1910~2200	1760~2090	1970~2230	1670~1910	1324	1667	1569
2.2	1420~1710	1660~1960	1810~2110	1720~2000	1870~2130	1620~1860			
2.3							1275	1569	1471
2.5	1420~1710	1660~1960	1760~2060	1680~1960	1770~2030	1620~1860			
2.6							1275	1569	1471
2.8	1370~1670	1620~1910	1710~2010	1630~1910	1720~1980	1570~1810			
2.9							1177	1471	1373
3.0	1370~1670	1570~1860	1710~1960	1610~1890	1690~1950	1570~1810			
3.2	1320~1620	1570~1810	1660~1910	1560~1840	1670~1930	1570~1810	1177	1471	1373
3.5	1320~1620	1570~1810	1660~1910	1520~1750	1620~1840	1470~1710	1177	1471	1373
4.0	1320~1620	1520~1760	1620~1860	1480~1710	1570~1790	1470~1710	1177	1471	1373
4.5	1320~1570	1520~1760	1620~1860	1410~1640	1500~1720	1470~1710	1079	1373	1275
5.0	1320~1570	1470~1710	1570~1810	1380~1610	1480~1700	1420~1660	1079	1373	1275
5.5	1270~1520	1470~1710	1570~1810	1330~1560	1440~1660	1400~1640	1079	1373	1275
6.0	1220~1470	1420~1660	1520~1760	1320~1550	1420~1660	1350~1590	1079	1373	1275
6.5	1220~1470	1420~1610					981	1275	
7.0	1170~1420	1370~1570					981	1275	
8.0	1170~1420	1370~1570					981	1275	
9.0	1130~1320	1320~1520					1128		
10.0	1130~1320	1320~1520					981		

表 5-4 青铜线的抗拉强度 σ_b MPa

材料	硅青铜线			锡青铜线			铍青铜线		
线材直径/mm	0.1~2	>2~4.2	>4.2~6	0.1~2.5	>2.5~4	>4~5	状态	硬化调质前	硬化调质后
							软	343~568	>1029
抗拉强度 σ_b	784	833	833	784	833	833	1/2 硬	579~784	>1176
							硬	>598	>1274

表 5-5 弹簧材料的许用应力   MPa

钢丝类型或材料		碳素弹簧钢丝	重要用途碳素弹簧钢丝	弹簧用不锈钢丝①	65Mn	50CrVA 55Si2Mn	青铜线
压缩弹簧许用切应力 $[\tau]$	Ⅲ类	$0.5\sigma_b$	$0.5\sigma_b$	$0.45\sigma_b$	570	740	$0.4\sigma_b$
	Ⅱ类	$(0.38\sim0.45)\sigma_b$	$(0.38\sim0.45)\sigma_b$	$(0.34\sim0.38)\sigma_b$	455	590	$(0.30\sim0.35)\sigma_b$
	Ⅰ类	$(0.30\sim0.38)\sigma_b$	$(0.30\sim0.38)\sigma_b$	$(0.28\sim0.34)\sigma_b$	340	445	$(0.25\sim0.30)\sigma_b$
拉伸弹簧许用切应力 $[\tau]$	Ⅲ类	$0.4\sigma_b$	$0.4\sigma_b$	$0.36\sigma_b$	380	495	$0.32\sigma_b$
	Ⅱ类	$(0.30\sim0.36)\sigma_b$	$(0.30\sim0.36)\sigma_b$	$(0.27\sim0.30)\sigma_b$	325	420	$(0.24\sim0.28)\sigma_b$
	Ⅰ类	$(0.24\sim0.30)\sigma_b$	$(0.24\sim0.30)\sigma_b$	$(0.22\sim0.27)\sigma_b$	285	310	$(0.20\sim0.24)\sigma_b$
扭转弹簧许用弯曲应力 $[\sigma]$	Ⅲ类	$0.8\sigma_b$	$0.8\sigma_b$	$0.75\sigma_b$	710	925	$0.75\sigma_b$
	Ⅱ类	$(0.60\sim0.68)\sigma_b$	$(0.60\sim0.68)\sigma_b$	$(0.55\sim0.65)\sigma_b$	570	740	$(0.55\sim0.65)\sigma_b$
	Ⅰ类	$(0.50\sim0.60)\sigma_b$	$(0.50\sim0.60)\sigma_b$	$(0.45\sim0.55)\sigma_b$	455	590	$(0.45\sim0.55)\sigma_b$

注：σ_b 取材料抗拉强度的下限值；①不适用于直径 $d<1$ mm 的钢丝。

弹簧按载荷循环次数分为以下 3 类：

Ⅰ类——载荷循环次数在 10^6 以上；

Ⅱ类——载荷循环次数在 $10^6\sim10^3$ 之间；

Ⅲ类——受静载荷或载荷循环次数小于 10^3。

选择弹簧材料要综合考虑功能要求、使用环境条件和加工工艺要求，合理选择。以下因素可供选择时参考：

(1) 碳素弹簧钢 价格便宜，来源方便；弹性极限较低，淬透性差，不能在高温条件下工作，适合于制造一般用途的小尺寸弹簧。

(2) 合金弹簧钢 常用的有低锰弹簧钢、硅锰弹簧钢和铬钒钢。合金弹簧钢淬透性好，强度高；硅锰弹簧钢弹性极限高，回火稳定性好；铬钒钢组织细化，强度高，韧性好，但价格较高，适用于重要场合。

(3) 不锈钢和青铜 不锈钢耐腐蚀；青铜材料的耐腐蚀、防磁和导电性能好，强度较低，常用于腐蚀性较强的化工设备上。

5.2.2 弹簧的制造方法

弹簧的卷制方法有冷卷法和热卷法。弹簧丝直径较小($d<8\sim10$ mm)的弹簧采用经过预先热处理的冷拉弹簧丝通过冷卷法制造,卷成后通过低温回火消除内应力。弹簧丝直径较大的弹簧在加热的状态下卷制,卷成后需经淬火及中温回火。

对于重要的压缩弹簧,为了保证弹簧两端面与弹簧轴线垂直,要将两端面在专门的磨床上磨平。对于拉伸弹簧和扭转弹簧,为了便于连接和加载,两端制有挂钩或杆臂。

为了提高弹簧的承载能力,可以对卷制后的弹簧进行喷丸处理或强压处理,使弹簧丝表面产生与工作应力方向相反的残余应力,从而使弹簧工作状态的最大应力降低。长期工作在振动、高温和腐蚀环境下的弹簧不宜进行强压处理。

5.3 圆柱螺旋压缩(拉伸)弹簧的设计

5.3.1 圆柱螺旋弹簧的基本尺寸

普通圆柱螺旋弹簧的几何尺寸包括线径(绕制弹簧的钢丝直径)d、弹簧中径 D、弹簧外径 D_2、弹簧内径 D_1、自由高度 H_0、有效圈数 n、节距 t、螺旋角 α 等,几何尺寸之间的关系见图 5-1 和表 5-6。

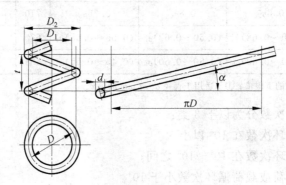

图 5-1 圆柱螺旋弹簧的几何尺寸

表 5-6 圆柱螺旋压缩和拉伸弹簧的几何尺寸

几何尺寸	压缩弹簧	拉伸弹簧
弹簧中径 D	$D=Cd$	
弹簧外径 D_2	$D_2=D+d=D_1+2d$	
弹簧内径 D_1	$D_1=D-d=D_2-2d$	
线径 d	弹簧钢丝直径	

续表

几何尺寸	压缩弹簧	拉伸弹簧
旋绕比 C	$C=D/d$	
有效圈数 n	用于计算弹簧总变形量的簧圈数量	
总圈数 n_1	$n_1=n+n_z$（n_z 为支承圈数）	$n_1=n$
节距 t	螺旋弹簧两相邻有效圈截面中心线的轴向距离	
螺旋角 α	$\alpha=\arctan\dfrac{t}{\pi D}$	
自由高度 H_0	$H_0=nt+(n_z-0.5)d$（两端圈磨平） $H_0=nt+(n_z-1)d$（两端圈不磨平）	$H_0=nd+H_h$（H_h 为挂钩轴向长度）
展开长度 L	$L=\dfrac{\pi D n_1}{\cos\alpha}$	$L=\dfrac{\pi D n_1}{\cos\alpha}+L_h$（$L_h$ 为挂钩展开长度）

5.3.2 弹簧的强度

以圆截面弹簧钢丝绕成的圆柱螺旋压缩弹簧为例，拉伸弹簧的受力情况相同。弹簧受力如图 5-2 所示，弹簧受到轴向载荷 F 作用，由于弹簧丝有螺旋角 α，在弹簧丝的法向截面上受到法向力 $F_n=F\sin\alpha$、切向力 $F_t=F\cos\alpha$、转矩 $T=\dfrac{FD}{2}\cos\alpha$ 和弯矩 $M=\dfrac{FD}{2}\sin\alpha$ 的作用。

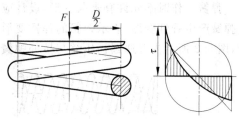

图 5-2 圆柱螺旋压缩弹簧的受力与应力

螺旋弹簧的螺旋角通常较小（$\alpha<10°$），弹簧丝的工作应力主要是由转矩引起的切应力，即

$$\tau_T=\frac{T}{W_T}=\frac{F\dfrac{D}{2}}{\dfrac{\pi d^3}{16}}=\frac{8FD}{\pi d^3}=\frac{8FC}{\pi d^2} \tag{5-1}$$

由于弹簧丝曲率的影响，同时考虑弹簧丝所受到的弯矩、切向力和法向力对应力的影响，引入曲度系数 K 对计算应力进行修正，弹簧丝内侧的最大应力和强度条件为

$$\tau=K\tau_T=K\frac{8FC}{\pi d^2}\leqslant[\tau] \tag{5-2}$$

其中，圆截面弹簧丝的曲度系数 K 为

$$K=\frac{4C-1}{4C-4}+\frac{0.615}{C} \tag{5-3}$$

弹簧设计中可根据式（5-2）确定弹簧丝直径：

$$d \geqslant \sqrt{\frac{8KFC}{\pi[\tau]}} \tag{5-4}$$

5.3.3 弹簧的刚度

根据弹簧丝的扭转变形和螺旋弹簧的几何形状,圆柱螺旋弹簧的变形量为

$$f = \frac{8FD^3 n}{Gd^4} \tag{5-5}$$

式中,G 为弹簧材料的切变模量。

对于有初拉力 F_0 的拉伸弹簧,变形量为

$$f = \frac{8(F - F_0)D^3 n}{Gd^4}, \quad F > F_0 \tag{5-6}$$

弹簧刚度为

$$F' = \frac{F}{f} = \frac{Gd^4}{8D^3 n} \tag{5-7}$$

5.3.4 弹簧的特性曲线

弹簧工作时不允许有永久变形,设计应保证弹簧工作在弹性极限范围内。在载荷作用下弹簧产生弹性变形,表示弹簧的弹性变形与作用载荷之间关系的曲线称为弹簧的特性曲线,图 5-3 所示为普通圆柱压缩与拉伸弹簧的特性曲线。

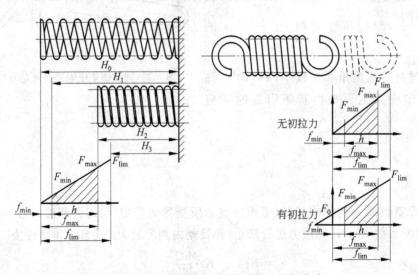

图 5-3 圆柱螺旋压缩和拉伸弹簧的特性曲线

特性曲线取纵坐标为弹簧所受载荷,横坐标为弹簧变形量。普通圆柱螺旋弹簧的特性曲线为直线,变直径或变节距弹簧的特性曲线为非线性。

压缩弹簧未受载荷作用时的长度(高度)为自由长度(高度)。安装时通常施加较小的载

荷 F_{min}，称为最小载荷，使弹簧长度被压缩到 H_1，弹簧变形量为 f_{min}；当弹簧受到最大载荷 F_{max} 作用时，弹簧变形量为 f_{max}，弹簧长度变为 H_2，弹簧最大变形量 f_{max} 与最小变形量 f_{min} 之差称为弹簧的工作行程 $h=f_{max}-f_{min}$。使弹簧材料的应力达到屈服极限的载荷称为极限载荷 F_{lim}，与之对应的弹簧长度为 H_{lim}，弹簧变形量为 f_{lim}。如果压缩弹簧的变形量达到 f_{lim} 之前已被压并，将不会出现塑性变形。拉伸弹簧可以具有初拉力，初拉力的大小与弹簧材料、弹簧丝直径以及加工方法有关。当载荷小于初拉力时弹簧不变形。图 5-3 右下端为有初拉力的拉伸弹簧的特性曲线。

5.3.5 弹簧的结构

压缩弹簧端部的常用结构如表 5-7 所示。

表 5-7 圆柱螺旋压缩弹簧端部结构

类型	代号	简图	类型	代号	简图
冷卷压缩弹簧（Y）	YⅠ	两端圈并紧，磨平 $n_z=1.0\sim2.5$	热卷压缩弹簧（RY）	RYⅠ	两端圈并紧，磨平 $n_z=1.5\sim2.5$
	YⅡ	两端圈并紧，不磨平 $n_z=1.5\sim2.0$		RYⅡ	两端圈制扁并紧，磨平或不磨平 $n_z=1.5\sim2.5$
	YⅢ	两端圈不并紧 $n_z=0\sim1$			

压缩弹簧两端圈应与邻圈并紧，只起支承作用，不参与变形，称为死圈。热卷弹簧端部圈应锻扁后并紧，重要的应用应保证弹簧支承端面与轴线垂直。弹簧丝直径小于或等于 0.5 mm 时，弹簧支承端面可不磨平；弹簧丝直径大于 0.5 mm 时，两支承端面应磨平。

拉伸弹簧为便于加载，端部制有挂钩。表 5-8 所示为圆柱螺旋拉伸弹簧常用的端部结构形式。其中，LⅠ，LⅡ型结构简单，制作方便，应用广泛，但是在制作中弹簧丝弯曲变形很大，适用于弹簧丝直径小于 10 mm 的弹簧。

表 5-8 圆柱螺旋拉伸弹簧端部结构

类型	代号	简图	类型	代号	简图
冷卷拉伸弹簧（L）	LⅠ	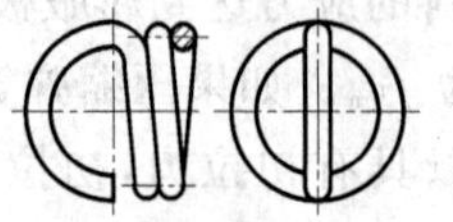 半圆钩环	冷卷拉伸弹簧（RY）	LⅦ	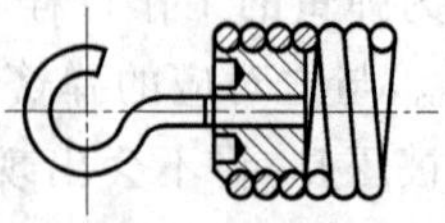 可调式拉簧
	LⅡ	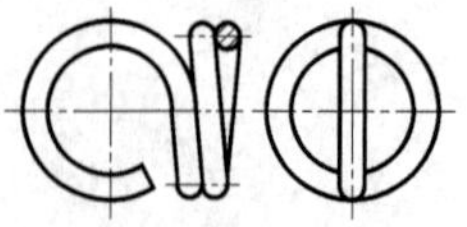 圆钩环		LⅧ	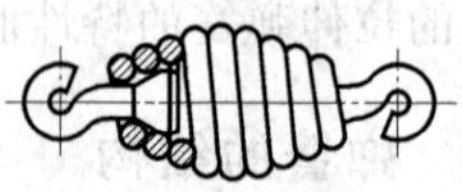 两端具有可转钩环
	LⅢ	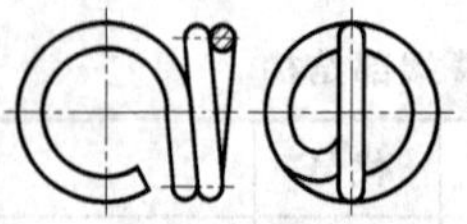 圆钩环压中心	热卷拉伸弹簧（RY）	RLⅠ	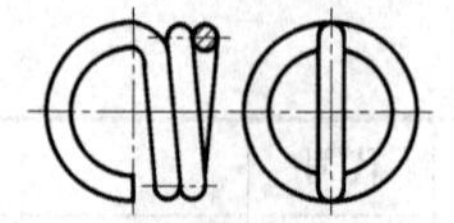 半圆钩环
	LⅣ	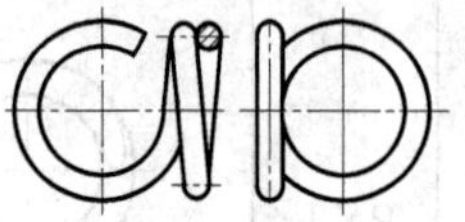 偏心圆钩环		RLⅡ	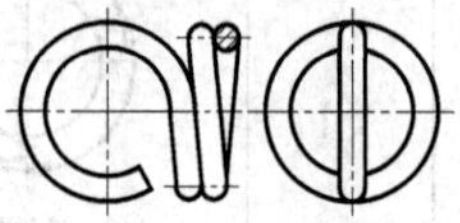 圆钩环
	LⅤ	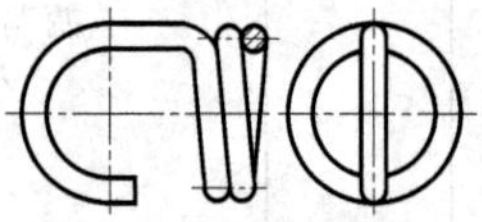 长臂半圆钩环		RLⅢ	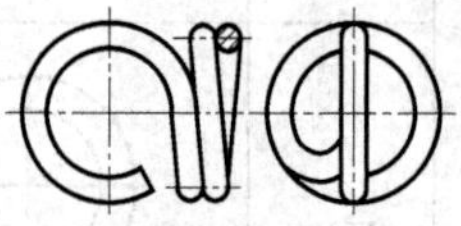 圆钩环压中心
	LⅥ	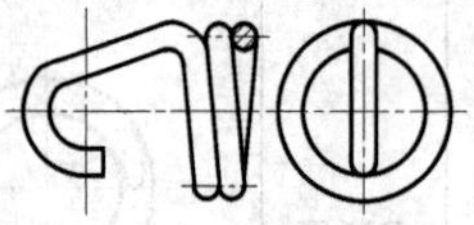 长臂小圆钩环			

5.3.6 圆柱螺旋压缩（拉伸）弹簧的设计计算

弹簧设计问题通常给定最大载荷 F_{max} 和最大变形量 f_{max} 及其他结构要求，例如弹簧的工作空间对弹簧尺寸的要求。通过设计，要确定弹簧的材料、弹簧丝直径、中径、工作圈数、端部结构、自由高度等参数。具体设计步骤如下：

1. 选择弹簧材料

根据弹簧的工作情况和环境要求，选择弹簧材料，并确定其极限应力数据。

2. 选择旋绕比 C

旋绕比小的弹簧刚度较大，但曲率较大，卷制困难，工作应力较大，通常选择旋绕比 $C=$

5～8,具体数值可根据表 5-9 推荐的范围选择。

表 5-9　圆柱螺旋弹簧旋绕比推荐值

d/mm	0.2～0.4	0.5～1.0	1.1～2.2	2.5～6.0	7.0～16	18～50
C	7～14	5～12	5～10	4～9	4～8	4～16

3. 初选弹簧中径 D、簧丝直径 d,确定许用应力

根据安装空间要求初选弹簧中径 D,根据旋绕比 C 初选弹簧丝直径 d,根据表 5-2～表 5-5 确定弹簧丝的许用应力。

4. 根据式(5-4)试算弹簧丝直径 d

由于冷卷弹簧钢丝材料的许用应力与弹簧丝直径有关,所以需要首先假设弹簧丝直径,并据此确定许用应力,然后进行试算。如果试算结果与假设直径相差较大,需要修正假设,重新试算。

计算出来的弹簧丝直径 d、中径 D、弹簧圈数 n 和弹簧自由高度 H_0 应根据表 5-10 所列数值圆整。

表 5-10　普通圆柱螺旋弹簧尺寸系列

弹簧丝直径 d/mm	第一系列	0.1　0.12　0.14　0.16　0.2　0.25　0.3　0.35　0.4　0.45　0.5　0.6　0.7　0.8　0.9　1　1.2　1.6　2　2.5　3　3.5　4　4.5　5　6　8　10　12　16　20　25　30　35　40　45　50　60　70　80
	第二系列	0.08　0.09　0.18　0.22　0.28　0.32　0.55　0.65　1.4　1.8　2.2　2.8　3.2　5.5　6.5　7　9　11　14　18　22　28　32　38　42　55　65
弹簧中径 D/mm		0.4　0.5　0.6　0.7　0.8　0.9　1　1.2　1.4　1.6　1.8　2　2.2　2.5　2.8　3　3.2　3.5　3.8　4　4.2　4.5　4.8　5　5.5　6　6.5　7　7.5　8　8.5　9　10　12　14　16　18　20　22　25　28　30　32　38　42　45　48　50　52　55　58　60　65　70　75　80　85　90　95　100　105　110　115　120　125　130　135　140　145　150　160　170　180　190　200　210　220　230　240　250　260　270　280　290　300　320　340　360　380　400　450　500　550　600　650　700
有效圈数 n	压缩弹簧	2　2.25　2.5　2.75　3　3.25　3.5　3.75　4　4.25　4.5　4.75　5　5.5　6　6.5　7　7.5　8　8.5　9　9.5　10　10.5　11.5　12.5　13.5　14.5　15　16　18　20　22　25　28　30
	拉伸弹簧	2　3　4　5　6　7　8　9　10　11　12　13　14　15　16　17　18　19　20　22　25　28　30　35　40　45　50　55　60　65　70　80　90　100
自由高度 H_0/mm	压缩弹簧	4　5　6　7　8　9　10　12　14　16　18　22　25　28　30　32　35　38　40　42　45　48　50　52　55　58　60　65　70　75　80　85　90　95　100　105　110　115　120　130　140　150　160　170　180　190　200　220　240　260　280　300　320　340　360　380　400　420　450　480　500　520　550　580　600　620　650　680　700　720　750　780　800　850　900　950　1000

5. 根据刚度条件确定弹簧圈数

对压缩弹簧和没有初拉力的拉伸弹簧,根据式(5-5)确定弹簧圈数,即

$$n = \frac{f_{max}Gd^4}{8F_{max}D^3} \quad (5-8)$$

对于有初拉力 F_0 的拉伸弹簧,根据式(5-6)确定弹簧圈数,即

$$n = \frac{f_{max}Gd^4}{8(F_{max}-F_0)D^3} \quad (5-9)$$

为避免由于载荷偏心引起过大的附加力,同时使弹簧保持稳定的刚度,弹簧有效圈数一般不少于3圈,最少不少于2圈。压缩弹簧支承圈数与端部结构可参照表5-7确定。

用不需要淬火的材料密卷的拉伸弹簧可以具有初拉力,不需要初拉力的弹簧应在各圈之间留有间隙,经过淬火的弹簧没有初拉力。初拉力按下式计算:

$$F_0 = \frac{\pi d^3}{8D}\tau_0 \quad (5-10)$$

式中,τ_0 为初应力,推荐根据旋绕比 C 在图5-4中的阴影部分选取。为了便于制造,建议取偏下值。

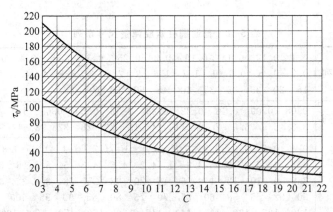

图 5-4 弹簧初应力选择

6. 计算弹簧几何参数,并检验是否符合安装条件

根据已经确定的参数可以计算弹簧的内径 D_1、外径 D_2、自由高度 H_0、节距 t、展开长度 L 和螺旋角 α 等参数。螺旋弹簧的旋向一般选右旋;组合弹簧选左、右旋相间,外层选右旋。如果几何参数不满足安装要求,则应重新选择参数,重新设计。

7. 校核压缩弹簧的稳定性

对于压缩弹簧,如果长度过大,则受力后容易失稳。为了保证弹簧工作的稳定性和便于制造,弹簧的高径比 $b = H_0/D$ 应满足下列要求:

两端固定时,$b \leqslant 5.3$;一端固定、一端回转时 $b \leqslant 3.7$;两端回转时 $b \leqslant 2.6$。

如果高径比不满足以上要求，则需要进行稳定性校核，使最大载荷 F_{max} 小于临界载荷 F_c，即

$$F_{max} < F_c = C_B F' H_0 \tag{5-11}$$

式中，C_B 为不稳定系数，由图 5-5 查取。如果不满足要求，应重新选择参数，提高稳定性。当受结构限制不能改变参数时，可设置导杆或导套，导杆与导套结构见图 5-6。导杆或导套与弹簧之间的间隙（直径差）参照表 5-11 选取。

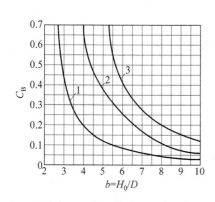

图 5-5 不稳定系数

1—两端回转；2——端固定，一端回转；3—两端固定

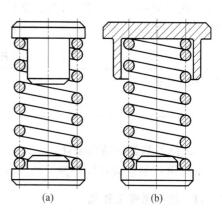

图 5-6 导杆与导套结构

(a) 加装导杆；(b) 加装导套

表 5-11 导杆（导套）与弹簧之间的间隙　　　　mm

中径 D	≤5	>5～10	>10～18	>18～30	>30～50	>50～80	>80～120	>120～150
间隙 c	0.6	1	2	3	4	5	6	7

8. 共振验算

受变载荷的弹簧在加载频率很高的条件下工作时应进行共振验算。圆柱螺旋弹簧的自振频率为

$$\nu = \frac{1}{2}\sqrt{\frac{F'}{m}} \tag{5-12}$$

式中，m 为弹簧质量。两端固定的钢制圆柱螺旋弹簧的自振频率为

$$\nu = 3.56 \times 10^5 \frac{d}{nD^2} \tag{5-13}$$

弹簧的自振频率与工作频率之比应大于 10。

9. 校核弹簧疲劳强度

承受变载荷的重要弹簧应进行疲劳强度校核。受变载荷作用的弹簧，其最大应力和最小应力分别为

$$\tau_{\max} = \frac{8KF_{\max}D}{\pi d^3}, \quad \tau_{\min} = \frac{8KF_{\min}D}{\pi d^3} \tag{5-14}$$

疲劳强度的安全系数为

$$S_c = \frac{\tau_0 + 0.75\tau_{\min}}{\tau_{\max}} \geqslant [S_c] \tag{5-15}$$

式中,τ_0 为弹簧材料脉动循环剪切疲劳极限,根据载荷循环次数在表 5-12 中查取;$[S_c]$ 为弹簧疲劳强度的许用安全系数,当弹簧的设计数据和弹簧材料的性能数据精确性较高时,取 $[S_c]=1.3\sim1.7$,否则取 $[S_c]=1.8\sim2.5$。

表 5-12 弹簧材料脉动循环剪切疲劳极限 τ_0

变载荷作用次数 N	10^4	10^5	10^6	10^7
τ_0	$0.45\sigma_b$	$0.35\sigma_b$	$0.33\sigma_b$	$0.3\sigma_b$

10. 拉伸弹簧的结构设计

结构设计是指选择拉伸弹簧的钩环类型和尺寸。

11. 绘制弹簧工作图

弹簧工作图除应表达弹簧的形状和尺寸外,还应标注其他弹簧参数。当直接标注有困难时可在技术要求中说明。用图解方式在弹簧视图上方表示弹簧的特性曲线。具体画法可参考图 5-7。

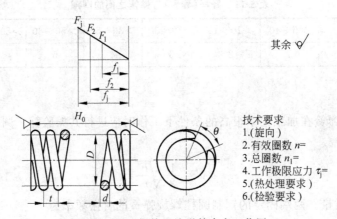

图 5-7 圆柱螺旋压缩弹簧参考工作图

例 5-1 设计一个工作在静载荷下的圆柱螺旋压缩弹簧,其最大工作载荷 $F_{\max}=1400$ N,最大变形量 $f_{\max}=25$ mm。

解:

1. 选择材料

根据弹簧工作条件选用 C 级碳素弹簧钢丝。

2. 初选旋绕比 $C=5$

3. 确定许用切应力

首先假设弹簧丝直径为 $d=4$ mm,根据表 5-3 查得 $\sigma_b=1520$ MPa,根据表 5-5,$[\tau]=0.5\sigma_b=0.5\times1520=760$(MPa)。

4. 计算弹簧丝直径

$$K=\frac{4C-1}{4C-4}+\frac{0.615}{C}=\frac{4\times5-1}{4\times5-4}+\frac{0.615}{5}=1.31$$

$$d\geqslant\sqrt{\frac{8KF_{max}C}{\pi[\tau]}}=\sqrt{\frac{8\times1.31\times1400\times5}{\pi\times760}}=5.54(\text{mm})$$

与假设的弹簧丝直径不符,重新假设弹簧丝直径为 $d=6$ mm,重新计算。根据表 5-3 查得 $\sigma_b=1420$ MPa,根据表 5-5,有

$$[\tau]=0.5\sigma_b=0.5\times1420=710 \text{ MPa}$$

$$d\geqslant\sqrt{\frac{8KF_{max}C}{\pi[\tau]}}=\sqrt{\frac{8\times1.31\times1400\times5}{\pi\times710}}=5.73(\text{mm})$$

与假设的弹簧丝直径相符,根据表 5-10,将弹簧丝直径圆整为 $d=6$ mm,$D=Cd=5\times6=30$(mm),符合表 5-10 所列的中径系列。

5. 计算弹簧圈数

根据式(5-8)得

$$n=\frac{f_{max}Gd^4}{8F_{max}D^3}=\frac{25\times79\,000\times6^4}{8\times1400\times30^3}=8.46$$

根据表 5-10,将有效圈数圆整为 8.5 圈,根据表 5-7,选择两端并紧并磨平的端部结构,两端各一圈支承圈,弹簧总圈数为

$$n_1=n+n_z=8.5+2=10.5$$

6. 计算弹簧几何参数

弹簧外径 $D_2=D+d=30+6=36$(mm),弹簧内径 $D_1=D-d=30-6=24$(mm),取弹簧工作高度为 $H_2=n_1d+7=70$(mm),弹簧最大变形量 $f_{max}=25$ mm,自由高度 $H_0=nt+(n_z-0.5)d=H_2+f_{max}=95$ mm,计算 $t=10.118$ mm,螺旋角 $\alpha=6.13°$,选择右旋。

7. 校核弹簧稳定性

按一端固定、一端回转计算,弹簧的高径比 $b=H_0/D=95/30=3.17\leqslant3.7$,满足稳定性要求。

8. 验算共振

弹簧承受静载荷,不需要验算共振。

9. 校核弹簧疲劳强度

弹簧承受静载荷,不需要校核疲劳强度。

10. 绘制弹簧工作图(略)

5.4 圆柱螺旋扭转弹簧的设计

5.4.1 圆柱螺旋扭转弹簧的强度和刚度

图 5-8 所示的扭转弹簧受到扭矩 $T=F_1R_1=F_2R_2$ 的作用,弹簧材料受到弯曲应力的作用,其值为

$$\sigma = K_1 \frac{32T}{\pi d^3} \qquad (5\text{-}16)$$

式中,K_1 为扭转弹簧的曲度系数。当弹簧顺旋向扭转时,$K_1=1$;当弹簧逆旋向扭转时,

$$K_1 = \frac{4C^2-C-1}{4C(C-1)} \qquad (5\text{-}17)$$

弹簧设计中可根据式(5-16)确定弹簧丝直径,即

$$d \geqslant \sqrt[3]{\frac{32K_1T}{\pi[\sigma]}} \qquad (5\text{-}18)$$

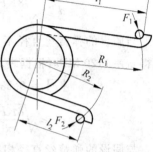

图 5-8 扭转弹簧

对长扭臂弹簧,扭转变形为

$$\varphi = \frac{64T}{\pi E d^4}\left[\pi D n + \frac{1}{3}(l_1+l_2)\right] \text{(rad)}$$

或

$$\varphi = \frac{3667T}{\pi E d^4}\left[\pi D n + \frac{1}{3}(l_1+l_2)\right] (°) \qquad (5\text{-}19)$$

扭转刚度为

$$T' = \frac{T}{\varphi} = \frac{\pi E d^4}{64\left[\pi D n + \frac{1}{3}(l_1+l_2)\right]} \text{(N·mm/rad)}$$

或

$$T' = \frac{\pi E d^4}{3667\left[\pi D n + \frac{1}{3}(l_1+l_2)\right]} \text{(N·mm/(°))} \qquad (5\text{-}20)$$

对短扭臂弹簧,扭臂变形可忽略不计,计算中可令 $l_1=l_2=0$。

5.4.2 圆柱螺旋扭转弹簧的结构

常用的圆柱螺旋扭转弹簧结构如表 5-13。

表 5-13 圆柱螺旋扭转弹簧结构

代号	简图	代号	简图
NⅠ	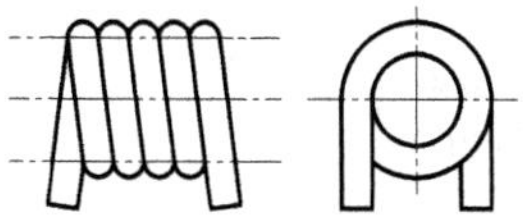 外臂扭转弹簧	NⅣ	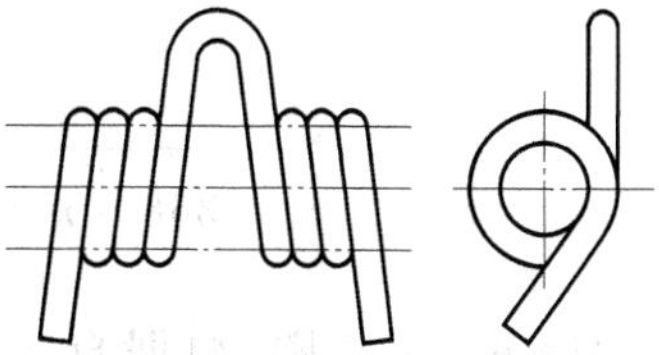 平列双扭弹簧
NⅡ	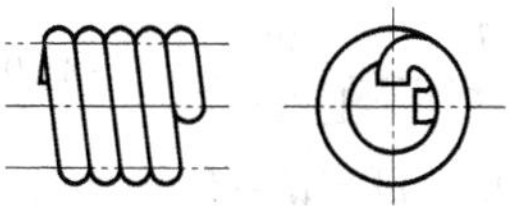 内臂扭转弹簧	NⅤ	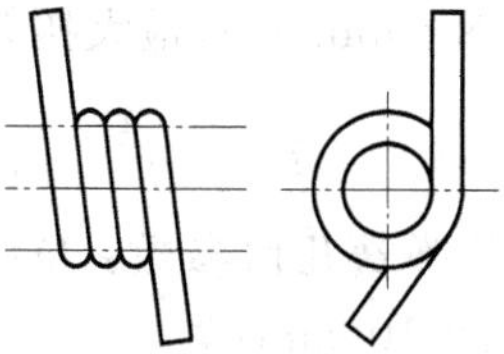 直臂扭转弹簧
NⅢ	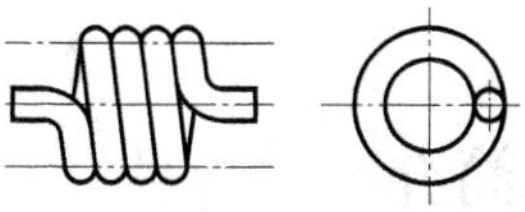 中心臂扭转弹簧	NⅥ	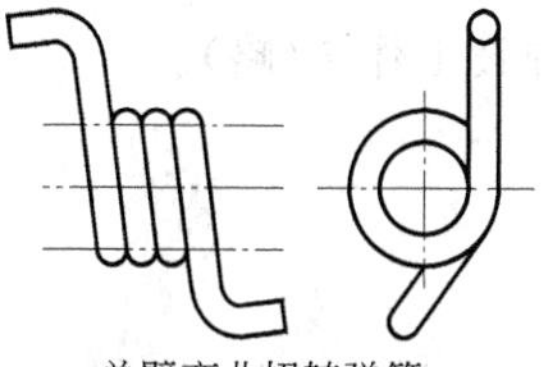 单臂弯曲扭转弹簧

5.4.3 圆柱螺旋扭转弹簧的设计计算

扭转弹簧的设计步骤与压缩、拉伸弹簧相似,首先根据使用条件选择弹簧材料,选择旋绕比 C 值,计算曲度系数 K_1,假设弹簧丝直径 d,选取材料许用应力 $[\sigma]$,根据强度条件式(5-18)确定需要的弹簧丝直径,如果所确定的直径与前面假设的直径不符,需要修正假设,重新计算,直到假设与计算结果相符,然后根据刚度条件确定弹簧圈数,根据安装条件确定弹簧结构,最后根据几何条件计算弹簧的其他几何参数,对于承受变载荷的重要弹簧,应进行疲劳强度校核。所确定的参数应符合表 5-10 所规定的尺寸系列。

例 5-2 设计 NⅥ 型单臂弯曲扭转弹簧,安装扭矩 $T_1=20\ \text{N}\cdot\text{mm}$,工作扭矩 $T_2=100\ \text{N}\cdot\text{mm}$,工作扭转角 $\varphi=\varphi_2-\varphi_1=60°$,自由角度 120°,臂长 20 mm,要求工作寿命 $N>10^7$ 次。

解: 根据弹簧工作条件,选用 F 组重要用途碳素弹簧钢丝。假设弹簧钢丝直径 $d=1$ mm,根据表 5-2 查得材料的弹性模量 $E=206$ GPa;根据表 5-3,$\sigma_b=2350\sim2650$ MPa,取 $\sigma_b=2500$ MPa;根据表 5-5,取许用弯曲应力 $[\sigma]=0.55\sigma_b=1375$ MPa;选择旋绕比 $C=9$;根据式(5-17)计算曲度系数 $K_1=1.09$;根据式(5-18)计算弹簧丝直径:

$$d \geqslant \sqrt[3]{\frac{32K_1 T}{\pi[\sigma]}} = \sqrt[3]{\frac{32\times1.09\times100}{\pi\times1375}} = 0.93(\text{mm})$$

与前面的假设相符,确定弹簧钢丝直径 $d=1$ mm。根据式(5-20)的扭转刚度公式

$$T' = \frac{T_2 - T_1}{\varphi_2 - \varphi_1} = \frac{100 - 20}{60} = \frac{\pi E d^4}{3667\left[\pi D n + \frac{1}{3}(l_1 + l_2)\right]}$$

$$= \frac{\pi \times 206\,000 \times 1^4}{3667\left[\pi \times 9 \times 1 \times n + \frac{1}{3}(20 + 20)\right]}$$

解得 $n=4.2$ 圈,根据自由角度 $120°$ 的条件,确定 $n=4\frac{1}{6}$ 圈,计算弹簧刚度 $T'=1.3457$ N·mm/(°),最大扭转角度和最小扭转角度分别为

$$\varphi_2 = \frac{T_2}{T'} = \frac{100}{1.3457} = 74.3°, \quad \varphi_1 = \frac{T_1}{T'} = \frac{20}{1.3457} = 14.9°$$

计算弹簧几何参数:$D=Cd=9\times1=9$(mm),$D_1=D-d=9-1=8$(mm),$D_2=D+d=9+1=10$(mm)

弹簧自由长度 $H_0=nt+d+$扭臂轴向长度$=4\times1+1+(6\times2-2)=15$(mm)

弹簧工作图(略)。

5.5 其他弹簧简介

5.5.1 碟形弹簧

碟形弹簧的外形为圆锥形,见图 5-9,一般由薄钢板冲压成形,在重型机械、车辆和一般机械中得到广泛的应用。碟形弹簧的主要特点如下:

(1) 在载荷作用方向尺寸小,刚度大,适用于轴向空间要求紧凑的场合,单位体积材料的变形能较大。

(2) 通过改变内锥高度 h_0 和碟片厚度 t 的比值,可以得到多种不同形状的弹簧特性曲线,见图 5-10。

(3) 按照不同的使用要求可以将碟形弹簧按同向或反向组合使用,获得所需要的特性。

(4) 由于支承面以及叠合表面之间的摩擦力作用,使碟形弹簧具有较好的缓冲和吸收振动的作用。

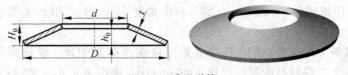

图 5-9 碟形弹簧

5.5.2 平面涡卷弹簧

平面涡卷弹簧是将等截面细长材料卷制成平面螺旋线形,工作时一端固定,另一端施加

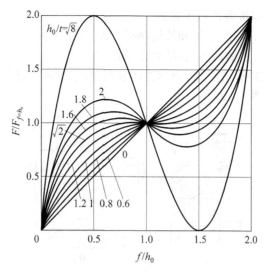

图 5-10 碟形弹簧特性曲线

转矩,弹簧丝材料产生弯曲变形。平面涡卷弹簧的圈数可以很多,变形角大,单位体积的储能较多。

平面涡卷弹簧在仪器仪表和医疗器械中得到了广泛的应用。

平面涡卷弹簧按照相邻圈之间是否接触分为接触式平面涡卷弹簧和非接触式平面涡卷弹簧,如图 5-11 所示。

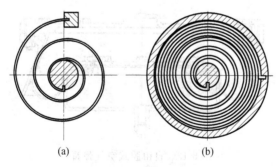

图 5-11 平面涡卷弹簧
(a)非接触式;(b)接触式

5.5.3 橡胶弹簧

橡胶弹簧与金属弹簧相比具有如下特点:
(1)同一弹簧可以同时承受来自多个方向的载荷,形状简单,设计自由度大。
(2)橡胶材料的弹性模量小,可承受较大变形,容易实现非线性特性。
(3)材料内阻尼大,对冲击载荷和高频振动有较好的吸振作用,并具有较好的隔音效果。常用作仪器的坐垫和机器的减振器。

(4) 结构简单,安装、拆卸、维护和使用都很方便,不需要润滑。

(5) 耐高温、耐低温、耐油性能差,易老化,易蠕变。

(6) 橡胶是非线性黏-弹性材料,力学性能复杂,很难对弹性进行精确计算。

橡胶弹簧的应用见图 5-12。

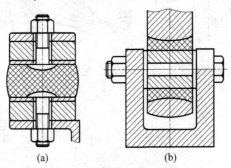

图 5-12 橡胶弹簧的应用
(a) 圆柱形橡胶弹簧;(b) 圆环形橡胶弹簧

5.5.4 空气弹簧

空气弹簧是在柔软的橡胶囊中充入具有一定压力的空气,利用空气的可压缩性实现弹性作用的弹性元件。图 5-13 所示为一种空气弹簧的结构图。

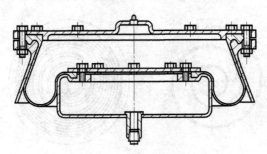

图 5-13 自由膜式空气弹簧

和金属弹簧相比,空气弹簧具有如下特点:

(1) 同一空气弹簧,可以同时承受轴向载荷和径向载荷。

(2) 空气弹簧的刚度与橡胶囊中的空气压力有关,通过控制压力可以很方便地调整空气弹簧的刚度。

(3) 空气弹簧具有非线性特征,根据需要可以将特性曲线设计成理想的形状。

(4) 可在附加空气室内设置节流阀,起到阻尼作用。

(5) 具有良好的吸收高频振动、隔音效果。

(6) 工作寿命长。

习 题

5-1 在弹簧总圈数不变的条件下,采用哪种结构可以减小螺旋压缩弹簧的压并高度?

5-2 圆柱螺旋压缩弹簧、圆柱螺旋拉伸弹簧、圆柱螺旋扭转弹簧如何实现变刚度?

5-3 怎样改变拉伸弹簧的初拉力?

5-4 在安装空间受限制的条件下,怎样提高弹簧的支承刚度?

5-5 怎样使圆柱螺旋压缩弹簧具有较大的阻尼?

5-6 怎样使弹簧的刚度随温度变化?怎样减少温度对弹簧刚度的影响?

5-7 怎样提高螺旋弹簧刚度的精确性?

5-8 圆柱螺旋压缩弹簧的中径 $D=18$ mm,弹簧钢丝直径 $d=3$ mm,弹簧材料为 C 级碳素弹簧钢丝,弹簧承受静载荷,有效圈数 $n=5$,两端圈并紧并磨平。

(1) 求弹簧能够承受的最大载荷 F_{max} 和在最大载荷作用下的变形量 f_{max}。

(2) 求弹簧的节距 t、自由高度 H_0 和总圈数 n_1。

(3) 校核弹簧的稳定性。

(4) 绘制弹簧工作图。

5-9 设计圆柱螺旋压缩弹簧。弹簧承受静载荷,最大载荷为 $F_{max}=1100$ N,最大载荷作用下的变形量 $f_{max}=16$ mm。

5-10 设计用于内燃机吸气门的圆柱螺旋压缩弹簧。要求弹簧中径 $D=32$ mm,安装高度 $H_1=54\sim 56$ mm,弹簧安装时施加的最小载荷 $F_{min}=200$ N,气门在最大开启时弹簧从安装高度压缩 10 mm,最大载荷 $F_{max}=420$ N,驱动气门运动的凸轮轴转速为 1450 r/min,要求工作寿命 $N>10^7$ 次。

5-11 设计圆柱螺旋拉伸弹簧。要求弹簧中径 $D\approx 12$ mm,弹簧外径 $D_2\leqslant 16$ mm,弹簧最小变形量 $f_{min}=7.5$ mm,最大变形量 $f_{max}=17$ mm,最小载荷 $F_{min}=180$ N,最大载荷 $F_{max}=340$ N。

5-12 设计重要用途圆柱螺旋拉伸弹簧。弹簧承受变载荷,载荷作用次数 $N\leqslant 10^5$ 次,弹簧的安装载荷 $F_1=210$ N,工作载荷 $F_2=500$ N,工作行程 $h=f_2-f_1\approx 30$ mm,两端采用 LⅡ圆钩环挂钩结构,要求弹簧外径 $D_2\leqslant 28$ mm。

5-13 设计用于棘轮机构中使棘爪复位的圆柱螺旋扭转弹簧。弹簧安装时初始变形角为 $\varphi_1=5°$,弹簧工作行程 $\varphi=\varphi_2-\varphi_1=10°$,弹簧的最大工作扭矩 $T_{max}=12\,000$ N·mm。

5-14 继电器接触片结构如图所示,图中 $L=45$ mm,$l=35$ mm,$\delta=2$ mm,要求当 $F=0.6$ N 时触点闭合,设计此片簧。

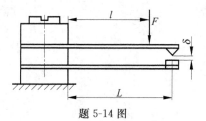

题 5-14 图

下 篇

机械系统的结构设计

6 机械系统结构设计的基本知识

6.1 概述

机械系统的结构设计是实施机械系统运动方案的重要步骤。机械的性能不但取决于运动方案设计的正确性,也取决于结构设计的合理性。机械的工作能力与每个零部件的工作能力有关,但其组合结构设计的合理性也至关重要。因此,机械系统结构设计是保证机械设计质量的重要环节。

机械零件的结构设计主要是指尺寸和形体的设计,在设计过程中需要对材料及热处理方法进行选择。

机械部件的结构设计主要是指具有一定功能的零件的组合结构设计,设计过程需要考虑安装、调整、润滑、密封以及制造工艺等因素。

制造工艺是结构设计的施工手段,工艺性表明施工的难易程度。随着科学技术的发展,工艺技术也不断有新的成果和突破,设计工程师必须了解各种工艺的特点及其最新进展,才能设计出高性能的机械产品。

通常,机械零件的结构必须在其组合结构设计过程中确定,而用于制造的机械零件工作图则必须在其组合结构设计完成后绘制。例如,图 6-1(a)所示为二级圆柱齿轮减速器的一种原理方案,图 6-1(b)所示为根据该原理设计的减速器部件结构图。对照两图可见,原理图只示出了齿轮、轴、轴承和箱体以及它们之间的相互运动关系,而部件结构图(图中仅给出一个视图)则完整地表达了部件的组成和结构。在结构设计中,一些零件为标准件。例如,滚动轴承、键、螺钉和密封件等,虽然它们只是选用,但是其尺寸的确定和必要的校核计算需要在组合结构设计中完成。另一些零件,例如轴的直径,只能根据所受转矩的大小初估其最小直径,在初步计算中无法确定其结构。齿轮的孔径、轮毂宽度及其在轴上的位置,也必须在结构设计中确定。还有一些零件,例如箱体、端盖、齿轮与滚动轴承之间的套筒等,只能在组合设计中完成其结构设计。

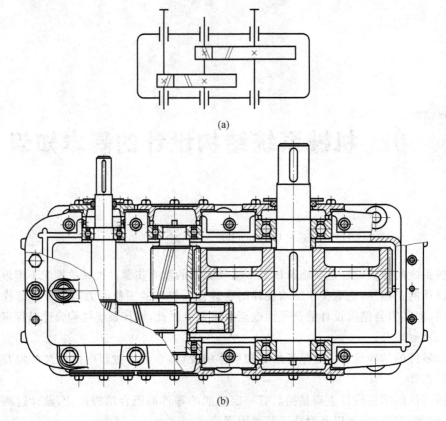

图 6-1 二级圆柱齿轮减速器原理图与结构图
(a) 减速器原理图;(b) 减速器结构图

机械系统结构设计的主要原则是:
(1) 保证实现总体方案的性能要求;
(2) 工艺性好,包括制造、安装、调整、维修等;
(3) 结构紧凑,以节约材料和节省空间;
(4) 造形美观,以提高市场竞争能力;
(5) 受力状态合理,以利于提高系统刚度、减小变形、实现运动副的理想结合,保证系统性能最佳;
(6) 应力分布均匀,避免出现应力集中,以提高零件的疲劳强度。

设计本身是一个创造的过程,需要设计工程师广开思路,提出多种方案,经过分析比较,从中选择最佳方案或集中各方案中的优点,组合成最佳方案。

6.2 制造工艺性

零件制造涉及的主要内容有毛坯选择、成形加工、工艺流程制定等。

6.2.1 毛坯的成形方法

根据结构特点,机械零件分为轴、套(如套筒)、盘(如齿轮、带轮)、支架(如轴承座)、箱体(如减速器箱体、变速器箱体)和床身等类,零件毛坯的选择既取决于材料的选择,又决定于其结构特点。常用黑色金属材料的毛坯选择见表 6-1。

表 6-1 常用黑色金属材料的毛坯选择

零件类型	轴、套、盘类	支架、箱体、床身类
毛坯选择	热轧圆钢 热轧圆钢锻造 铸造 焊接	铸造 焊接

6.2.2 零件的成形方法

机械零件的成形方法可以分为以下 3 类:
(1) 单工序成形,如精密铸造、精密锻造、粉末冶金、冲压、辗滚和热轧等。
(2) 切削成形,包括车、铣、刨、磨、钻、拉、插、珩、钳以及齿形加工中的滚齿、插齿、铣齿、剃齿、珩齿和磨齿等。
(3) 特殊工艺成形,通常是在切削成形的基础上进行的辅助或精化工艺,如线切割、电火花、腐蚀、涂层(包括金属涂层和有机涂层)、滚压和电镀等。

了解上述工艺方法的特点是考虑制造工艺性的基础,有关知识参见《制造工程基础》等相关教材和参考书。

6.2.3 工艺流程

工艺流程是指完成零件制造的步骤,涉及毛坯选择、成形方法和各种处理措施,例如热处理(正火、调质、退火、淬火、氰化、渗碳等)和表面处理(镀、涂层、喷丸、滚、碾压等)。简化工艺流程是设计的重要出发点。

黑色金属材料零件的制造工艺主要有铸造工艺、切削工艺和热处理工艺。

1. 铸造工艺性

(1) 确定合理的最小壁厚。铸件的最小壁厚,除了考虑强度和刚度外,往往还受最小允许铸造壁厚的限制。当壁厚小于这一数值时,会影响铸件质量。铸造黑色金属允许的最小壁厚可参见表 6-2。

表 6-2 黑色金属最小铸造壁厚 δ mm

铸造方法	铸造尺寸	铸钢	灰铸铁	球墨铸铁	可锻铸铁	高锰钢
砂型	~200×200	6~8	5~6	6	4~5	20（最大壁厚不超过125）
	>200×200~500×500	10~20	6~10	12	5~8	
	>500×500	18~25	15~20			
金属型	~70×70	5	4		2.5~3.5	
	>70×70~150×150		5		3.5~4.5	
	>150×150	10	6			

注：① 一般铸造条件下，各种灰铸铁的最小允许壁厚为：HT100，HT150 的 $\delta=4\sim6$ mm；HT200 的 $\delta=6\sim8$ mm；HT250 的 $\delta=8\sim15$ mm；HT300，HT350 的 $\delta\geqslant15$ mm；HT400 的 $\delta\geqslant20$ mm。
② 如有特殊需要，在改善铸造条件下，灰铸铁最小壁厚可达 3 mm，可锻铸铁可小于 3 mm。

(2) 结构转折和变化处应有适当的过渡圆角（图 6-2）。圆角过小会出现铸造裂纹（图 6-2(a)），圆角过大会出现局部缩松（图 6-2(b)）。

(3) 造形方便，如应有拔模斜度，尽量不用活块（图 6-3），少用砂芯，分型面单一（图 6-4）等。

(4) 有利于浇注的铁水充满型腔，如图 6-5(a) 所示。应避免大的水平面，以免铁水漫流以及造成收缩时的内应力，如图 6-5(b) 所示。

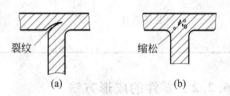

图 6-2 过渡圆角
(a) 过渡圆角过小；(b) 过渡圆角过大

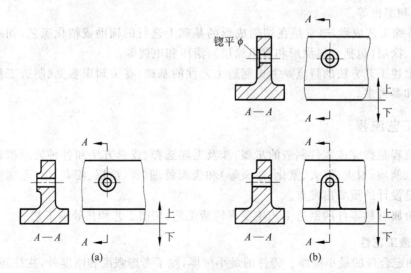

图 6-3 回避活块
(a) 用活块；(b) 不用活块

6 机械系统结构设计的基本知识   231

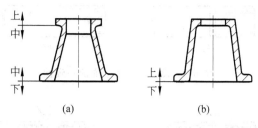

图 6-4　减少分型面

(a) 三箱造型；(b) 两箱造型

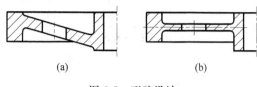

图 6-5　型腔设计

2. 切削工艺性

(1) 加工表面的几何形状尽量简单，易于施工，内表面不宜采用复杂形体，如图 6-6 所示。

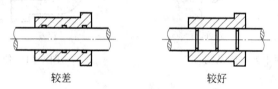

图 6-6　简化内表面形体

(2) 统一定位基准，以减少对刀次数，提高加工效率和质量，如图 6-7 所示。

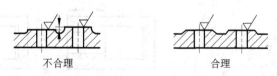

图 6-7　减少对刀次数

(3) 设计基准与工艺基准尽量一致(图 6-8)，以便于定位(图 6-9)、夹持(图 6-10)、加工(图 6-11)和测量(图 6-12)。

(4) 对于结构复杂的零件，可采用组合结构，以简化单个零件的加工工艺，如图 6-13 所示。

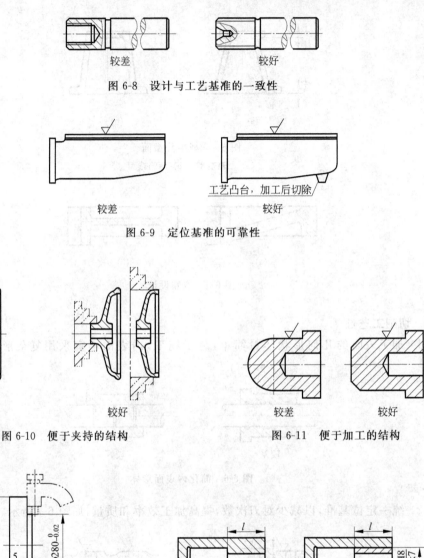

图 6-8 设计与工艺基准的一致性

图 6-9 定位基准的可靠性

图 6-10 便于夹持的结构

图 6-11 便于加工的结构

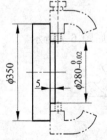

图 6-12 便于测量的结构

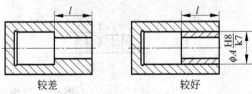

图 6-13 简化工艺的组合结构

3. 热处理工艺

为防止热处理（温度发生急剧变化的处理）的变形和裂纹，设计中应注意：

(1) 零件的形体结构应简单、对称、减少锐角，增大圆角半径；

(2) 细长杆件应尽量减小长径比；

(3) 提高结构刚性,如设计加强筋和框架型结构;
(4) 采用局部快速加热工艺等。

6.3 装配工艺性

装配工艺包括安装、拆卸、调整和检验等。

安装与拆卸是完成和维修产品的需要。在结构设计中,必须考虑安装与拆卸的难易程度以及使用的装拆工具。

调整是降低工艺要求、提高安装质量和保证设计技术指标的重要措施。在设计中,调整方法和调整环节的确定必须与装拆统一考虑。

检验是对安装和调整质量的鉴定,设计者必须明确检验的内容和方法。

图 6-14 所示为轴系的径向式安装结构。箱体为剖分式,轴系组合构件 2 可由上向下放置于箱座 1 上,然后合上箱盖 3,再安装端盖 4 和 5。

图 6-15 所示为轴系的轴向式安装结构。轴系组合构件 2 装入大端盖 5 后,自左向右放入箱座 1,然后安装端盖 3 和 4。

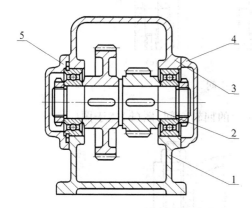

图 6-14 径向式安装结构
1—箱座;2—轴系组合构件;3—上箱盖;
4—右端盖;5—左端盖

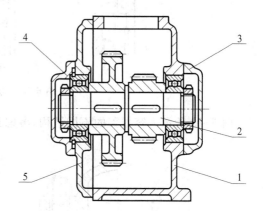

图 6-15 轴向式安装结构
1—箱座;2—轴系组合构件;3—右端盖;
4—左端盖;5—大端盖

图 6-16 所示为轴系轴向式安装的另一种结构形式。箱体为整体式,箱体孔径小于齿轮的齿顶圆直径,为此可采用图示的穿入式方法。该结构形式的箱体结构简单、刚度较好,但轴与轴上零件的配合不易过紧。

图 6-17 所示为轴系的倾斜式安装结构。箱体为整体式,键和齿轮预先装在轴上后按图示方式装入箱体孔,然后再安装轴承、螺母和端盖。该方式允许轴与轴上零件有较大的过盈。

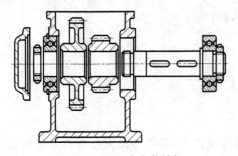
图 6-16 穿入式安装结构

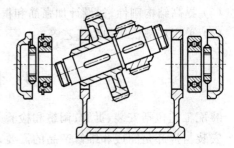
图 6-17 倾斜式安装结构

图 6-18 所示为螺纹连接件的安装。图(a)螺母高度 h 大于空间尺寸 h_1,只能采取图(b)的安装方式,十分不便;图(c)中 h_2 大于 h,克服了安装不便的缺点。

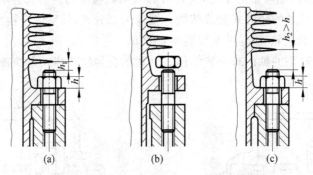

图 6-18 考虑安装空间

图 6-19 所示为容器盖的不同结构,考虑到扳手的回转空间,图(b)优于图(a)。

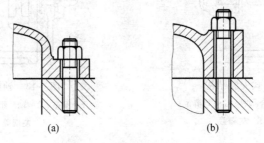

图 6-19 考虑扳手的回转空间

图 6-20 所示为管道的安装。图(a)安装不便,图(b)尺寸较大,图(c)更为合理。

图 6-21 所示的两种结构中,对于密封压盖的调整,图(a)需拆卸带轮,图(b)中因有孔 n 则不必。

图 6-22 所示为锥齿轮轴系,由滑动轴承支承。图(a)的轴系沿轴向只单向定位和固定,是错误的结构;图(b)为双向定位和固定,结构正确。

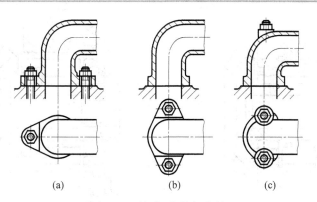

图 6-20　尺寸、安装与布局

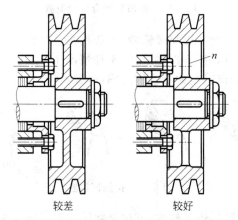

图 6-21　考虑方便调整的结构

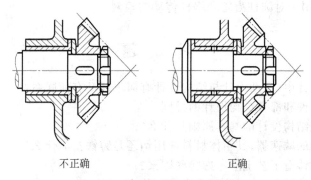

图 6-22　轴系的轴向定位和固定

图 6-23 所示的锥齿轮轴系,由滚动轴承支承。图(a)的轴系不能作轴向位置调整,无法调整锥顶重合度,是错误的结构;图(b)则可作轴向位置调整,结构正确。

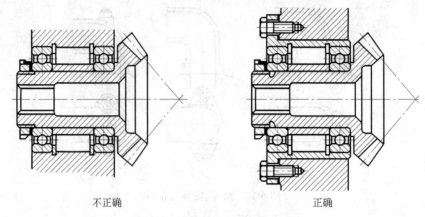

图 6-23　锥齿轮啮合位置调整

锥齿轮啮合的锥顶重合度只做间接检验,方法是在一个轮齿表面涂以红丹粉,啮合后检查另一轮齿表面的接触斑点。图 6-24 所示的 4 种情况中,图(a)所示的接触区位于齿的中部,为合格;图(b)所示稍偏向锥齿大端,尚可;图(c)和图(d)所示均为不合格。

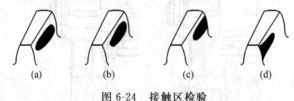

图 6-24　接触区检验

锥齿轮啮合的齿侧间隙用铅丝检验,方法是将铅丝置于啮合齿之间挤压,然后取出测量其厚度值,即为齿侧间隙值。

上述方法也可用于对圆柱齿轮和蜗杆传动的检测。

习　题

6-1　在机械设计中,运动设计与结构设计有何不同又有何联系?

6-2　试说明零件和部件结构设计的异同。

6-3　机械系统结构设计的基本原则是什么?

6-4　批量生产的减速器,其箱体材料选用钢还是铸铁?为什么?

6-5　铸件在其铸造工艺上应考虑哪些因素?

6-6　切削加工的零件,从工艺角度应考虑什么?

6-7　需要热处理的零件,在形体结构设计方面应考虑哪些因素?

6-8　装配工艺包括哪些内容?

6-9　机械设计中,为什么要考虑设计调整环节?

6-10　图 6-22(b)和图 6-23(b)所示,锥齿轮的轴向位置如何调整?

7 机械系统的装配结构设计

7.1 轴系结构设计

轴系结构设计是轴、轴上零件、轴的支承零件及其定位、固定、调整、密封等的一种零部件组合设计,是机械系统装配结构设计的重要内容之一。

7.1.1 轴的结构设计

轴作为支承零件,同时又要传递回转运动和转矩,为此,它既要与轴上的每个零部件组合,又要与轴承并通过轴承与机座上的零件组合。因此,轴的结构设计必须在轴系结构设计的过程中进行,其具体任务是,根据工作条件和要求确定轴的合理外形和各部分的具体尺寸。

1. 轴的结构设计的基本要求

(1) 轴本身需满足强度、刚度以及耐磨性(滑动轴承轴颈)要求;
(2) 轴及轴上零部件应有确定的工作位置,并且固定可靠;
(3) 轴应具有良好的制造工艺性;
(4) 轴上零部件应便于安装、拆卸和调整。

2. 轴的设计步骤

(1) 按轴所传递的转矩,初估轴的最小直径(计算方法详见 3.1 节)。
(2) 按空间和布局要求进行草图设计,其中包括:选定支承轴承的类型;初定轴承型号和支点跨距;初定轴上零部件的安装位置及其与轴结合部分的尺寸;对轴和轴承分别进行强度、刚度和寿命的校核计算。
(3) 细化结构,确定轴系及轴上零部件的定位固定方式、轴承的润滑与密封以及制造、安装和调试工艺。

3. 轴的结构设计应着重解决的问题

1) 轴的强度和刚度

轴上零件的结构和布置方案以及所受载荷的大小和方向均会影响轴的受力状态,从而决定了轴的强度和刚度。

图 7-1 所示为轴上传动轮的两种布置方案。如果动力由右侧轮输入,其余两轮输出(图 7-1(a)),当单纯考虑轴所受转矩时,输入转矩为 T_1+T_2,此时轴所受最大转矩为 T_1+T_2。若动力由中间轮输入,两侧轮输出(图 7-1(b)),则轴所受最大转矩仅为 T_1。

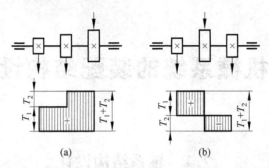

图 7-1　轴上零件布置方案的比较

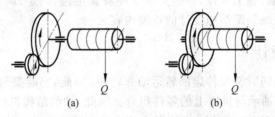

图 7-2　轴上零件结构设计方案的比较

图 7-2 所示为起重机卷筒的两种结构设计方案。图(a)中,大齿轮和卷筒分别与轴固连,提升重物 Q 时轴受转矩;图(b)中,卷筒与大齿轮为一个构件支承在轴上,提升重物 Q 时轴不受转矩。

图 7-3 所示为滑轮装置。其中,图(a)所示结构中轴所受最大弯矩小于图(b)所示结构中轴所受最大弯矩,而且图(b)中滑轮与轴的配合面长,加工不便。

图 7-4 所示为动力输入点的 4 种布置方案。小齿轮处于不同位置,其啮合力 F_n 与起重力 Q 之间的夹角不同,轴所受的弯矩也不同。经分析,方案(a)的轴所受弯矩最小。

上述实例表明,外载荷及轴上零部件的结构和布置方案对提高轴的强度和刚度有重要作用。

2) 轴上零件的定位和固定

轴上零件的定位和固定是轴的结构设计中

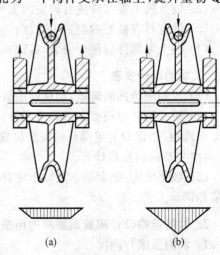

图 7-3　滑轮装置

7 机械系统的装配结构设计

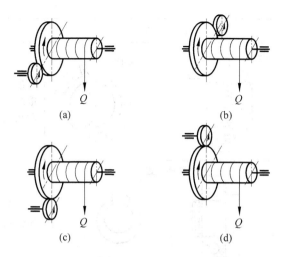

图 7-4 动力输入点布置方案的比较

两个十分重要的概念。定位是针对安装而言的,即无需任何测量便可一次安装到位;固定是针对工作而言的,即保持轴上零件与轴在工作过程中作为一个构件运转。轴上零件的定位和固定可分为周向和轴向的定位和固定。前者用于防止轴上零件与轴发生相对转动,常用的方法有键、花键、销、紧定螺钉、弹性环以及过盈配合和非圆截面连接等,其中,紧定螺钉连接只用在传力较小处;后者用于防止轴上零件与轴发生轴向相对位移,常用的方法见表 7-1。

表 7-1 常用轴上零件的轴向定位和固定方法

轴向定位和固定方法	简 图	特点与应用
轴肩轴环		能承受较大的轴向力。一般可取 $h=0.07d+(1\sim 2)$ mm,$b=1.4h$。设计中应使 $r<R<h$ 或 $r<c<h$
圆锥面		装拆较方便,能承受冲击载荷。锥面加工较麻烦,轴向定位不准确,多用于轴端零件的定位和固定。常与轴端挡圈联合使用

续表

轴向定位和固定方法	简　图	特点与应用
圆螺母	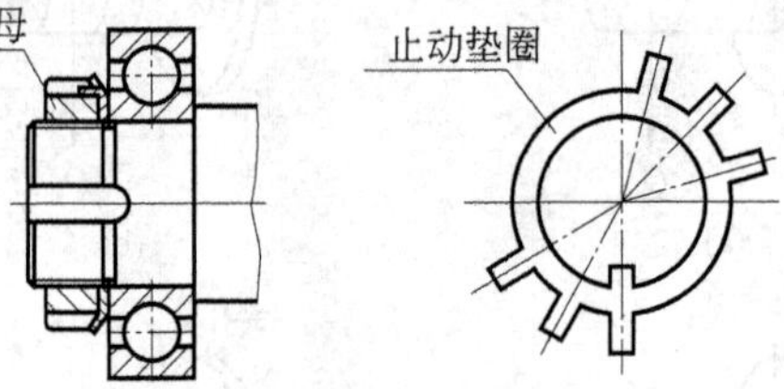	能承受较大的轴向力,需采取防松措施,如加装图中的止动垫圈
弹性挡圈	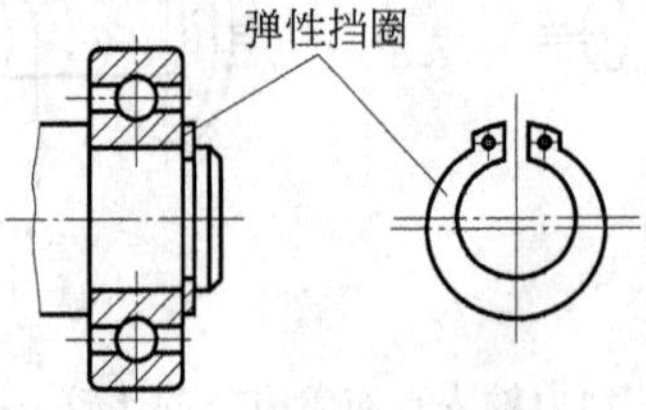	只能承受较小的轴向力,可靠性较差
轴端挡圈	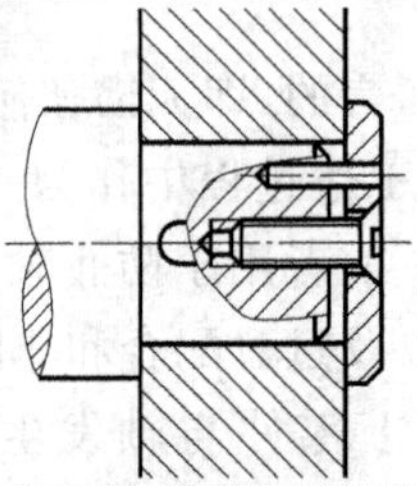	可承受剧烈的振动和冲击载荷,需采取防松措施,如图中的圆柱销
锁紧挡圈	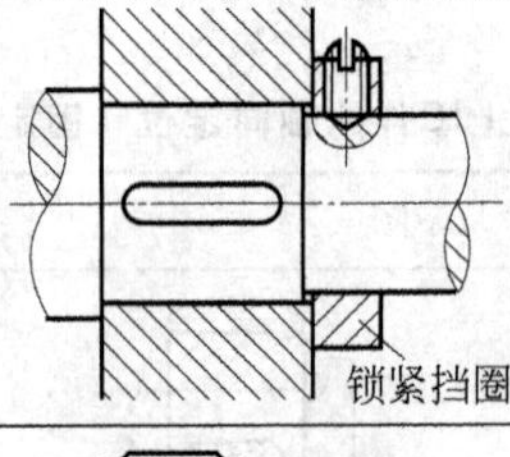	不能承受大的轴向力,在有冲击和振动的场合,应有防松装置
套筒	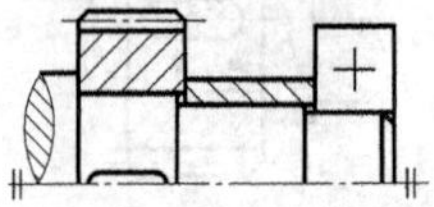	适于轴上两零件间的定位和固定
销	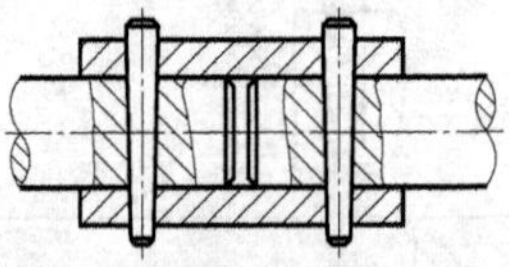	用于受力不大的场合,对轴有较大的削弱
弹性环	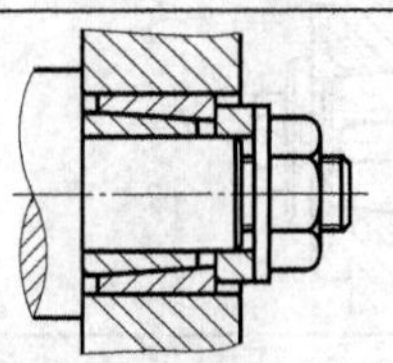	过盈量可以调整,多次装拆不会影响性能

图7-5所示为轴上零件定位和固定的实例。两轴承间的齿轮轴向由轴环和套筒定位和固定,轴端的半联轴器其轴向由轴肩和轴端挡圈定位和固定。齿轮和半联轴器均由平键实现周向定位和固定。滚动轴承在轴上的周向定位和固定是靠过盈配合,轴向定位靠轴肩(套筒)和端盖。

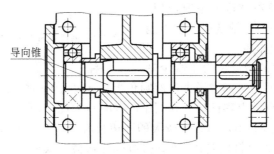

图7-5 轴上零件的定位和固定

3) 轴结构的工艺要求

转轴一般呈阶梯状,又称阶梯轴。各段轴颈不同的主要目的是:①提供定位和固定的轴肩、轴环;②区别不同精度和表面粗糙度以及配合的要求;③便于轴上零件的装拆。

(1) 倒角。轴端和各阶梯端面均应设计倒角,其作用是:①导入相配零件;②防止划伤相配零件和操作者;③尖角易被磕碰而变形,以致妨碍相配零件的安装。

(2) 圆角。为了减小应力集中,轴上各段直径变化处均应设计大小不同的圆角,如有相配零件,则需满足一定的尺寸关系,如图7-6(a)所示。圆角半径 r 的取值要防止与相配零件的倒角发生干涉,从而影响轴上零件的定位。此外,当相配零件的倒角大于轴肩高度时,会造成轴上零件的定位不可靠,如图7-6(b)所示。

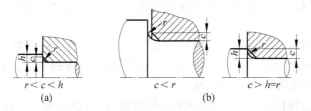

图7-6 轴上过渡圆角与相配零件倒角的关系

(3) 砂轮越程槽。在图7-5中,滚动轴承与轴的结合处应设计砂轮越程槽。鉴于轴在轴承处弯矩很小,这种措施不会因应力集中而导致轴的强度不足,但为轴的车削和磨削加工带来了方便。为了方便切槽,同一轴上的槽宽应尽量相同。

(4) 键槽。键连接的尺寸已经标准化,其截面尺寸应根据轴的直径在标准中选取。如果轴上有多个键槽,则应将键槽设计分布在同一母线上,以便于加工。

(5) 导向锥。过盈量较大的配合轴段,为了便于装配应设计导向锥,如图7-5所示。

(6) 轴段长度。轴段长度应小于相配合零件的宽度,这样既可保证其定位和固定的可靠,又可降低对轴向尺寸精度的要求。在图 7-5 中,齿轮和半联轴器的轮毂宽度分别大于相配合轴段的长度。图 7-7 所示为轴段长度大于相配合零件轮毂宽度的情况,可见图(a)中的套筒和图(b)中的轴端挡圈均不能对左边的零件起到固定作用。

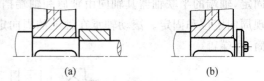

图 7-7　轴段长度与相配零件轮毂宽度的关系

(7) 减小应力集中的措施。为了减少轴直径突变处的应力集中,通常通过增大过渡圆角半径 r 改善轴的抗疲劳强度。但是,如果圆角半径 r 过大,会影响到轴上零件的定位(图 7-6(b)),为此,可在结构上采取相应的措施。如在轴上设计卸载槽(图 7-8(a)),采用较大的凹切圆角(图 7-8(b))和附加一个过渡定位环(图 7-8(c))等。此外,轴上打横向孔、开槽和切口等均会造成应力集中,应尽量避免;合金钢对应力集中较普通碳钢敏感,设计时更应注意采取措施;降低表面粗糙度既可保证稳定的配合性质,也可提高轴的抗疲劳强度。

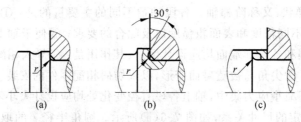

图 7-8　减小应力集中的结构

(8) 阶梯轴的直径差。在阶梯轴设计中,为了保证轴的强度、刚度,减小应力集中和切削量,如无定位和其他要求,应尽量减小各轴段的直径差,甚至可以采用相同的公称直径、不同的配合性质。

(9) 定位轴肩和轴环的高度。定位轴肩和轴环的高度以定位可靠为设计准则,具体数据可参考表 7-1,表中数据也适用于滑动轴承。对于滚动轴承的定位轴肩和轴环的高度,可根据所选轴承的类型和型号查手册选取。

(10) 精度和表面粗糙度。为了保证轴的回转精度,与滚动轴承配合的轴颈应具有较高的精度和较低的表面粗糙度。与传动零件配合的轴段,一般也应比其他轴段的精度高、粗糙度低。对于高转速、大载荷和重要的轴,其各轴段都应有较低的表面粗糙度,以提高轴的疲劳强度。与滚动轴承和传动零件配合段的精度也要相应提高。

(11) 配合性质。当轴上零件与轴形成回转副时,减小配合间隙可提高回转精度,高速、温升高的场合应适当增大配合间隙。当零件与轴组成回转构件时,构件中传动零件与轴的配合应根据载荷的大小选取适当的过盈量。对于非传动零件,一般可选用间隙配合或较松的过渡配合。滚动轴承与轴的配合可查阅相关《机械设计手册》。对于初学者,公差与配合的选用可参考《机械设计手册》中的选用实例。

7.1.2 轮体的结构设计

轮类零件(带轮、链轮、齿轮和蜗轮等)的功能是在轴与轴之间传递运动和动力。按照功能可将轮体的结构分为轮缘、腹板(或轮辐)和轮毂3部分,如图7-9所示。通常轮缘位于外部,是实现特定传动功能的部位;轮毂是与轴实现连接的部分;腹板或轮辐介于轮缘和轮毂之间,起连接轮缘和轮毂的作用。当轮体直径较小时,轮辐便不存在,比如小齿轮(图7-12(a));当轮体的直径更小时,则与轴成为一个零件,轮毂也消失,如齿轮轴(图7-12(b))。

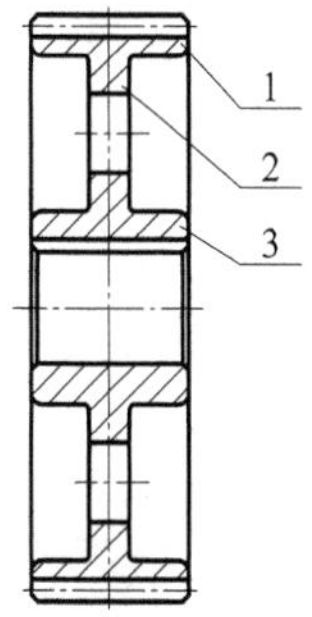

1. 轮体结构设计的基本要求

(1) 轮与轴之间及轮的各部分之间应具有确定的相对位置,并且这种相对位置关系不因工作中的变形和磨损而被破坏;

(2) 安装、调整及工作过程中不与其他零件发生干涉;

(3) 轮体的各部分应具有足够的强度、刚度、精度和工作寿命;

(4) 轮体应具有良好的制造、安装、调整及运输等操作的工艺性,具有良好的经济性。

图7-10~图7-17所示为常用轮体的典型结构。

图 7-9 轮体的结构
1—轮缘;2—腹板;3—轮毂

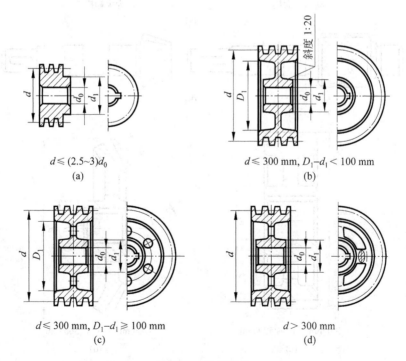

$d \leq (2.5\sim3)d_0$
(a)

$d \leq 300$ mm, $D_1 - d_1 < 100$ mm
(b)

$d \leq 300$ mm, $D_1 - d_1 \geq 100$ mm
(c)

$d > 300$ mm
(d)

图 7-10 带轮结构
(a) 盘式;(b) 腹板式;(c) 孔板式;(d) 轮辐式

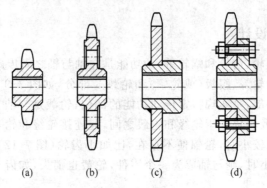

图 7-11 链轮结构

(a) 实心式；(b) 腹板式；(c) 焊接式；(d) 装配式

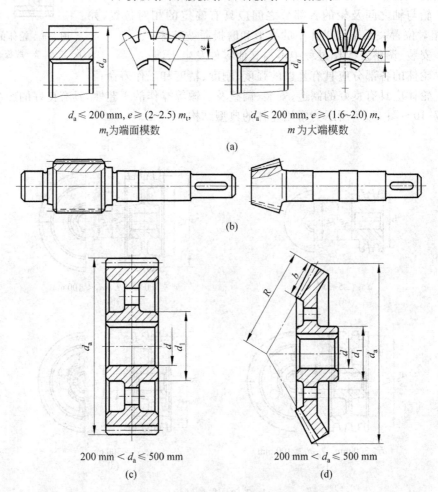

$d_a \leq 200$ mm, $e \geq (2\sim2.5) m_t$, m_t 为端面模数

$d_a \leq 200$ mm, $e \geq (1.6\sim2.0) m$, m 为大端模数

(a)

(b)

200 mm $< d_a \leq 500$ mm

200 mm $< d_a \leq 500$ mm

(c)   (d)

图 7-12 齿轮结构(1)——锻造齿轮

(a) 盘式齿轮尺寸限定条件；(b) 齿轮轴(当不满足结构尺寸 e 条件时)；(c) 辐板式圆柱齿轮；(d) 辐板式圆锥齿轮

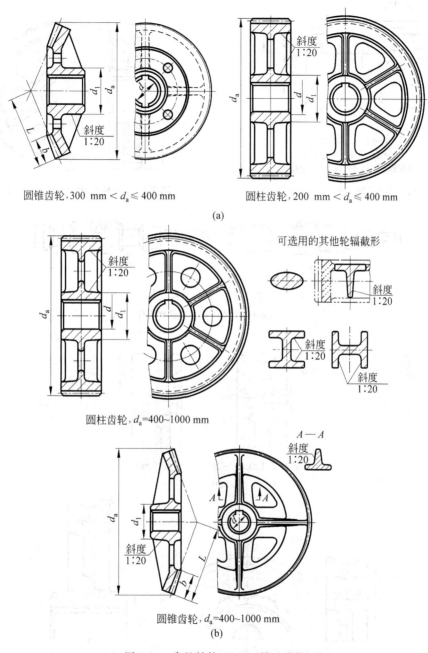

图 7-13 齿轮结构(2)——铸造齿轮
(a) 腹板式；(b) 轮辐式

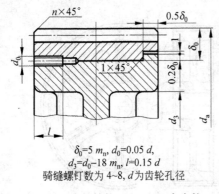
$\delta_0=5\,m_n,\ d_0=0.05\,d,$
$d_3=d_0-18\,m_n,\ l=0.15\,d$
骑缝螺钉数为 4~8，d 为齿轮孔径

图 7-14　齿轮结构（3）——组合齿轮

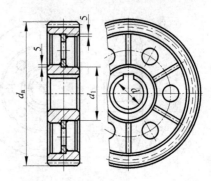

图 7-15　齿轮结构（4）——焊接齿轮

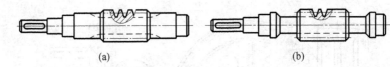

图 7-16　蜗杆结构
（a）铣制蜗杆；（b）车制或铣制蜗杆

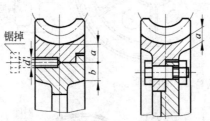

$d=(1.2\sim1.5),\ a=b=2m$ 但不小于 10 mm
(a)

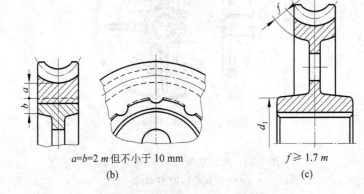

$a=b=2\,m$ 但不小于 10 mm
(b)

$f \geqslant 1.7\,m$
(c)

图 7-17　蜗轮结构（m 为模数）
（a）齿圈式；（b）镶铸式；（c）整体式

2. 轮体结构的共性

(1) 轮体结构设计中,若选用铸铁或有色金属材料,则采用铸造毛坯;若选用钢材,则可采用锻造、铸造和焊接毛坯。锻造毛坯的直径受锻造设备的限制,通常轮体直径为 200~500 mm,铸造和焊接毛坯的直径一般不受限制。当轮体直径小于 200 mm 时,钢材轮体还可以选用圆钢做毛坯。

(2) 轮体分组合式和整体式。整体式轮体为一种材料,组合式为两种材料,如轮毂和轮辐部分多采用铸铁,而轮缘部分采用钢或有色金属材料,以节约优质钢材和贵重金属。

(3) 轮毂宽度 B 与轴径 d 的比值 $\frac{B}{d}$ 约在 1.0~1.5 的范围内,以保证定位和固定的可靠性,当受有轴向力时应取较大值。

(4) 轮毂直径 d_1 与轴颈 d 的比值 $\frac{d_1}{d}$ 一般取 1.6~1.8,钢材料取小值,铸铁材料取大值。

3. 各种轮体结构的差异

(1) 轮缘与轮毂宽度可以相同,也可以不同。链轮的轮缘是由链条的结构决定的,其宽度小于轮毂的宽度;蜗轮的轮缘因其结构特点,一般也小于轮毂的宽度;带轮的轮缘根据带的根数不同其宽度有时会大于轮毂的宽度;齿轮的轮缘与轮毂的宽度一般相同,而高速齿轮的轮缘宽度往往小于轮毂的宽度;锥齿轮的轮缘宽度 b 与锥顶距 L 的比值 $\frac{b}{L} \leqslant \frac{1}{3}$(图 7-12,图 7-13)。

(2) 带轮为整体式结构,考虑经济性,常选用铸铁材料,某些场合也可用铝制带轮。

(3) 齿轮、蜗轮因涉及啮合精度问题,对轮缘的刚度要求较高;而带轮、摩擦轮等摩擦传动对刚度问题不敏感,其轮缘刚度可降低要求。因此,辐条式齿轮多用在大型、低速等运转精度要求不高的场合。

轮体结构各部分的尺寸关系可参考相关的设计手册。

7.1.3 轴系的结构设计

轴系是指回转构件及其支承与定位系统。轴系结构在工作中应使回转构件能够实现正确的运动,在工作载荷的作用下能够保持正确的形状和相对位置,使轴上零件得到良好的润滑。

1. 滚动轴承支承的结构形式

回转构件的径向定位和固定已由轴承和机座的约束实现,因此,支承的结构形式主要是指回转构件的轴向定位和固定形式。回转构件的支承分为滑动轴承支承和滚动轴承支承,这里仅讨论滚动轴承支承的典型结构和所涉及的问题,掌握了滚动轴承支承的定位和固定问题,滑动轴承的定位和固定问题将迎刃而解。

滚动轴承的支承结构可以分为 3 种基本类型。

1) 双支点单向固定支承

每个支点轴承均受对角约束,从而限制轴在一个方向的轴向移动。图 7-18 所示为两种基本结构。图(a)为一对深沟球轴承支承;图(b)为一对圆锥滚子轴承支承。其中,各轴承内圈一侧均有轴肩约束,外圈另一侧均有端盖约束。这种对角约束使轴系沿轴线双向定位,主要适用于轴承支点跨距 $l \leqslant 350$ mm 和工作温升 $\Delta t < 50$℃的场合,此种结构形式又称为两端固定支承。

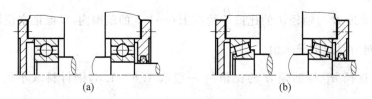

图 7-18　双支点单向固定支承(两端固定支承)

2) 单支点双向固定支承

当轴承支点跨距较大($l > 350$ mm),工作温升较高($\Delta t \geqslant 50$℃)时,必须给轴以热膨胀的余地,同时又要保证轴系的稳定工作位置。为此,应采用能使轴的一端轴向固定,另一端轴向移动的单支点双向固定支承,如图 7-19 所示。图(a)为两支点均采用深沟球轴承;图(b)为右支点采用深沟球轴承,左支点采用圆柱滚子轴承;图(c)为右支点采用一对圆锥滚子轴承,左支点采用圆柱滚子轴承。单支点双向固定支承的共同特点如下:

(1) 轴的一端沿轴向被双向固定。如图 7-19 所示,右轴承的外圈两侧分别被机架台阶和端盖固定,内圈两侧分别由轴肩和卡环固定,当轴受双向轴向力时,不会沿轴向移动。

(2) 轴的另一端沿轴向可双向移动。如图 7-19 所示,图(a)左轴承为深沟球轴承,其整体可沿轴向游动,以适应轴的热变形;图(b)和图(c)左轴承为圆柱滚子轴承,虽然内、外圈均双向固定,但由于圆柱滚子轴承的结构特点,使其内圈相对于外圈可沿轴向自由移动以适应轴的热变形。

(3) 两支点的内圈在轴上被双向固定。图 7-19 中各支点的轴承内圈均双向固定在轴上,其目的是保证轴系承受双向轴向载荷或振动

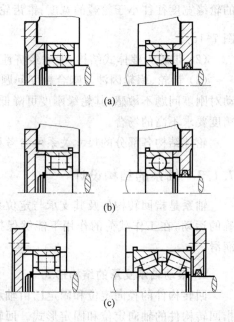

图 7-19　单支点双向固定支承(一端固定一端游动支承)

时,轴与轴承内圈不会沿轴向有相对移动。

单支点双向固定支承又称为一端固定一端游动支承。

3) 双支点游动支承

当轴上的传动零件具有确定两轴的相对轴向位置功能时,两轴中的一根轴应采用两端游动支承结构,另一根轴可采用前面介绍的轴系结构形式。

如图 7-20 所示的高速轴,轴的两支点均采用圆柱滚子轴承。该轴系的轴向位置由低速轴系通过人字齿轮限制。在人字齿轮传动中,这种结构既可简化安装,又可使轮齿受力均衡。

表 7-2 为滚动轴承内、外圈常用的固定方式。

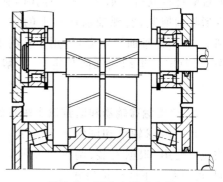

图 7-20 双支点游动支承

表 7-2 滚动轴承内、外圈常用的固定方式

轴承内圈的轴向固定方式		简图	轴承外圈的轴向固定方式	
名称	特点与应用		名称	特点与应用
轴肩	适于双支点单向固定的结构,结构简单,外廓尺寸小,可承受大的轴向负荷		端盖	端盖也可为通孔,以通过轴的伸出端,适于高速及轴向负荷较大的场合
弹性挡圈	由轴肩和弹性挡圈实现轴向固定。弹性挡圈可承受不大的轴向负荷,结构尺寸小		螺钉压盖	类似于端盖式,但便于在箱外调节轴承的轴向游隙。螺母为防松措施
轴端挡板	由轴肩和轴端挡板实现轴向固定,销和弹簧垫圈为防松措施。适于轴端不宜切制螺纹或空间受限制的场合		螺纹环	便于调节轴承的轴向游隙,但应有防松措施(如图中的防松片)。适于高转速、较大轴向负荷的场合
锁紧螺母	由轴肩和锁紧螺母实现轴向固定,具有止动垫圈防松,安全可靠,适于高速、重载		弹性挡圈	结构简单,拆装方便,轴向尺寸小,适于转速不高、轴向负荷不大的场合。弹性挡圈与轴承间的调整环可调整轴承的轴向游隙

开口锥套是针对锥孔轴承的轴上固定装置,锥套是外锥内柱沿母线开口的套筒(图 7-21),通过螺母将其挤入轴承锥孔的同时,利用套筒的变形将轴抱紧,实现轴承在轴上的定位和固定。图 7-21(a)是锥面紧定套,可用于轴的不同位置;图 7-21(b)是退卸式锥面紧定套,一般用于轴端部位。

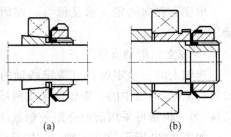

图 7-21 锥孔轴承的轴上固定装置
(a) 锥面紧定套;(b) 退卸式锥面紧定套

2. 角接触球轴承和圆锥滚子轴承的排列方式

角接触球轴承和圆锥滚子轴承一般均成对使用,根据安装、调整以及使用场合的不同,可以有以下两种排列方式。

(1) 正装(面对面安装)。两角接触球轴承或圆锥滚子轴承的外圈窄端面相对,此时轴承的压力中心距离$\overline{O_1O_2}$小于两个轴承的中点跨距,如图 7-22(a)和(c)所示。该方式的轴系结构简单,装拆、调整方便(参见图 7-23(a)),但轴的受热伸长会减小轴承的轴向游隙(参见图 7-20 的低速轴),甚至会卡死。

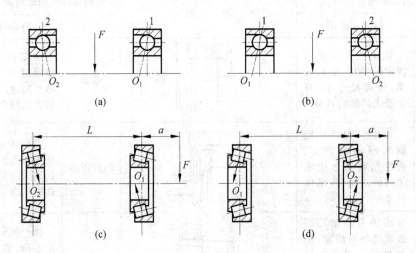

图 7-22 轴承的正、反安装
(a) 正装(力中间作用);(b) 反装(力中间作用);(c) 正装(力悬臂作用);(d) 反装(力悬臂作用)

(2) 反装(背对背安装)。两角接触球轴承或圆锥滚子轴承的外圈宽端面相对,此时轴承的压力中心距离$\overline{O_1O_2}$大于两个轴承的中点跨距,如图 7-22(b)和(d)所示。显然,此时轴的热膨胀会增大轴承的轴向游隙。另外,反装的结构复杂,装拆、调整不便(参见图 7-23(b))。

当传动零件悬臂安装时,反装的轴系刚度比正装的轴系刚度高,这是因为反装的轴承压力中心距离较大,使得轴承的反力、变形以及轴的最大弯矩和变形均小于正装(参见图 7-22

(c)和(d))。

当传动零件介于两轴承中间时，正装使轴承压力中心距离减小，从而有助于提高轴的刚度，反装则恰恰相反(参见图 7-22(a)和(c))。

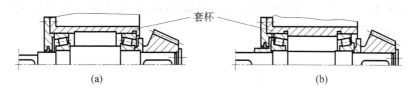

图 7-23　正、反装的轴系结构
(a)正装；(b)反装

3. 滚动轴承支承的轴系定位和固定

滚动轴承支承的轴系径向定位和固定已由轴承和机座决定，这里只介绍轴系的轴向定位和固定及其判断方法。

轴上零件的轴向定位和固定是解决轴系轴向定位和固定的前提。对于初学者，除了掌握上述 3 种轴系的基本支承形式外，还应学会判断轴系定位、固定的方法。

通常采用力传递法，即假设轴上传动零件受双向轴向力，如果力传递连续，则轴系便实现了轴向定位和固定。

以图 7-24 为例，当蜗轮受向右的轴向力时，力的传递路线是：蜗轮→轴→轴承内圈→滚动体→轴承外圈→压盖→紧定螺钉→端盖→连接螺钉→机架；当蜗轮受向左的轴向力时，力的传递路线是：蜗轮→套筒→轴承内圈→滚动体→轴承外圈→端盖→连接螺钉→机架。

两个方向的传力路线均为连续，表明轴系实现了轴向定位和固定。

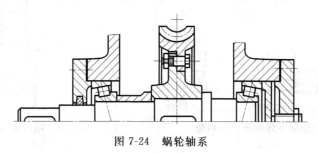

图 7-24　蜗轮轴系

4. 滚动轴承支承结构的调整

1) 轴向间隙的调整

双支点单向固定的轴系，其滚动轴承的轴向间隙一般为 $\Delta = 0.2 \sim 0.3$ mm。间隙过大会影响回转精度和工作噪声，过小则会因轴的受热变形而影响正常运转。为了保证合理的轴向间隙，又不提高其加工精度，通常需设计相应的调整环节。

(1) 调整垫片。如图 7-25 所示,通过增、减端盖与箱体结合面间垫片的厚度,可以实现轴向间隙的调整。调整后的轴向尺寸之间存在如下关系:

$$\delta_1 + L + \delta_2 = A + \Delta + l + B \tag{7-1}$$

式中,δ_1,δ_2 为垫片的厚度;L 为箱体两端面的距离;A,B 为端盖嵌入长度;l 为两轴承外侧端面距离;Δ 为轴承的轴向间隙。

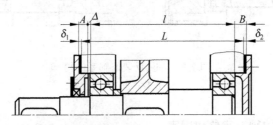

图 7-25 用调整垫片调整轴承间隙

上述等式由于尺寸排成链状,通常称作尺寸链关系式。调整垫片适用于法兰式端盖,可以起到密封和调整轴系轴向位置的作用(参见轴系位置的调整)。

(2) 调整环。如图 7-26 所示,通过端盖与轴承间设置不同厚度的调整环,可以实现轴向间隙的调整。调整环适用于嵌入式端盖。

(3) 可调压盖。如图 7-27 所示,通过旋动端盖上的螺钉以控制可调压盖的位置,从而实现轴向间隙的调整。可调压盖适用于各种端盖形式,螺母用于防松。

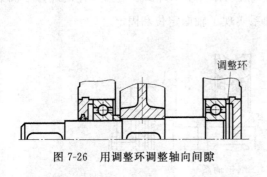

图 7-26 用调整环调整轴向间隙

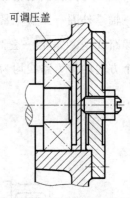

图 7-27 用可调压盖调整轴承间隙

2) 轴承的预紧

消除轴承的径向和轴向间隙,并使其内、外圈与滚动体接触处产生适当的弹性变形,称为轴承的预紧。

轴承的预紧可以提高轴系的运转精度和轴承支点的刚度。成对使用的圆锥滚子轴承或角接触球轴承在高速运转的情况下常采取这一措施。以下以角接触球轴承为例,分析轴承预紧的方法。

(1) 金属隔离环。图7-28(a)所示为一对角接触球轴承并列正装,金属隔离环置于两轴承内圈之间,通过改变端盖与箱体结合面间的垫片厚度实现轴承的预紧。图7-28(b)所示为一对角接触球轴承并列反装,金属隔离环置于两轴承外圈之间,通过轴端螺母实现轴承的预紧。金属隔离环法要求轴承与轴配合的过盈量不宜过大。

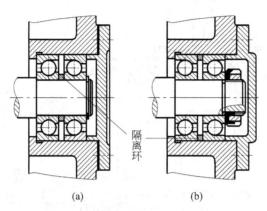

图 7-28 金属隔离环预紧轴承
(a) 正装内圈隔离法;(b) 反装外圈隔离法

(2) 磨窄轴承座圈。图7-29(a)所示为一对角接触球轴承并列正装。安装前,磨削外圈窄端面,使其宽度小于内圈。图7-29(b)所示为一对角接触球轴承并列反装,安装前,磨削与外圈宽端面同侧的内圈端面,使其宽度小于外圈。预紧的方法和特点同金属隔离环法。

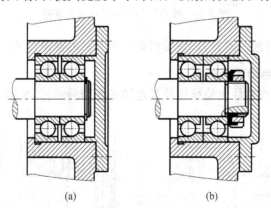

图 7-29 磨窄轴承座圈预紧轴承
(a) 磨窄轴承外圈法;(b) 磨窄轴承内圈法

3) 轴系位置的调整

在某些特定的场合,轴系需要准确的轴向位置。例如,锥齿轮传动要求两锥齿轮的节锥顶点重合;蜗杆传动要求蜗轮的主平面通过蜗杆的轴线。为此,需要设计调整环节。

图7-30所示为锥齿轮传动,其高速轴系通过改变调整垫片厚度使套杯做轴向移动,以改变小锥齿轮的轴向位置;低速轴系则通过改变两端盖处的垫片厚度,使轴系做轴向移动,最终使得两锥齿轮的节锥顶点重合。

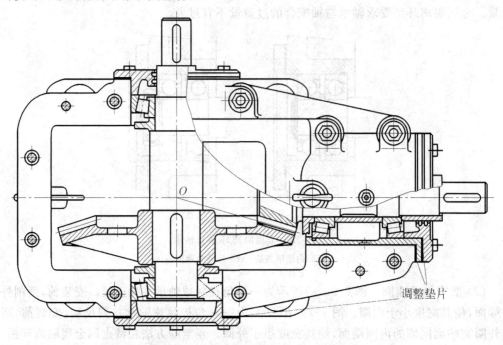

图7-30 锥齿轮传动轴系位置的调整

蜗轮主平面与蜗杆轴线的共面,只需调整蜗轮轴系的轴向位置(参见图7-24)即可。

5. 滚动轴承轴系结构实例分析

图7-31所示为一级圆柱齿轮减速器低速轴系的两种结构,其结构比较见表7-3。

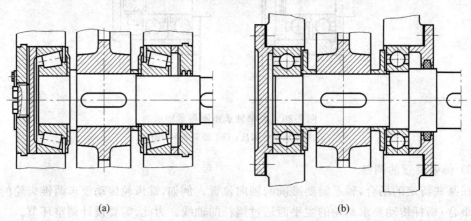

(a)   (b)

图7-31 一级圆柱齿轮减速器低速轴系

表 7-3 图 7-31 所示的两种轴系结构比较

图号	箱体形式	端盖形式	轴承类型	轴承支点结构	轴上零件定位和固定方式	轴承间隙调整方法	轴上零件装配特点	轴承润滑密封方式	共同点	特 点
(a)	剖分式	嵌入式	圆锥滚子轴承	双支点单向固定	周向：齿轮靠平键，轴承靠配合，套筒靠其两侧零件贴紧	可调压盖	左轴承和挡油环由左端装，其余零件由右端装	脂润滑，沟槽式非接触密封	轴系两支点的轴承座孔径相同，便于制造，均设有挡油环	调整轴承间隙较方便，但结构复杂；两轴承型号相同，额定动负荷相同；轴伸出端强度、刚度较差；密封形式适于高速和环境清洁的场合
(b)		法兰式	深沟球轴承		轴向：轴肩、齿轮、套筒、轴承内圈靠连续接触、轴承靠配合	调整垫片	全部零件由左端装	脂润滑，油毡式接触密封		调整轴承间隙需打开端盖，较麻烦，但结构简单；右轴承的额定动负荷小于左轴承，两轴承的额定寿命差异较大；轴伸出端强度、刚度较大；端盖形式对整体式箱体也适用；密封形式适用于粉尘多的场合，但运行转速受限

6. 滚动轴承的配合与装拆

滚动轴承的配合与装拆方式是影响轴系运转精度、轴承使用寿命以及维修难易程度的重要因素。

1) 滚动轴承的配合

滚动轴承是标准件，因此，与轴的配合采用基孔制，与轴承座孔的配合采用基轴制。

与圆柱体公差的国家标准不同，滚动轴承国家标准规定：轴承的内、外径公差带为单向制（图 7-32），从而使其与轴的配合性质偏紧。

滚动轴承的配合选择应综合考虑载荷的大小、性质以及其他条件，如工作温升、配合表面的加工精度、表面粗糙度、装拆条件等。选择原则如下：

(1) 当外载荷方向不变时，转动座圈的配合应比静止座圈紧些。静止座圈在工作中与相配合表面间的微动（即爬行），可使其载荷作用点发生变化。

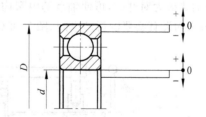

图 7-32 滚动轴承内、外径的公差带分布

(2) 承受旋转载荷的座圈应选择较紧的配合，以防止该座圈与相配合表面间的爬行，提高受载的均衡性。

(3) 承受摆动载荷的轴承，其内、外圈均应选择较紧的配合，以免座圈往复爬行而过早地丧失配合精度。

(4) 运转中的摩擦损耗使轴承受热膨胀，内圈与轴的配合变松，外圈与孔的配合变紧。

(5) 相互配合表面的粗糙度会影响实际的配合性质。

(6) 结构上不便于装拆时，应选择较松的配合，若不允许则需改进结构。

(7) 载荷较重时，宜选择较紧的配合，以保证配合可靠；载荷较轻时，宜选择较松的配合，以改善装拆条件。

(8) 配合的过盈量会影响轴承的径向间隙和运转精度。

(9) 对剖分式箱体，轴承与孔一般选择较松的配合，以防止轴承不均匀变形和保证运转精度；当回转精度高或有过盈要求时，应选择整体式箱体。

上述各项措施中，(1)，(2)均有助于提高轴承的疲劳寿命。

滚动轴承的配合种类、配合表面的精度和粗糙度选择等可参考相关机械设计手册。

2) 滚动轴承的装拆

滚动轴承是精密组件，需要规范的装拆方法。实践表明，不正确的装拆是轴承丧失精度和过早损坏的主要原因之一。

滚动轴承装拆的原则是：装拆力对称或均匀地作用在座圈的端面上，装拆过程中，滚动体不得受力。

(1) 轴承的安装。有冷压法和热套法两种。图 7-33 所示为利用专用压套压装轴承内、外圈的冷压法示意图。热套法是指将轴承放入油池中加热至 80～100℃，然后套装在轴上。

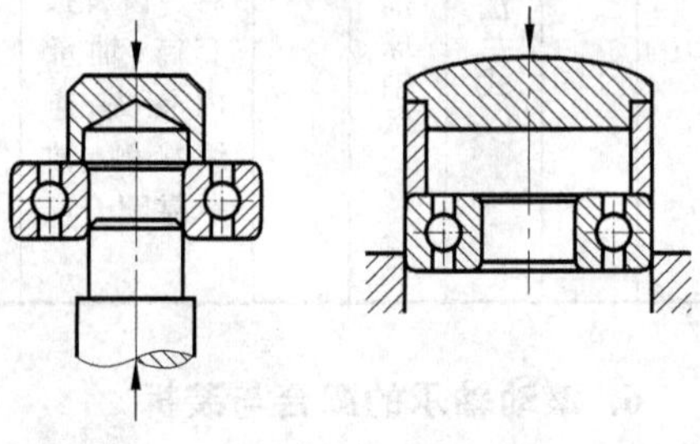

(2) 轴承的拆卸。分内圈的拆卸和外圈的拆卸。在图 7-34 中，图(a)是利用螺旋拆卸器拆卸轴承的内圈；图(b)是利用压力机拆卸轴承的内圈，其中的垫板为对开式，可使轴承的内圈均匀受力。图 7-35 所示为外圈的拆卸，其中，图(a)、(b)、(c)中均设有必要的拆卸空间，图 7-35(d)中设有拆卸螺纹孔。

图 7-33 冷压法安装轴承

(a) 压装轴承的内圈；(b) 压装轴承的外圈

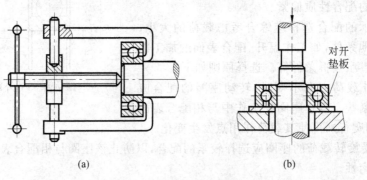

(a)　　　　　　　　　　(b)

图 7-34 轴承内圈的拆卸

7 机械系统的装配结构设计

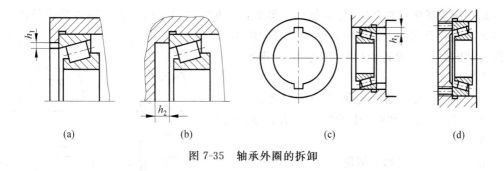

图 7-35 轴承外圈的拆卸

7.2 螺纹连接的组合设计

螺纹连接的组合设计是指用一个以上的螺钉、螺栓或螺柱把被连接件连接起来的结构设计,简称螺栓组设计。螺纹连接组合设计的内容包括:①螺纹连接件的布局;②结构空间的合理性;③螺纹连接的防松和装配要求。

7.2.1 螺纹连接件的布局

螺钉、螺栓和螺柱(以下通称螺栓)等连接件的布局将直接影响螺栓的直径大小、数量和连接效果。为此,螺栓的布局应满足:

(1) 有效地实现连接要求,如连接的可靠性、紧密性等;
(2) 有利于减小螺栓受力,以便于减小螺栓直径或数量;
(3) 各螺栓应受力均衡,以充分发挥每个螺栓的作用;
(4) 加工装配方便。

图 7-36 所示为一悬臂梁通过 4 个螺栓与立柱连接的两种方案,尺寸关系和经简化得出

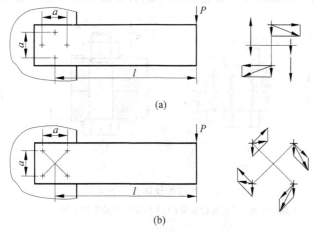

图 7-36 悬臂梁螺栓组

的各螺栓所受横向载荷如图,经分析比较得出:在方案(b)中,由力矩对螺栓造成的横向力和最大横向载荷均小于方案(a);在方案(b)中,各螺栓所受横向载荷较接近;显然,方案(b)的螺栓布局优于方案(a)。

图 7-37 所示为两种支架结构和螺栓组布局。当施加外载荷 F 时,图(b)中的螺栓受力较小,布局比较合理。

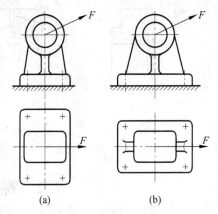

图 7-37 支架结构与螺栓布局

由上述两例得出如下结论:

(1) 当被连接件承受横向转矩时(图 7-36),螺栓布局应尽量远离螺栓组形心,且避免力和力矩所产生的横向力代数相加;

(2) 当被连接件承受翻转力矩时(图 7-37),螺栓沿力矩所在平面,应尽量远离中性轴;

(3) 从工艺、外观以及受力均衡角度考虑,螺栓组应该均匀或对称分布。

7.2.2 结构空间的合理性

1. 结构关系

为了降低加工精度和保证装配质量,连接件与被连接件的相关尺寸应满足图 7-38 中的要求。

图 7-38 所示为普通螺纹连接的 4 种基本形式。图(a)为螺钉连接,其中 $h_0 > h$,$h_1 > h$;图(b)、(c)分别为普通螺栓连接和铰制孔螺栓连接,其中 $l_0 > l$,这些尺寸关系均为保证连接能拧紧;图(d)为螺柱连接,其中 $l_0 > l$ 是为了保证拧紧连接,$h_0 > h$ 且螺纹截止线与被连接件的表面平齐,是为了保证螺柱与被连接件锁紧,拧松螺母时不致将螺柱一并带出。

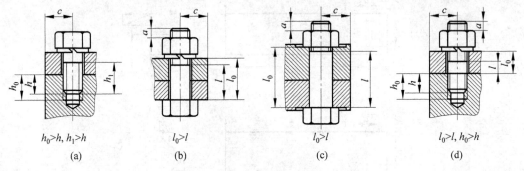

图 7-38 普通螺纹连接的相关尺寸
(a) 螺钉连接;(b) 螺栓连接;(c) 铰制孔螺栓连接;(d) 螺柱连接

螺纹旋入深度 h 见图 4-2 和图 4-3。被连接件的通孔直径应大于螺栓直径,具体数值可查阅相关机械设计手册。

2. 扳手空间

图 7-39 为螺纹连接扳手空间示意图。为了使扳手能达到的转角不小于 60°,两螺栓的间距 A 和螺栓中心与侧壁的距离 B 以及螺栓直径 d 分别有表 7-4 的近似关系。为使结构紧凑,A 和 B 的具体数值可查阅《机械设计手册》。

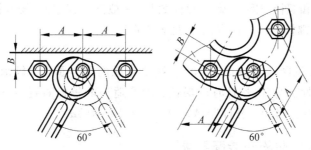

图 7-39　扳手空间示意图

表 7-4　扳手空间尺寸近似关系

螺栓直径 d/mm	6～12	>12～60
A	≥3.5d	≥3d
B	≥1.5d	≥1.1d

3. 孔边距离

螺栓孔中心与被连接件边缘的距离 c,应考虑被连接件的强度和外观整齐等(图 7-38),一般应保证 $c \geq d$,d 为螺栓直径。

4. 伸出长度

在拧紧螺母后,螺栓的伸出长度(图 7-38)$a = (2 \sim 3)P$(P 为螺距)或 $a \leq 5$ mm(当螺栓直径 $d \leq 16$ mm 时)。

5. 螺栓间距

对于压力容器和有密封要求的螺栓连接,其螺栓间距要适当,以满足密封性。

1) 压力容器

如图 7-40 所示,压力容器的螺栓组设计原则是:①螺栓间距相等,以保证均匀施压;②螺栓间距适当,以保证密封可

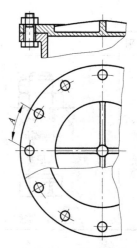

图 7-40　压力容器螺栓组连接

靠。表 7-5 列出了螺栓间距的推荐尺寸。

表 7-5 螺栓间距的推荐尺寸

容器内气体压力 p/MPa	≤1.6	1.6～4	4～10	10～16	16～20	20～30
螺栓间距 A/mm	$7d$	$4.5d$	$4.5d$	$4d$	$3.5d$	$3d$

压力容器螺栓组的设计步骤是：①根据容器内的压力选择螺栓间距 A；②根据容器上螺栓分布的圆周长和螺栓间距 A 确定螺栓数目（一般选取偶数）；③根据容器内的总压力 F，按受轴向载荷紧螺栓计算螺栓直径 d（见第 4 章）。

2) 剖分式箱体

剖分式箱体（参见图 6-1 和图 7-30）连接要考虑的因素是：①轴承周边的连接刚性；②结合面间的紧密性。为此，设计时应保证：①有适当的螺栓直径 d，使其预紧力不小于 4000～5000 N；②有适当的螺栓间距 A，一般 $A=(10～15)d$。

7.2.3 螺纹连接的防松和装配要求

1. 螺纹连接的防松

标准螺纹连接件均满足自锁条件。但是，工作中的振动以及载荷、温度等的变化仍有可能导致螺纹连接松脱。因此，重要场合的螺纹连接均需采取防松措施。

螺纹连接防松的实质是防止螺旋副（即螺栓与螺母或螺钉与被连接件）的相对转动，按其工作原理可分为 3 大类，见表 7-6。

2. 螺纹连接的装配要求

螺纹连接的装配结构设计，必须有利于改善螺栓的受力和保护被连接件。

表 7-6 螺纹连接的防松

类别	防松方法	防松原理和应用
摩擦防松	对顶螺母、弹簧垫圈、尼龙圈锁紧螺母、凹锥面锁紧垫圈	使螺旋副中产生不随外载荷变化的纵向或横向压紧力，由此产生的摩擦力矩可防止螺旋副相对转动 结构简单，使用方便，但由于受摩擦力的限制，在有冲击、振动时防松效果受到影响，常用于一般的连接中

续表

类别	防松方法	防松原理和应用
机械防松	槽形螺母　止动垫圈 串联金属丝	在螺纹连接中,通过附加零件的形状和结构防止螺旋副的相对转动 结构稍复杂,但使用方便,防松可靠,部分防松零件已标准化
不可拆卸防松	冲点　焊点　黏合	拧紧螺母后,通过改变螺旋副的形状,阻止螺旋副相对转动。除黏合方法外均为不可拆卸

(1) 平整加工。图7-41(a)中,被连接件表面未加工,拧紧螺母时的偏载 Q 将对螺栓产生附加弯矩。因此,平整加工非常重要。图7-41(b)和(c)为两种平整加工形式。

(2) 提高刚度。当被连接件的刚度不足时,螺栓也将受到附加的弯矩,如图7-42所示。

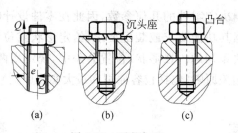

图 7-41　平整加工

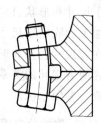

图 7-42　刚度不足

3. 附加垫圈

在螺纹连接中，通过附加垫圈可以实现：①保护被连接件表面；②改变被连接件刚度；③改善螺栓受力状态；④当被连接件表面粗糙时，减小拧紧螺母所需的力矩。

常用的垫圈型式如图7-43所示。圆垫圈(图7-43(a))可以保护被连接件表面不被划伤并减小其表面压强。工字钢和槽钢底脚处分别有1∶6和1∶10的斜度，配置不同斜度的斜垫圈可防止偏载(图7-43(b))。球面垫圈由凹、凸两个球面垫圈组成，可用于设备的水平调节(图7-43(c))。

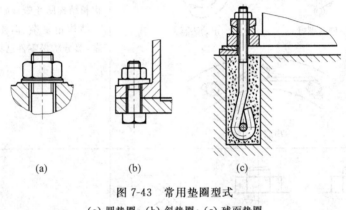

图7-43 常用垫圈型式
(a)圆垫圈；(b)斜垫圈；(c)球面垫圈

7.3 机械系统的精度设计

精度是机械系统及其部件、零件最重要的评价指标之一。精度设计是从精度观点研究机械系统零件、部件及其结构的几何参数。精度设计又称公差设计，就是根据机械系统的功能和性能要求，正确合理地设计零件的尺寸精度、形状精度、位置精度及表面精度。精度设计的任务是确定各零件几何要素的公差。

1. 尺寸公差与形状、位置公差的关系

由于尺寸和形状、位置误差的综合影响决定零件的几何参数，因此在零件设计时，对同一个被加工面除给定尺寸公差外，还应根据其功能要求或装配要求，给定形状或位置公差。这就存在着尺寸公差和形状、位置公差的关系问题。在形状、位置公差中，规定用两种公差原则处理两者之间的关系，即独立原则和相关原则(包括包容原则和最大实体原则)，详见形状与位置公差国家标准。

2. 形状、位置公差等级及公差值的确定

正确选择形位公差项目和合理确定其公差等级及公差值，能保证零件的使用要求，提高经济效益。确定形状、位置公差值的方法,有类比法和计算法两种。常用的是类比法,计算法一般很少使用,只有在高精度要求的场合才用。

在零件的机械加工中,由于受到机床精度的限制,因此在被加工完毕的零件上,所有要素都存在形状、位置误差,但不是所有的加工面都要在图纸上规定形状、位置公差。只对精度要求高的加工面才标注公差值,而对精度要求比未注公差值还低的也应注出,表示不必提出要求。

在确定公差值时,以满足零件的功能要求为前提,兼顾经济性和测量条件等因素,尽量选用较大的公差值,并且应注意考虑以下几个问题。

1) 零件的结构及刚性问题

若零件的结构复杂、刚性差、表面尺寸大,则加工困难,就容易产生较大的形状、位置误差。

在用类比法对比选用时,先根据零件的主参数大小决定公差值,再看其他参数的影响。如果表面宽度较大(一般大于长度的一半)、孔与轴的长径比大于8~10以上、轴与孔的跨距较大等,公差等级可适当降低1~2级。

2) 形状、位置、尺寸公差及表面粗糙度值的确定

在一般情况下,4 种加工误差的数值应为:$f_{粗} < f_{形} < f_{位} < f_{尺}$。其中,$f_{粗}$、$f_{形}$、$f_{位}$ 和 $f_{尺}$ 分别为表面粗糙度误差、形状误差、位置误差和尺寸误差。确定公差值时还应注意协调以下几个方面的关系:

(1) 对于有配合要求的圆柱形零件,其形状公差值应小于尺寸公差值(轴线的直线度除外)。一般形状公差值占尺寸公差值的 50%,精度要求高的占 20% 左右。

(2) 在同一要素上,形状公差值应小于位置公差值。

(3) 跳动公差值应小于该要素的未注形位公差的综合值。例如,圆柱度公差值应小于径向全跳动公差值。

(4) 通常形状精度越高,要求的表面粗糙度数值越小。为了保证形状精度,必须限制表面粗糙度的数值。

3) 形状误差对零件精度的影响

(1) 平面形状误差的影响。对于支承面的平面度,形状误差影响零部件放置的平稳性及定位的可靠性;对于贴合面的平面度(例如发动机汽缸体与汽缸盖),形状误差影响接合面的密封性;对于滑动面的平面度,形状误差影响零部件的耐磨性;对于检测平面的平面度,形状误差影响检测时的精确性。

(2) 圆柱面形状误差的影响。在零件的运动配合中,形状误差会使圆柱面接触不良,造成局部过早磨损,扩大配合间隙,降低定心精度;在移动配合中,形状误差会降低导向精度或破坏密封性;在过盈定位配合中,形状误差会降低连接强度和可靠性。对于心轴、定位套、定位块等的工作面要规定很小的形状公差;对于高速回转轴的轴颈、高精度的滚子以及密封要求严格的液压阀芯和阀套,要规定比尺寸公差小得多的形状公差。

(3) 曲面形状误差的影响。曲面形状误差直接影响机械的工作性能。例如,汽轮机叶片的曲面是按照功能要求设计的,故应注明形状公差和位置公差。

4) 位置误差对零件精度的影响

位置误差直接影响机器的装配精度和运转精度。例如,发动机中的曲轴和变速器中的齿轮轴,为了保证它们的装配精度和工作性能,就要规定它们的两端支承孔的同轴度。

总之,任何加工方法都不可能没有误差,而零件几何要素的误差都会影响其功能要求的实现,公差的大小又与制造的经济性和产品的使用寿命密切相关。因此,精度设计是机械系统设计的重要组成部分。

习　题

7-1　轴的结构设计应满足哪些要求?设计过程如何?

7-2　除了轴的尺寸以外,提高轴的强度和刚度还可以采取哪些措施?

7-3　常用的轴上零件周向和轴向定位、固定方式有哪几种类型?

7-4　转轴一般设计为阶梯状结构,为什么?为了避免应力集中,常采用哪些措施?

7-5　轮体结构一般分为哪几部分?试说明带轮、链轮、齿轮和蜗轮轮体的异同及其原因。

7-6　为什么小齿轮与轴有时采用一体结构,有时采用分体结构?两种结构各有何特点?

7-7　什么是组合式蜗轮?它与整体式蜗轮相比有何优点?组合式蜗轮常用哪些连接形式?

7-8　轴系的支点形式有哪几种?各适用于何种场合?

7-9　轴系设计中应考虑哪些问题?

7-10　在锥齿轮轴系和蜗轮轴系设计中,应考虑什么调整?如何调整?如何检验?

7-11　轴系的定位与固定有何意义?如何判断轴系定位和固定是否可靠?

7-12　什么是滚动轴承的正、反安装?各适用于何种场合?

7-13　轴承预紧的目的是什么?常用的方法有哪几种?

7-14　如何选取滚动轴承内、外圈与轴和孔的配合性质?

7-15　滚动轴承的安装与拆卸应遵循什么原则?为了装拆方便,设计中常采取什么措施?

7-16　悬臂齿轮轴系如图所示,试分析:

(1) 轴承支点属于哪种结构形式?为何采用这种形式?

(2) 轴上零件的定位和固定方式如何?

(3) 设计中多处采用了螺纹连接,其作用是什么?

(4) 轴系的安装和拆卸步骤是什么?

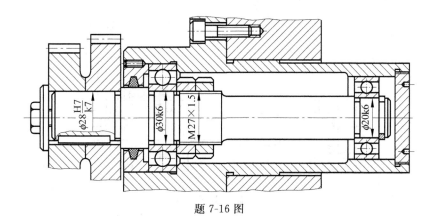

题 7-16 图

7-17 已知图示 3 种带轮支承结构,试分析:
(1) 支承轴上的载荷性质是否相同?说明理由。
(2) 轴承支点属于哪种结构形式?
(3) 轴上零件和轴系的定位和固定方式如何?

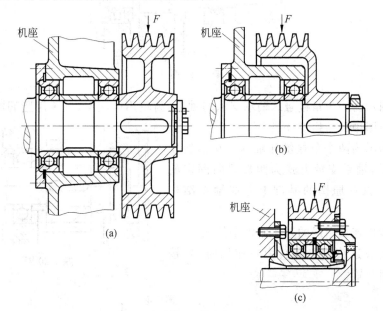

题 7-17 图

7-18 蜗杆轴系如图所示。试从定位、固定和结构工艺等角度,指出其结构设计的错误,并画出正确的装配结构图。

7-19 二级齿轮减速器高速级主动轴轴系如图所示。试从受力、定位、固定和结构工艺等角度,指出其结构设计的错误,并画出正确的装配结构图。

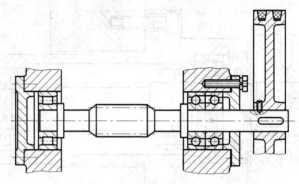

题 7-18 图

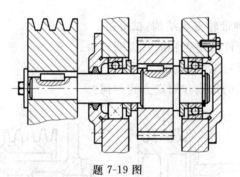

题 7-19 图

7-20 图示为一对角接触球轴承支承的轴系,齿轮用油润滑,轴承用脂润滑,轴端装联轴器。试指出图中的结构设计错误。

7-21 图示为两个角接触球轴承支承的斜齿圆柱齿轮轴系,轴系支承方式为两端单向固定的反安装方式。试在原图的基础上完成轴系结构设计。

7-22 螺栓连接布局的基本原则是什么?

7-23 当被连接件受翻转力矩作用时,连接螺栓组应如何布置?

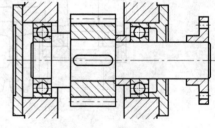

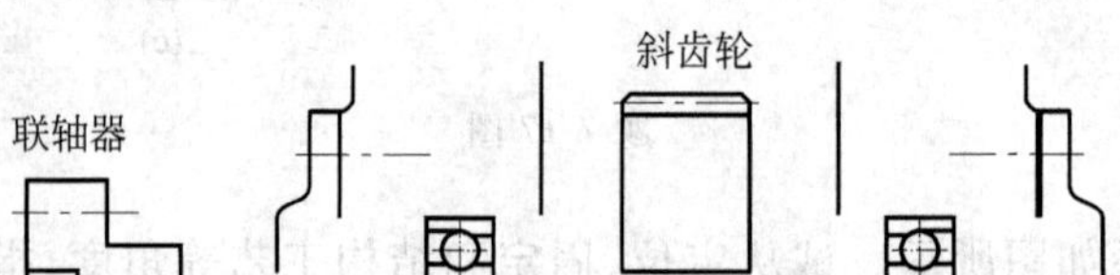

题 7-20 图

题 7-21 图

7-24 当被连接件受横向转矩作用时,连接螺栓组应如何布置?

7-25 在螺栓组设计中,为何要采用均匀、对称的布置方案?

7-26 标准螺纹连接件均具有自锁性,为何仍要采用防松措施?

7-27 螺纹连接的放松措施有哪几类?其防松原理是什么?

7-28 在螺栓组设计中,螺栓数量和间距的选取原则是什么?

7-29 螺栓连接中,什么情况下会出现偏载?有何危害?如何避免?

7-30 托架受载荷 W 作用,其结构如图所示。现欲用螺钉将其连接在立壁上,有 3 种设计方案:①用 2 个螺钉连接;②用 3 个螺钉连接;③用 4 个螺钉连接。试分析:

(1) 3 种设计方案的螺钉应如何布置?为什么?

(2) 哪种方案较好?说明理由。

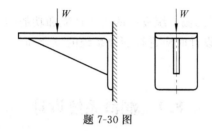

题 7-30 图

7-31 试分析图中的结构设计错误,并画出正确的结构装配图。

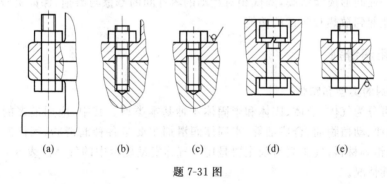

(a)　　(b)　　(c)　　(d)　　(e)

题 7-31 图

8 机械系统的功能结构设计

润滑和密封设计是保证机械系统良好的工作性能和功能的重要措施。为减少机械工作时的摩擦和磨损,机械系统设计时应进行润滑系统的设计;同时,为避免润滑剂的泄漏,还应进行密封系统的设计。

8.1 润滑系统设计

润滑是保证机械装置正常运转,提高其工作能力的重要技术手段。润滑的主要目的是通过在摩擦表面间形成润滑膜,降低相对运动的零件间的摩擦与磨损,保证机械设备正常运转。润滑还能起到散热和防锈的功能。

8.1.1 常用润滑剂

1. 润滑剂的类型和特性

润滑剂可分为气体、液体、固体和半固体4种基本类型。其中,应用最多的是液体润滑剂,包括矿物油、动植物油、合成油等;半固体润滑剂主要是各种润滑脂;固体润滑剂主要是石墨、二硫化钼等材料;气态润滑剂主要是用于气体滑动轴承中的气体。表8-1介绍了常用润滑剂的特性情况。

表 8-1 常用润滑剂及其特性

润滑剂种类 特性	液体润滑剂			半固体润滑剂	固体润滑剂
	普通矿物油	含添加剂的矿物油	合成油		
边界润滑特性	较好①	好~很好	很差~差	好~很好	好~很好
冷却性	很好	很好	较好	差	很差
抗摩擦和摩擦力矩性	较好	好	较好	较好	差~较好

续表

润滑剂种类 特性	液体润滑剂			半固体润滑剂	固体润滑剂
	普通矿物油	含添加剂的矿物油	合成油		
黏附在轴承上不泄失性	差	差	很差~差	好	很好
密封防污染物的性能	差	差	差	很好	较好~很好
使用温度范围(宽为好)	好	很好	较好~很好	较好②	很好
抗大气腐蚀性	差~好	很好	差~好	很好	差
挥发性(低为好)	较好	较好	较好~很好	好	较好~很好
可燃性(低为好)	好	好	较好~很好	较好	较好~很好
价格	很好	好	很差~差	较好	差
决定使用寿命的因素	变质和污染	主要是污染	变质和污染	变质	磨损

注：① 对特性的评价，分为很差、差、较好、好、很好五等。
② 决定于稠化前的原料油。

2. 润滑油的黏度及其特性

润滑油的黏度是流体流动时的流动阻力度量，是润滑油最重要的性能之一。

机械中定义了两种黏度，即方便动力计算的动力黏度 η 和方便黏度测量的运动黏度 ν。

润滑油的动力黏度 η 反应流体流动的阻尼大小。图 8-1 所示为两相对运动平行板间的流体为层流时的模型。由于分子的吸附，假设与板面接触的流体具有与板相同的速度，则流体内的摩擦力(即黏滞切应力)与动力黏度 η 的关系为

$$\tau = -\eta \frac{\mathrm{d}u}{\mathrm{d}z} \tag{8-1}$$

式中，τ 为流体内的剪切应力，Pa；$\dfrac{\mathrm{d}u}{\mathrm{d}z}$ 为润滑油沿垂直于运动方向的速度梯度，s^{-1}，见图 8-1；η 为比例常数，即流体的动力黏度，Pa·s。

式(8-1)也称为牛顿黏性定律，满足该方程的流体称为牛顿流体。

运动黏度 ν 是动力黏度与同温度下润滑剂密度 ρ 的比值，即

$$\nu = \frac{\eta}{\rho} \tag{8-2}$$

式中，ρ 为润滑油的密度，$\mathrm{kg/m^3}$；η 为动力黏度，Pa·s；ν 为运动黏度，$\mathrm{m^2/s}$。运动黏度 ν 的单位 $\mathrm{cm^2/s}$ 称为 St，$\mathrm{mm^2/s}$ 称为 cSt。

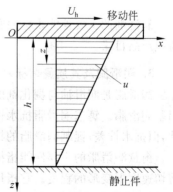

图 8-1 平板间相对运动的层流模型

润滑油的黏度随着温度的变化而发生显著的变化。图 8-2 所示为常用全损耗润滑油的黏温曲线,可以看出,润滑油的黏度随着温度的升高而降低;反之亦然。当油膜压力达到 5 MPa 以上时,润滑的黏度随着压力的变化也会发生显著的变化,一般是压力的增高会引起润滑油黏度的增加。

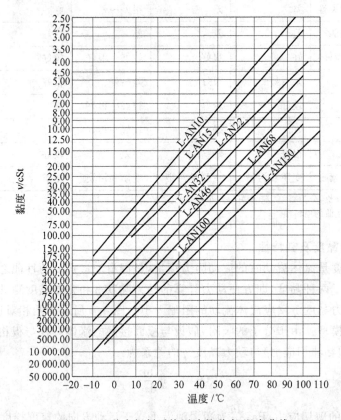

图 8-2　几种全损耗系统用油的黏度-温度曲线

润滑油的主要性能指标除黏度外,还有油性、闪点、凝点、化学稳定性等,可查阅相关手册或产品目录。

3. 润滑脂及其质量指标

润滑脂是润滑油与稠化剂的混合物。根据调制时所用皂基的不同,有钙基、钠基、锂基、铝基润滑脂。钙基润滑脂抗水性好,但耐热性差;钠基润滑脂的耐热性好,并有一定的防锈性,但抗水性差;锂基润滑脂的抗水性好,耐高温;铝基润滑脂的抗水性好,防锈性好。

衡量润滑脂的主要性能指标是稠度(锥入度)和滴点。稠度是润滑脂在规定的剪切力或剪切速度下变形的程度。它指用质量为 150 g 的标准圆锥体在 25℃ 的恒温下,由脂表面经 5 s 后沉入脂内的深度(以 0.1 mm 为单位)。锥入度越小,稠度越大。在使用中润滑脂的稠度会发生变化,一般随温度的升高变稀,即锥入度增加。

滴点是在规定的加热条件下,润滑脂从标准测量杯的孔口滴下第一滴时的温度。润滑脂的滴点决定了它的工作温度。

机械中常用润滑油及润滑脂的牌号、性能及使用场合可查阅相关手册。

润滑脂的其他性能指标可查阅相关手册或产品目录。

4. 添加剂

在恶劣的工作条件下,普通润滑剂会很快劣化,失去润滑能力。为改善普通润滑剂的使用性能而加入到润滑剂中的少量物质,称为添加剂。其主要作用是:

(1) 提高润滑剂的油性、极压性等,提高润滑油在极端工作条件下的工作能力;
(2) 延长润滑剂的使用寿命;
(3) 改善润滑剂的物理性能。

常用的添加剂类型有抗磨添加剂、清静分散剂、抗腐蚀剂、抗氧化剂、油性剂、极压剂、防锈剂等。

8.1.2 常用润滑方式和润滑装置介绍

机械结构设计中要根据机械装置不同部位的工作要求,合理选择润滑方式,使所有相对运动的工作副都能得到适当的润滑。

机械中常用的润滑方法分为连续润滑和定期润滑两大类。下面介绍几种常用的方式。

1. 人工定期加油(脂)润滑

对于相对运动速度较低的运动副,可以采用人工定期加油方式润滑,将油(或脂)直接加注到润滑部位。图 8-3 所示为常用于手工加油装置的油杯。

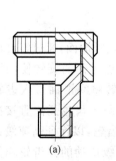
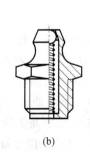
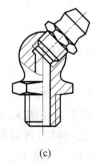
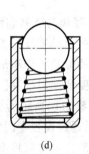

(a)   (b)   (c)   (d)

图 8-3 人工定期加油油杯
(a) 旋盖式油脂杯;(b),(c) 油脂杯;(d) 压配式注油杯

对润滑脂只能间歇定期供应,图 8-3(a)~(c)用于加注润滑脂,使用时杯中装满油脂,转动旋盖即能将润滑脂挤入轴承中。定期油润滑一般用于小型、低速或间歇运动的轴承。

图 8-3(d)为压配式注油杯。

2. 连续滴油润滑

有些润滑部位需要连续少量加注润滑油。图 8-4(a)所示的手动式滴油油杯通过用手按压手柄使活塞杆向下运动将油压出,这种装置主要用于间歇工作机器的轴承润滑;图 8-4(b)所示的针阀式油杯可通过针阀孔向下连续滴油,通过调整上面的调节螺母和手柄可以改变针阀的开启程度,调节供油量;图 8-4(c)所示的油绳式油杯通过油绳毛细管的虹吸作用实现连续供油,同时油绳起到对润滑油的过滤作用,但是调节供油量不方便。

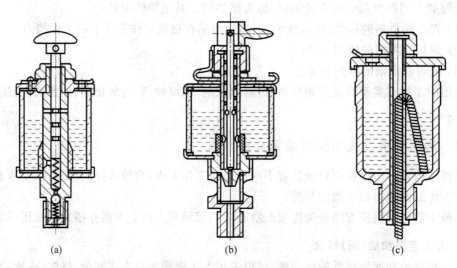

图 8-4 连续润滑油杯
(a) 手动式滴油油杯;(b) 针阀式油杯;(c) 油绳式油杯

3. 浸油与飞溅润滑

有些运动零件的工作位置较低,设计中可以使这些零件下端接触油面,通过零件的运动将润滑油带到工作润滑位置。如果零件转速较高,还可以利用这些零件的旋转使润滑油飞溅到需要的润滑位置。图 8-5(a)所示的齿轮箱利用大齿轮的旋转将润滑油带入齿轮啮合区。图 8-5(b)所示的齿轮箱中低速级大齿轮可以接触油面,高速级大齿轮无法直接接触油面,而是通过设置专门的齿轮(油轮)将润滑油传递给中间轴的大齿轮,以保证高速级齿轮传动的润滑。也可以将剖分面设计成非水平(图 8-5(c)),以保证两级传动的大齿轮均能接触油面。

4. 油环与油链润滑

有些润滑部位在工作中需要连续供油,但是工作位置较高,无法直接接触油面,这时可以通过套在轴上的油环或油链将润滑油带到工作位置。图 8-6(a)所示为油环润滑结构,图 8-6(b)所示为油链润滑结构。为增大油环带入的润滑油量,可在油环上加工出槽或孔。

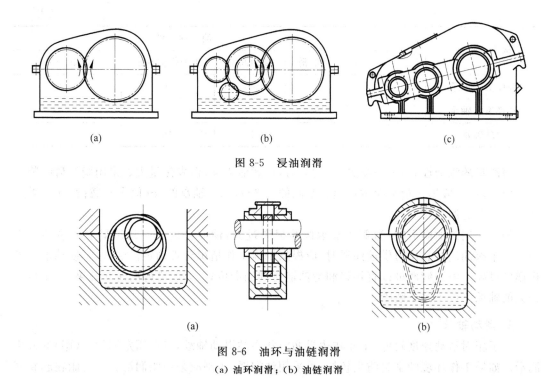

图 8-5 浸油润滑

图 8-6 油环与油链润滑
(a) 油环润滑；(b) 油链润滑

5. 压力供油润滑

对于复杂的机械装置，需要连续供油润滑的部位较多，可采用专门的油泵为润滑系统供油，通过多条管路将润滑油送到各个润滑部位。这种润滑方式成本高，但润滑效果好，并且能带走摩擦热，提高散热效果，用于高速重载的轴承或齿轮传动上。

8.1.3 典型零件的润滑方式选择

1. 滚动轴承

滚动轴承常用的润滑方式有油润滑和脂润滑两类。润滑方式根据 dn 值（d 为滚动轴承内径，mm；n 为滚动轴承转速，r/min）确定，具体选择方法参考表 8-2。

表 8-2 滚动轴承的 dn 值与润滑方法　　　　10^4 mm·r/min

轴承类型	脂润滑	油润滑			
		浸油润滑	滴油润滑	压力供油润滑	油雾润滑
深沟球轴承	16	25	40	60	>60
角接触球轴承	16	25	40	60	>60

续表

轴承类型	脂润滑	油润滑			
		浸油润滑	滴油润滑	压力供油润滑	油雾润滑
圆柱滚子轴承	12	25	40	60	>60
圆锥滚子轴承	10	16	23	30	
推力球轴承	4	6	12	15	

润滑脂的流动性差,不易流失,密封容易,承载能力强,但发热量大。采用脂润滑时装脂量不应过多,一般填充量不超过可填充空间的 1/3~1/2。轴承的 dn 值大及载荷小时,采用锥入度较大的润滑脂。

轴承采用浸油润滑时,为避免轴承搅油损失过大,油面高度不应超过最下方滚动体中心。采用滴油润滑和压力供油润滑时,应根据轴承工作情况合理确定供油量,不使轴承的工作温度过高。喷油润滑可以直接将润滑油输送到润滑位置,并有良好的冷却效果,对于直径较大的轴承可设置多个喷嘴。

2. 滑动轴承

对于相对滑动速度较低、工作在边界润滑状态的滑动轴承,可采用定期加油(脂)的方法润滑。如果工作环境的密封防尘较好,可采用油润滑,否则应采用脂润滑。润滑脂在起到润滑作用的同时可以提高密封效果。常用的滑动轴承润滑脂的选择见表 8-3。

表 8-3 滑动轴承润滑脂的选择

压力 p/MPa	轴径的圆周速度 v/(m/s)	最高工作温度/℃	润滑油牌号
≤1.0	≤1	75	3 号钙基脂
1.0~6.5	0.5~5	55	2 号钙基脂
≥6.5	≤0.5	75	3 号钙基脂
≤6.5	0.5~5	120	2 号钙基脂
>6.5	≤0.5	110	1 号钙基脂
1.0~6.5	≤1	−50~100	锂基脂
>6.5	0.5	60	2 号压延机脂

对于工作在混合润滑状态下的滑动轴承,可采用飞溅润滑、油环或油链等润滑方法,并保证适当的供油量;对于工作在流体动压润滑状态下的滑动轴承,应采用压力供油润滑方式,以保证充分供油;对于采用连续供油方式润滑的滑动轴承,应使轴承内的润滑油保持流动,以加强散热和清洗润滑表面的作用,防止热量和污物滞留。

滑动轴承润滑油选择的一般原则如下：
(1) 高速轻载时，采用黏度低的润滑油；
(2) 承受重载或冲击载荷时，选择黏度高的润滑油以形成稳定的油膜；
(3) 静压或动静压轴承选用黏度低的润滑油；
(4) 流体动压滑动轴承的润滑油黏度可根据计算进行选择（见第 3 章）。
滑动轴承润滑油黏度和牌号的选用可参考表 8-4。

表 8-4　滑动轴承润滑油的选用

轴径的圆周速度 v/(m/s)	$p<3$ MPa 工作温度 $t=10\sim60℃$		$p=3\sim7.5$ MPa 工作温度 $t=10\sim60℃$		$p=7.5\sim30$ MPa 工作温度 $t=20\sim80℃$	
	40℃时运动黏度 ν/cSt	适用油的牌号	40℃时运动黏度 ν/cSt	适用油的牌号	40℃时运动黏度 ν/cSt	适用油的牌号
<0.1	80～150	L-AN68 L-AN100 L-AN150 30 号汽油机油	130～190	L-AN150 40 号汽油机油	30～50	HJ3-28 HG-38 HG-52 汽缸油
0.1～0.3	65～120	L-AN68 L-AN100 30 号汽油机油	105～160	L-AN100 L-AN150 40 号汽油机油	20～35	HG-28 HG-38 汽缸油
0.3～1.0	48～80	L-AN46 L-AN68 20 号汽油机油	100～120	L-AN100 30 号汽油机油	10～20	L-AN100 L-AN150 30,40 号汽油机油
1.0～2.5	40～80	L-AN46 L-AN68 20 号汽油机油	65～90	L-AN100 20 号汽油机油		
2.5～5.0	40～55	L-AN46 20 号汽油机油				
5.0～9.0	15～50	L-AN15 L-AN22 L-AN32 L-AN46 20 号汽油机油				
>9.0	5～22	L-AN7 L-AN10 L-AN15				

3. 齿轮传动

对于开式或半开式齿轮传动，可采用定期向齿面加润滑油或润滑脂的方法。对于速度很低、载荷很小的闭式齿轮传动,也可以采用这种润滑方法。

闭式齿轮传动当齿轮的圆周速度 $v<12$ m/s 时,通常采用浸油润滑方式(图 8-5(a))。将大齿轮的轮齿浸入油中,依靠齿轮的旋转将油带入啮合区。齿轮浸入油中的深度根据齿轮的圆周速度确定,通常浸油深度不超过 1 个齿高,一般不少于 10 mm。齿轮的圆周速度较高时浸油深度应较浅。锥齿轮传动的浸油深度应为齿宽的一半到全齿宽之间。多级齿轮传动中直径较小的齿轮可借助油轮将润滑油传递给工作齿轮(参见图 8-5(b))。当齿轮圆周速度 $v>12$ m/s 时,应采用压力供油方式润滑,利用喷头将润滑油喷射到齿轮啮合区,如图 8-7 所示。

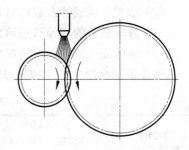

图 8-7 喷油润滑

4. 蜗杆传动

蜗杆传动中齿面相对滑动速度大,良好的润滑对于防止蜗杆传动发生胶合及磨损等失效具有特别重要的意义。

蜗杆传动采用的润滑方法及润滑装置与齿轮传动基本相同。需要注意的是,采用浸油润滑方式时,如果蜗杆的线速度较低($v_s<4\sim5$ m/s),则应采用将蜗杆下置的布置方式(图 8-8(a));如果蜗杆的线速度较高($v_s>4\sim5$ m/s),为避免蜗杆搅油的功率损失过大,则应采用将蜗杆上置的布置方式(图 8-8(b))。

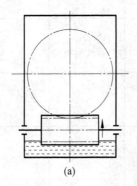 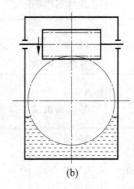

图 8-8 蜗杆传动的布置形式
(a) 蜗杆下置;(b) 蜗杆上置

蜗杆下置时,浸油深度应不低于 1 个齿高。为防止蜗杆的搅油作用将油推向一侧的轴承,影响轴承的润滑,可在蜗杆上加装挡油盘(图 8-9);如果蜗杆直径较小,无法直接接触油面或无法保证浸油深度,可在蜗杆轴上加装溅油盘,辅助将油输送到蜗轮轮齿上(图 8-10)。蜗杆上置时,浸油的深度为蜗轮直径的 1/3。

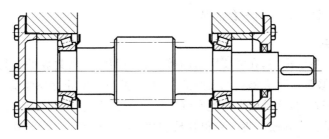

图 8-9 挡油盘结构

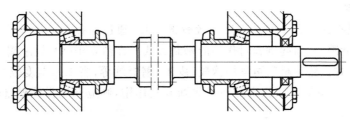

图 8-10 溅油盘结构

8.2 密封结构设计

密封是防止介质泄漏的技术手段,这里的介质既包括机械装置中输送的物质,如机械装置中的润滑剂等,也包括装置外的水分、灰尘等物质。密封装置的作用是防止介质的有害扩散。按密封的零件表面之间是否有相对运动,可将密封分为静密封和动密封两大类。

对密封装置的要求如下:
(1) 密封性好,无泄漏现象;
(2) 密封可靠(耐磨损、抗腐蚀、耐高温和低温等),寿命较长;
(3) 摩擦阻力小;
(4) 容易加工,对零件的安装误差和变形有适应性;
(5) 经济性好,结构简单,尽可能标准化、系列化,且方便装拆和维修。

8.2.1 静密封结构

静密封是指相对静止零件表面间的密封。

1. 直接接触密封

直接接触密封是指依靠零件之间接触面的良好贴合防止介质泄漏的密封方式。这种方式结构简单,密封效果与接触面的形状精度和表面粗糙度关系密切。在对密封要求高的应用场合,可通过提高表面加工精度即降低表面粗糙度的方法使表面间良好接触,或通过增大表面间紧固力的方法改善表面贴合情况。

2. 密封胶密封

密封胶密封是指装配前，在需要密封的接触表面间涂敷密封胶的密封方式。由于密封胶具有流动性，在装配后可充满接触面间的缝隙，因此可以防止介质泄漏。在螺纹连接的密封中常使用厌氧密封胶，这种胶在隔绝空气的条件下会固化，不但起到密封作用，而且有利于螺纹连接的防松。密封胶在拆卸后很容易剥离，不影响重新装配。减速箱的剖分面一般采用该密封方法。

3. 垫片密封

垫片密封是指在结合面间加入质地较软的垫片，通过向接触面施加压紧力，使垫片变形，填充表面间缝隙，从而起到密封作用的密封方式。在图 8-10 中，轴承端盖与箱体之间采用的就是垫片密封。垫片材料可采用橡胶、皮革、钢板纸等；当工作温度较高时应选用耐热材料，如石棉纸等；如果垫片除密封外还起到调整作用，则应选用弹性模量较大的材料，如铜、铝、低碳钢等。

4. 密封圈密封

垫片密封的接触面积较大，当需要的密封压力较大时，要求对接触面施加的压紧力也较大。如图 8-11(a)所示，液压油缸端盖采用垫片密封，要求连接螺栓提供较大的预紧力，当油缸内的压力变化时连接螺栓将承受较大的交变载荷；如果将密封结构改为图 8-11(b)所示的密封圈密封结构，由于橡胶密封圈的作用，很容易形成一圈封闭的高压区，获得良好的密封效果，同时使连接螺栓避免承受较大的动载荷。密封圈通常采用橡胶制造，除可制成圆形截面(O 形)以外，还可以根据需要制成 V 形等其他形状。

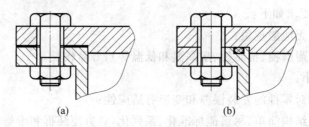

图 8-11　垫片密封与密封圈密封
(a) 垫片密封；(b) 密封圈密封

8.2.2　动密封结构

动密封结构的作用是防止介质从相对运动零件之间的缝隙泄漏，即防止润滑剂的泄漏或灰尘的进入。根据实现密封时是否有动、静件的相互接触，动密封可分为接触密封和非接触密封。

1. 接触式密封

接触式密封是使相对运动零件之间保持接触,防止泄漏的密封方法。

1) 密封圈密封

前面分析的密封圈式密封方法除可用作静密封外,也可用作接触式动密封,通常用于作相对直线运动的零件之间的动密封,例如液压系统中液压油缸与活塞之间的密封(图 8-12)、活塞杆与端盖孔之间的密封等。

2) 毡圈密封

毡圈密封是标准化结构(图 8-13),是用于相对旋转的零件之间的接触式动密封方式。这种方式是将矩形截面的毛毡填入梯形截面的毡圈槽中,使其与轴径表面保持接触,以防止润滑剂泄漏,也可以防止灰尘进入。

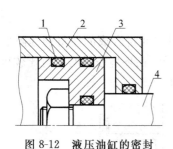

图 8-12 液压油缸的密封
1—密封圈;2—油缸;3—活塞;4—活塞杆

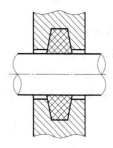

图 8-13 毡圈密封

毡圈密封结构简单,装拆方便。由于毡圈与轴径的接触面积大,接触压力大,所以摩擦功耗较大,发热严重,通常用于低速、脂润滑条件。

3) 唇形油封密封

唇形油封是标准件,主体采用橡胶材料,用于旋转零件之间的接触式动密封。油封与轴之间通过 1 圈或几圈较窄的环形区域接触,接触区域可以形成较大的压力,但接触面积小,摩擦功耗小,可用于高速旋转的零件。由于油封内有弹簧箍紧,因此可以自动补偿磨损,使油封与轴径保持接触。有些油封可以与轴径有多个接触唇。无骨架油封刚度较差,装配时需要用压盖压紧,如图 8-14(a)所示。为提高油封自身刚度,可在油封外加装钢套,也可在油封内放置钢制骨架,如图 8-14(b)所示。设计安装时唇型的开口方向应指向密封方向。在图 8-14 中,图(a)所示结构可以防止润滑剂从箱体流出,图(b)所示结构可以防止灰尘等杂质进入箱体。

2. 非接触式密封

在相对运动的零件之间不接触的条件下实现密封的方法称为非接触密封。常用的非接触密封方式有间隙密封、曲路密封等。

1) 间隙密封

间隙密封(图 8-15)是在轴与孔之间留一个极窄的缝隙,通常半径间隙为 0.1～0.3 mm。如果在孔上切出环槽,在环槽中添加润滑脂,则可以提高密封效果。

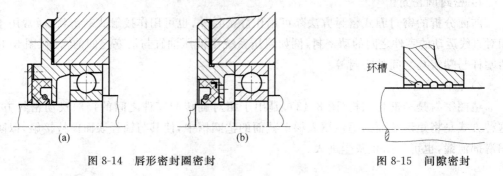

图 8-14　唇形密封圈密封　　　　图 8-15　间隙密封

2) 曲路密封

曲路密封(图 8-16)是由旋转和固定的密封零件之间拼合成的曲折的缝隙形成的,缝隙中可填入润滑脂。该密封方式比间隙密封的效果更好,在环境较脏时密封比较可靠,但结构较间隙密封复杂。曲路密封可以是径向的或轴向的。

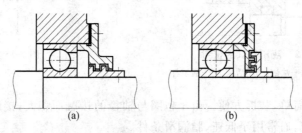

图 8-16　曲路密封

习　题

8-1　润滑剂有几种？各有什么特点？如何选择？

8-2　为什么定义了两种润滑油黏度？润滑油黏度的主要特性是什么？

8-3　常用的润滑装置有哪些？如何选择？

8-4　滚动轴承采用油润滑和脂润滑对其工作性能有什么不同影响？如何选择？

8-5　为什么要进行密封设计？按工作原理分,密封装置有几类？请举出几种典型的结构及其特点。

8-6　密封装置中哪些是有国家标准的？

8-7　举例说出两种动密封和静密封的结构。

9 机械系统结构方案的创新设计

9.1 机械系统结构方案的变异设计

变异设计方法以已有的可行设计方案为基础,通过有序地改变结构的特征,得到大量的结构方案。变异设计的目的是尽可能多地寻求满足设计要求的独立的设计方案,以便对其进行参数优化设计。通过变异设计所得到的独立的设计方案数量越多,覆盖的范围越广泛,得到最优解的可能性就越大。

变异设计的基本方法是通过对已有结构设计方案的分析,得出描述结构设计方案的技术要素的构成,然后再分析每一个技术要素的取值范围,通过对这些技术要素在各自取值范围内的充分组合,就可以得到足够多的独立的结构设计方案。

9.1.1 工作表面的变异

在构成零件实体的多个表面中,有些表面与其他零件或工作介质直接接触,这些表面称为零件的工作表面。零件的工作表面是决定机械装置功能的重要因素,工作表面的设计是零部件设计的核心问题。通过对工作表面的变异设计,可以得到实现同一功能的多种结构方案。

工作表面的形状、尺寸、位置等参数都是描述它的独立参数,通过改变这些参数可以得到关于工作表面的多种设计方案。

1. 形状的变异

图 9-1 描述的是通过对螺栓、螺钉头部形状的变异得到的多种设计方案。其中,方案(a)~(c)的头部形状使用一般扳手拧紧,可获得较大的预紧力,但不同的头部形状所需的最小工作空间(扳手空间)不同;方案(d)(滚花形)和方案(e)(元宝形)的头部形状用于手工拧紧,不需专门工具,使用方便;方案(f)~(h)的扳手作用于螺钉头的内表面,可使螺纹连接件表面整齐美观;方案(i)~(l)分别是用十字形螺丝刀和一字形螺丝刀拧紧的螺钉头部形状,所需的工作空间小,但拧紧力矩也小。可以想象,有许多可以作为螺钉头部形状的设计

方案，不同的头部形状需要用不同的工具拧紧，在设计新的螺钉头部形状方案时要同时考虑拧紧工具的形状和操作方法。

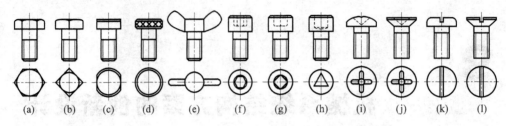

图 9-1　螺栓、螺钉头部形状的变异

2. 位置的变异

图 9-2 所示为凸轮挺杆机构中通过将接触面互换的方法所实现的变异。在图 9-2(a)所示的结构中，挺杆 2 与摇杆 1 通过一球面相接触，球面在挺杆上，当摇杆的摆动角度变化时，摇杆端面与挺杆球面接触点的法线方向随之变化。由于法线方向与挺杆的轴线方向不平行，因此，挺杆与摇杆间作用力的压力角不等于零，会产生横向力，横向力需要与导轨支承反力相平衡，支承反力派生的最大摩擦力大于轴向力时造成挺杆卡死。如果将球面变换到摇杆上，如图 9-2(b)所示，则接触面上的法线方向始终平行于挺杆轴线方向，有利于防止挺杆被卡死。

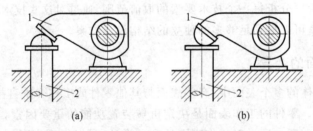

图 9-2　摇杆与挺杆工作表面位置的变异
1—摇杆；2—挺杆

图 9-3 所示为 V 形导轨结构的两种设计方案，在如图 9-3(a)所示结构中，上方零件（托板）导轨断面形状为凹形，下方零件（床身）为凸形，在重力作用下摩擦表面上的润滑剂容易自然流失。如果改变凸、凹零件的位置，使上方零件为凸形，下方零件为凹形，如图 9-3(b)所示，则有利于改善导轨的润滑状况。

3. 结构的变异

图 9-4 所示为棘轮-棘爪结构图。描述棘轮-棘爪结构可以用轮齿形状、轮齿数量、棘爪数量、轮齿位置和轮齿尺寸等参数表示。图 9-5 表示通过对这些参数的变异得到的新结构，其中，图(a)~(c)表示对轮齿形状变异的结果，图(d)和图(e)表示对轮齿数量进行变异的结

果,图(f)和图(g)表示对棘爪数量进行变异的结果,图(h)和图(i)表示对轮齿位置变异的结果,图(j)和图(k)表示对轮齿尺寸变异的结果。

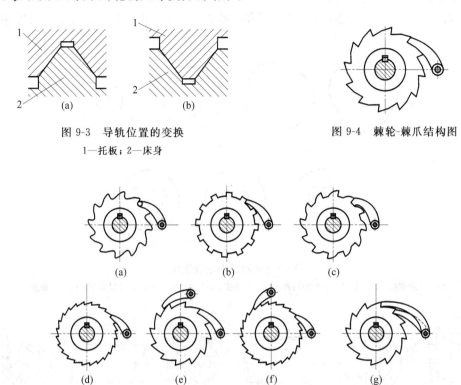

图 9-3 导轨位置的变换
1—托板;2—床身

图 9-4 棘轮-棘爪结构图

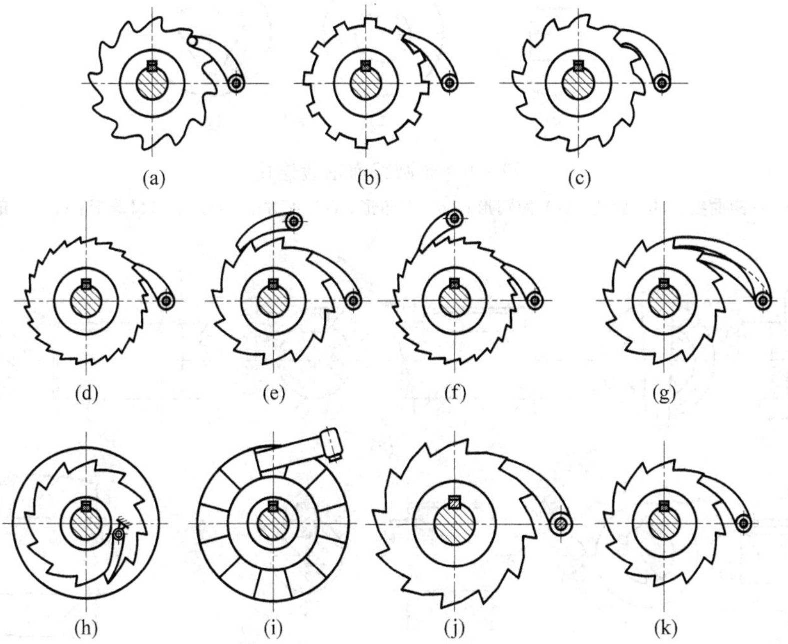

图 9-5 棘轮-棘爪结构的变异

9.1.2 连接的变异

轴毂连接用于实现轴与轮毂之间的周向固定并传递转矩。按照轴与轮毂之间传递转矩的方式,可以将轴毂连接分为依靠摩擦力传递转矩的方式和依靠接触面形状通过法向力传递转矩的方式。

1. 形锁合连接

依靠接触面的形状通过法向力传递转矩的方式称为形锁合连接。图 9-6 所示的各种非圆截面都可以构成形锁合连接,但是由于非圆截面不容易加工,所以应用较少。应用较多的是在圆截面的基础上,通过打孔、开槽等方法构造出不完整的圆截面,通过变换这些孔和槽的尺寸、数量、形状、方向等参数,可以得到多种形锁合连接。图 9-7 所示为常用的形锁合连接结构。

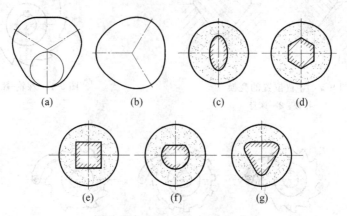

图 9-6 非圆截面轴毂连接

(a) 等距曲线;(b) 摆线;(c) 椭圆形;(d) 六角形;(e) 正方形;(f) 带切口圆形;(g) 三角形

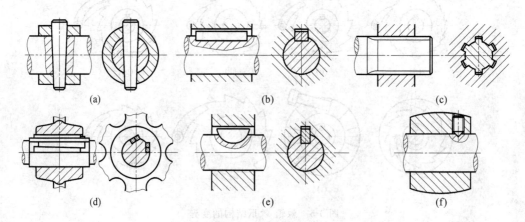

图 9-7 非完整圆截面形锁合连接

(a) 销连接;(b) 平键连接;(c) 花键连接;(d) 切向键连接;(e) 半圆键连接;(f) 紧定螺钉连接

2. 力锁合连接

依靠接触面间的压紧力所派生的摩擦力传递转矩的轴毂连接方式称为力锁合连接。过盈连接是最简单的力锁合连接,它通过控制轴和孔的加工精度获得轴与孔的过盈配合,装配后的轴与孔结合紧密,产生较大的法向压力,可以派生出很大的摩擦力,既可以承担转矩,也可以承担轴向力。但是过盈连接对加工精度要求高,装配和拆卸都不方便,而且会引起较大的应力集中。为构造装、拆方便的力锁合连接结构,必须使连接在装配前表面间无过盈,装配后通过调整措施使表面间产生过盈,拆卸过程则相反。基于这一目的,不同的调整结构派生出了不同的力锁合轴毂连接形式。常用的力锁合连接方式有楔键连接、弹性环连接、圆柱面过盈连接、圆锥面过盈连接、紧定螺钉连接、容差环连接、星盘连接、压套连接、液压胀套连接等,其中,有些是通过在结合面间楔入其他零件(楔键、紧定螺钉)或介质(液体)使其产生过盈,有些则是通过调整使零件变形(弹性环、星盘、压套),从而产生过盈。

常用的力锁合轴毂连接方式的结构如图9-8所示。这些连接结构中的工作表面为最容易加工的圆柱面、圆锥面和平面,其余为可用大批量加工方法加工的专用零件(如螺纹连接件、星盘、压套等),这是通过变异设计方法开发新型连接结构时必须遵循的原则,否则即使新结构在某些方面具有一些优秀的特性,也难以推广使用。在以上各种连接结构中没有哪一种结构是在各方面的特性均较好的,但是每一种结构都在某一方面或某几方面具有其他

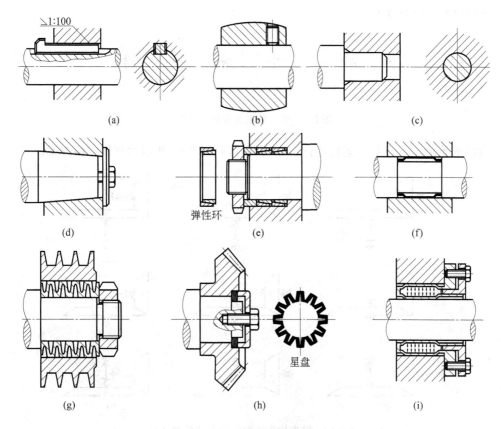

图 9-8 力锁合轴毂连接

(a) 楔键连接;(b) 紧定螺钉连接;(c) 圆柱面过盈连接;(d) 圆锥面过盈连接;(e) 弹性环连接;
(f) 容差环连接;(g) 压套连接;(h) 星盘连接;(i) 液压胀套连接

结构所没有的优越性,正是这种优越性使它们具有各自的应用范围和不可替代的作用。在设计新型连接结构时也要注意,新结构只有具备某种优于其他结构的突出特性才可能在某些应用中被采用。

9.1.3 支承的变异

滚动轴承轴系结构的工作性能与支承方式的选择密切相关。每个滚动轴承轴系结构至少需要两个相距一定距离的支点支承。支承的变异设计包括支点位置变异和支点轴承的类型及其组合的变异。

1. 支点位置变异

下面以锥齿轮传动(两轴夹角为90°)为例分析支点位置变异问题。锥齿轮传动的两轴各有两个支点,每个支点可以位于齿轮的小端,也可以位于大端,两个支点的位置可能有图9-9所示的3种组合方式。

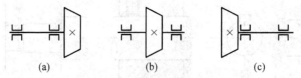

图9-9 单个轴系支点位置变异

将两轴系的支点位置方案再进行组合,可以得到图9-10所示的9种结构方案。

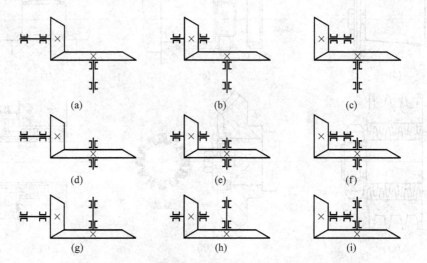

图9-10 锥齿轮传动轴系的支点位置变异

在这9种方案中,除方案(i)在结构安排上有困难以外,其余8种均在不同场合被采用。

2. 支点轴承的类型及其组合的变异

轴系中的每个支点除承受径向载荷以外,还可能同时承受单向或双向轴向载荷,每个支点承受轴向载荷的方式有图 9-11 所示的 4 种可能。

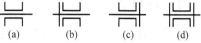

图 9-11 单一支点承受轴向载荷情况

在单个支点的 4 种受力情况中,每一种情况都可以通过多种不同类型的轴承或轴承组合实现。例如,情况(a)为承受纯径向载荷的支点,可以选用圆柱滚子轴承、滚针轴承、深沟球轴承、调心球轴承或调心滚子轴承。对于情况(b)和情况(c),可以选用圆锥滚子轴承或角接触球轴承,当轴向力较小时也可以选用深沟球轴承、调心球轴承或调心滚子轴承等,也可以采用向心轴承与推力轴承的组合。对于情况(d),可以采用一对向心推力轴承组合使用,也可以使用专门型号的双列向心推力轴承。当轴向载荷较小时,可以采用有一定轴向承载能力的向心轴承(如深沟球轴承、调心球轴承或调心滚子轴承),也可以采用向心轴承与双向推力轴承的组合;当转速较高时,还可以选用具有较高极限转速的深沟球轴承取代双向推力轴承使用。

将每个支点的 4 种可能的受力情况进行组合,可得到两支点轴系承受轴向载荷情况的 16 种方案,如图 9-12 所示。

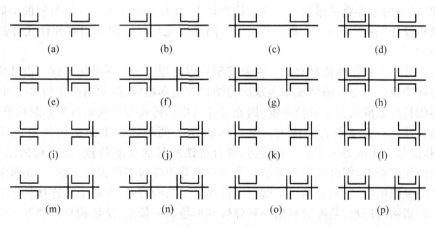

图 9-12 两支点轴系承受轴向载荷方案

其中,方案(g)、(h)、(j)、(l)、(n)、(o)、(p)为过定位方案,实际不被采用。其余的 9 种方案中,方案(b)与方案(e)、方案(i)与方案(c)、方案(d)与方案(m)分别为对称方案,余下的 6 种方案均在不同场合被采用。在这 6 种方案中,方案(d)、(f)及(k)使轴系在两个方向上实现完全定位,在结构设计中应用最普遍。方案(d)称为单支点双向固定结构,方案(f)和方案(k)称为双支点单向固定结构。方案(a)使轴系在两个方向上都不定位,称为两端游动轴系结构,适用于轴系可以通过传动件实现双向轴向定位的场合(如人字齿轮或双斜齿轮传动);方案(b)和(c)都使轴系单方向定位,应用较少,只用在轴系只可能产生单方向轴向载荷的场合(如重力载荷,在这种应用场合中通常也要求轴系双向定位)。

9.1.4 材料的变异

机械设计中可以选择的材料种类众多,不同的材料具有不同的性能,不同的材料对应不同的加工工艺,结构设计既需要根据功能的要求合理地选择材料,又要根据材料的种类确定适当的加工工艺,并根据加工工艺的要求确定适当的结构,只有通过适当的结构设计才能使所选择的材料最充分地发挥作用。

设计者要能够正确地选择结构材料,就必须充分了解所选材料的机械性能、加工性能、使用成本等信息。

例如,在有弹性元件的挠性联轴器设计中需要选择弹性元件的材料,所选择的弹性元件材料的不同使得联轴器的结构变化很大,对联轴器的工作性能也有很大的影响。可选做弹性元件的材料有金属、橡胶、尼龙等。金属材料具有较高的强度、刚度和寿命,所以常用在要求承载能力大的场合;非金属材料的弹性变形范围大,载荷与变形的关系非线性,可用简单的形状实现大变形量、综合可移性要求。橡胶材料的强度差,寿命短,常用在要求承载能力较小的场合。由于弹性元件的寿命短,使用中需要多次更换弹性元件,在结构设计中应为更换弹性元件提供可能和方便,应为更换弹性元件留有必要的操作空间,应使更换弹性元件所必须拆卸、移动的零件数量尽量少。在结构设计中,应根据所选弹性元件材料的不同而采用不同的结构设计原则。图 9-13 表示了使用不同弹性元件材料的常用有弹性元件的挠性联轴器的结构。

结构设计中应根据所选材料的特性及其所对应的加工工艺而遵循不同的设计原则。

钢材在受拉伸与受压缩情况下表现的力学特性基本相同,因此钢梁结构多为对称结构。铸铁材料的抗压强度远大于抗拉强度,因此承受弯矩的铸铁结构断面多为非对称形状,以使承载时最大压应力大于最大拉应力。图 9-14 所示为两种铸铁支架结构的对比,图中,方案(b)肋板的最大压应力大于最大拉应力,符合铸铁材料的强度特点,是正确的结构方案。塑料结构的强度较差,螺纹连接产生的装配力很容易使塑料零件损坏。图 9-15 所示为一种塑料零件的装配结构,它充分利用了塑料零件加工工艺的特点,在两个被连接件上分别做出形状简单的搭钩与凹槽,装配时利用塑料弹性变形量大的特点,使搭钩与凹槽互相咬合实现连接,使装配过程简单准确,便于操作。

设计的结果要通过制造和装配的手段变为实体。结构设计中如果能根据所选材料的工艺特点合理地确定结构形式,则会为制造过程带来方便。

钢结构设计中常通过加大截面尺寸的方法增大结构的强度和刚度。但是,铸造结构中如果壁厚过大,则很难保证铸造质量,所以铸造结构通常通过加肋板和隔板的方法加强结构的刚度和强度。塑料材料由于刚度差,铸造后的冷却不均匀造成的内应力极易引起结构翘曲,所以塑料结构的肋板应与壁厚相近并均匀对称。陶瓷结构的模具成本和烧结工艺成本远大于材料成本,所以陶瓷结构设计中为使结构简单,通常不考虑节省材料的原则。

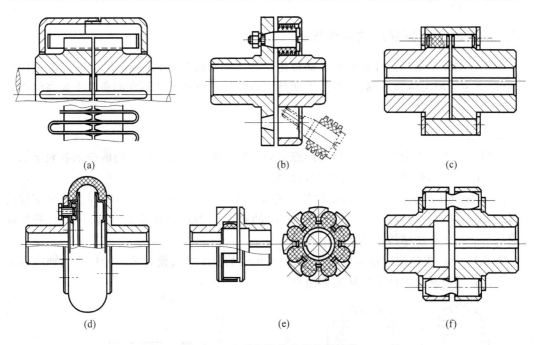

图 9-13 有弹性元件的挠性联轴器
(a) 蛇形弹簧联轴器；(b) 弹性套柱销联轴器；(c) 弹性柱销齿式联轴器；(d) 轮胎联轴器；
(e) 梅花形弹性联轴器；(f) 弹性柱销联轴器

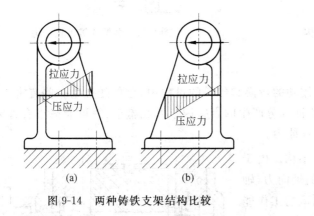

图 9-14 两种铸铁支架结构比较

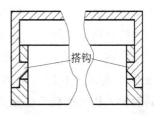

图 9-15 塑料搭钩结构

9.2 提高机械系统性能的结构设计

机械系统的性能不但与结构参数有关,而且与结构的组成及连接方式关系密切。结构设计中采用正确的逻辑方法可以有效地提高机械系统的性能。

9.2.1 有利于提高强度的结构设计

强度和刚度是结构设计的重要性能指标。选用优质材料、增大截面尺寸的方法可以提高强度,但是会增大体积,提高成本。下面是一些在材料及其尺寸不变的条件下提高结构强度的设计方法。

1. 自加强

结构的某些性能会随着工作载荷的施加而发生变化。如果工作载荷的施加有利于加强某种有益的功能,则称这种加强作用为自加强。

图 9-16 所示为压力容器密封结构设计方案。方案(a)中的容器压力有利于加强密封效果,使得密封结构有更强的工作能力;方案(b)的容器压力对密封效果有损害作用,要保证容器口不泄漏就要使结构承受更大的载荷。

图 9-17 所示为装配式锥齿轮结构,轮缘与轮毂的装配方式使得锥齿轮传动的轴向力有助于提高轮缘与轮毂之间传递转矩的能力。

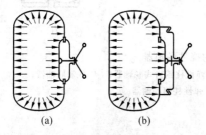

图 9-16 压力容器密封结构

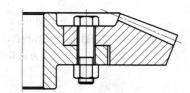

图 9-17 装配式锥齿轮结构

2. 自平衡

在机械装置工作时,在进行有用功的转换和传递的过程中,会伴随产生一些有害因素。通过合理的结构设计使机械装置不同部分产生的有害因素互相抵消,尽可能减小有害因素的作用范围,有利于提高结构的工作能力。

图 9-18 所示为双斜齿轮轴系结构。由于每个斜齿轮工作时都会产生较大的轴向力,轴向力虽然不做功,但是会对滚动轴承的工作能力有较大影响。在图 9-18 所示的结构中,两个斜齿轮相对放置,所产生的轴向力在同一零件内部互相平衡,不会影响滚动轴承及其他轴上零件的工作能力。

叶片泵工作时介质的阻力会使叶片根部承受较大的弯曲应力,如图 9-19(a)所示。在

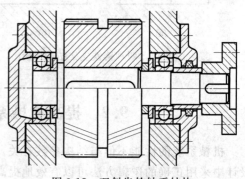

图 9-18 双斜齿轮轴系结构

图 9-19(b)所示的结构中,将叶片倾斜放置,使得叶片在高速旋转时所受到的离心力对叶片根部产生的弯曲应力与介质阻力产生的弯曲应力方向相反,可以部分地相互抵消,提高了结构的承载能力。

3. 载荷均布

机械结构中不同部位受力不相同,设计必须保证结构最薄弱的位置不失效,所以结构中最薄弱位置的承载能力决定了结构整体的承载能力。通过合理的结构设计,使载荷分布均匀,降低最危险部位的承受载荷水平,可以有效地提高结构整体的承载能力。

图 9-20 所示为两级圆柱齿轮减速器的两种布置方案。齿轮传动工作中轴的弯曲变形和扭转变形都会造成沿齿长方向的载荷分布不均匀,图(a)所示的方案中两种作用的效果互相抵消,而图(b)所示的结构使两种作用互相叠加,加剧了载荷分布不均匀。所以,将输入级的小齿轮远离输入端的布置方案更有利于提高结构的承载能力。

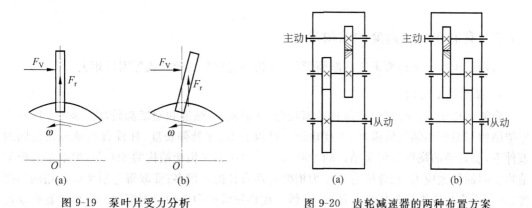

图 9-19　泵叶片受力分析　　图 9-20　齿轮减速器的两种布置方案

齿轮的制造误差和受力引起的变形都会使齿轮端部的受力增大,在结构设计中应设法降低轮齿端部的刚度,以缓解轮齿端部局部受力过大的情况。

图 9-21 所示为一组轮齿端部结构方案。这些方案通过降低轮齿端部的刚度,缓解了由

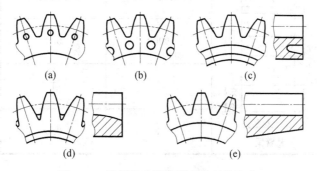

图 9-21　降低轮齿端部刚度的结构方案

于齿长方向误差和变形造成的轮齿上载荷沿齿长方向分布不均匀的现象。

图 9-22 所示为两种吊车梁结构方案。图(a)所示方案的立柱位于梁的端部,当吊装重物位于梁的中间时,梁中部所受弯矩较大。图(b)所示方案将立柱向中间靠拢,使得在梁的总长度不变的情况下梁所受到的最大弯矩减小,提高了吊车的承载能力。

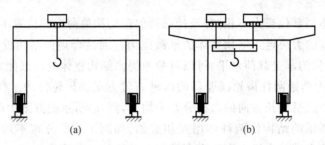

图 9-22 吊车梁结构方案

9.2.2 有利于提高刚度的结构设计

结构的刚度与结构所采用的断面形状、结构的连接与支承方式等因素相关。

1. 采用桁架结构

桁架结构中的杆件只受拉伸和压缩载荷,变形较小,强度和刚度都较高。表 9-1 所示为桁架结构与悬臂梁结构的强度、刚度比较。可以看出,在悬伸长度、杆件直径及载荷相同的条件下,悬臂梁的挠度是桁架结构的 9000 倍,最大应力是桁架结构的 550 倍;要取得与桁架结构相同的最大应力,悬臂梁直径应为桁架杆件直径的 8 倍多;要取得与桁架结构相同的挠度,悬臂梁直径应为桁架杆件直径的 10 倍。在机械结构中合理采用桁架结构可以有效地提高结构的强度和刚度。

表 9-1 桁架与悬臂梁结构的强度、刚度比较

	挠度比 f_2/f_1	应力比 σ_2/σ_1	质量比 G_2/G_1
	9000	550	0.35
	2	1	25
	1	0.6	35

2. 合理布置支承

轴系结构支承情况对轴系的刚度有重要影响。以车床主轴系统为例,主轴前端的刚度是主轴轴系结构设计的重要性能指标。轴端悬伸长度受到卡盘结构限制,在悬伸长度一定的前提下主轴支点的跨距就成为影响主轴刚度的重要因素。

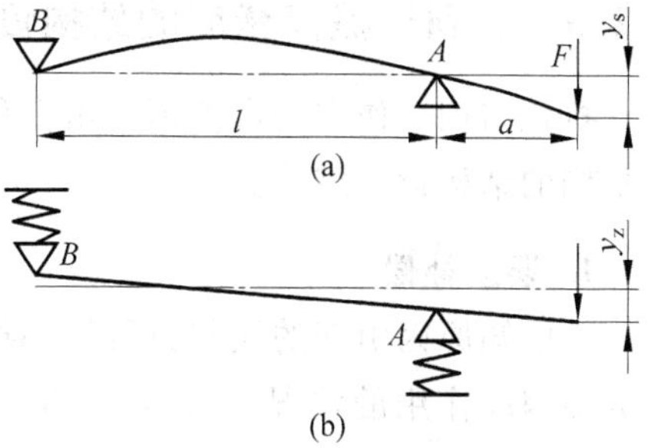

如图 9-23 所示,主轴前端在切削力作用下发生的垂直方向位移 y 由两项因素构成:一项是由于主轴的弯曲变形引起的主轴前端位移 y_s;另一项是由于主轴轴承受力变形引起的主轴前端位移 y_z。

从以下公式可见,主轴支点跨距 l 对主轴刚度的影响存在极值,并且是极大值,通过合理地选择支点跨距可以得到主轴前端的最佳刚度。

图 9-23 主轴跨距对刚度的影响

$$y_s = \frac{Fa^2}{3EI}(l+a)$$

$$y_z = \frac{F}{K_A}\left(1+\frac{a}{l}\right)^2 + \frac{F}{K_B}\left(\frac{a}{l}\right)^2$$

$$y = y_s + y_z = \frac{Fa^2}{3EI}(l+a) + \frac{F}{K_A}\left(1+\frac{a}{l}\right)^2 + \frac{F}{K_B}\left(\frac{a}{l}\right)^2$$

$$\frac{dy}{dl} = \frac{Fa^2}{3EI} - \frac{F}{K_A}\left(1+\frac{a}{l}\right)\frac{2a}{l^2} - \frac{F}{K_B}\left(\frac{a}{l}\right)\frac{2a}{l^2}$$

式中,E 为弹性模量;I 为截面惯性矩;K_A 为 A 点的支承刚度;K_B 为 B 点的支承刚度。

3. 预紧

高副零件表面的接触变形是影响刚度的重要因素。例如,滚动轴承中滚动体与座圈之间的接触变形影响轴承的支承刚度和轴系的旋转精度。对滚动轴承轴系进行预紧可以有效地提高接触刚度。

滚动轴承轴系的预紧是指在轴系承受工作载荷之前对其施加预加载荷。图 9-24 表示预紧前、后滚动轴承的工作情况。对未预紧的滚动轴承轴系施加载荷,载荷将由其中的一个轴承承受(图 9-24(a)),而施加到经过预紧的轴系上的载荷由两个轴承共同承受(图 9-24(b))。由于滚动轴承刚度的非线性,经过预紧的滚动轴承表现出更大的刚度。以上两条原因使得预紧后的滚动轴承轴系刚度显著提高。

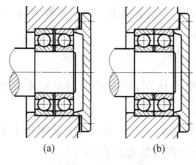

图 9-24 滚动轴承轴系预紧
(a) 预紧前;(b) 预紧后

通过预紧,有利于提高滚动轴承的刚度,但同时会增大滚动轴承承受的载荷,影响轴承的承载能力。这种方法只应用在以刚度及精度为主要设计目标的轴系结构设计中。由于预紧所引起的轴承受力对预紧量很敏感,预紧过程中对预紧量要精确控制。

9.2.3 有利于提高精度的结构设计

机械结构工作中的误差可能由多种不同的原因引起,针对引起误差的不同原因可以采取不同的结构设计措施。

1. 误差补偿

由已知原因引起的误差,可以针对引起误差的原因,通过结构设计的方法使得在引起误差的原因起作用的情况下,同时产生一种和它的作用相反的因素与之抵消,这种方法称为误差补偿。

图 9-25 所示为凸轮机构的工作示意图,挺杆的运动由凸轮机构控制,凸轮和挺杆在工作中均不可避免地会发生磨损,这两种磨损都会对挺杆的运动产生影响。在图(a)所示的结构中,凸轮和挺杆的磨损对挺杆运动的影响互相叠加,图(b)所示结构中两种作用互相抵消,使磨损后的总误差较小。

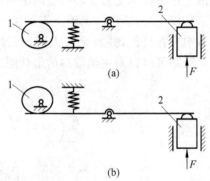

图 9-25 凸轮机构磨损量补偿
1—凸轮;2—挺杆

螺纹车床的螺纹加工精度与车床自身丝杠的螺纹精度有重要关系。为了在车床的丝杠精度一定的条件下提高加工精度,可以通过为螺旋机构增加一个与误差规律相反的附加运动的方法对误差进行校正。图 9-26 所示为采用附加运动方法校正丝杠螺距误差的原理图。

首先要通过测量的方法获得丝杠螺距误差的规律(螺距误差曲线),将误差曲线按需要的比例放大,得到校正曲线,按照校正曲线做成凸轮(即图中校正尺)。在刀架移动过程中,校正尺推动顶杆,顶杆通过杠杆齿轮将附加运动传递给螺母,使螺母相对于丝杠作微小的转动;螺母的转动使其产生附加移动,附加移动的方向与螺距误差方向相反,大小相等,补偿由于丝杠的螺距误差造成的刀具运动误差。

2. 误差均化

在机构中如果有多个作用点对同一个构件的运动起引导作用,则构件的运动精度高于任何一个作用点单独作用所实现的精度。

图 9-27 所示为螺旋测微仪的测量误差与自身螺纹的螺距误差的对比图,由于螺母上有多圈螺纹同时起作用,使得测量误差(螺母的运动误差)小于螺纹的螺距误差。

图 9-28 所示为双蜗杆驱动机构,由两个相同参数的蜗杆共同驱动同一个蜗轮,由于均化作用,蜗轮的运动误差小于任何一个蜗杆单独驱动蜗轮所造成的误差。

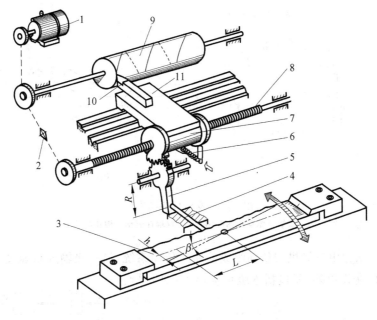

图 9-26 丝杠螺距校正装置原理图
1—电动机；2—挂轮；3—校正尺；4—顶杆；5—杠杆齿轮；6—弹簧；
7—螺母；8—丝杠；9—工件；10—车刀；11—刀架

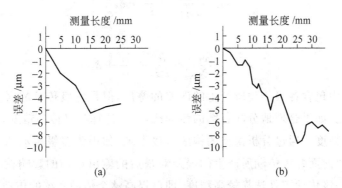

图 9-27 螺旋测微仪测量误差与螺距误差
(a) 测量误差；(b) 螺距误差

3. 利用误差传递规律

由多级机械传动组成的传动系统在将输入运动变换为输出运动的同时，也将各级传动所产生的误差经变换后向后续机构传递。

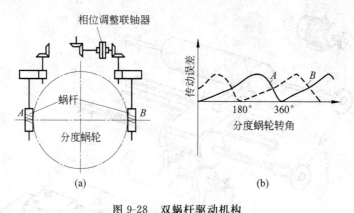

图 9-28 双蜗杆驱动机构

(a) 双蜗杆驱动机构简图；(b) 双蜗杆驱动机构传动效果

图 9-29 所示为由三级机械传动组成的减速传动系统,第一级输入角速度 ω_1,输出运动除包括对 ω_1 的变换以外,还包括本级传动所产生的误差 δ_1,即

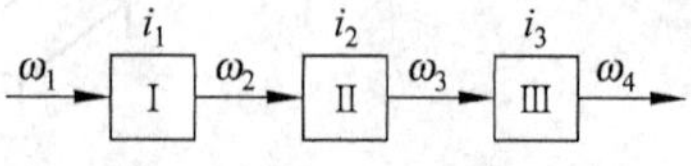

$$\omega_2 = \frac{\omega_1}{i_1} + \delta_1$$

图 9-29 多级机械传动系统

同理,第二级传动输出为

$$\omega_3 = \frac{\omega_1}{i_1 i_2} + \frac{\delta_1}{i_2} + \delta_2$$

最后一级输出为

$$\omega_4 = \frac{\omega_1}{i_1 i_2 i_3} + \frac{\delta_1}{i_2 i_3} + \frac{\delta_2}{i_3} + \delta_3$$

在输出运动中包含各级传动所产生的误差的叠加,但是各级传动的误差对输出误差的影响程度不相同。如果合理地分配各级的传动比,正确选择各级传动精度,可以用较经济的方法实现合理的精度。通过分析误差的构成可以发现,如果为多级传动的最后一级选择较大的传动比,则使前面各级传动所产生的误差对最后的输出运动的影响被极大地削弱。因此,只要为最后一级传动零件选择较高精度,即可提高整个传动系统的传动精度。

4. 合理配置精度

机械系统的精度受系统内各环节精度的综合影响,但是不同环节对工作精度的影响程度不相同,在结构设计中应为不同环节设置不同的精度,为敏感环节设置较高的精度,这样做可以通过较经济的方法获得合理的工作精度。

图 9-30 所示为机床主轴轴系示意图。在机床主轴结构设计中,主轴前端(图中 A 点)的旋转精度是重要的设计目标。主轴前支点(图中 a 点)轴承和主轴后支点(图中 b 点)轴承

的精度都会影响主轴前端的旋转精度,但影响的程度不同。前支点误差 δ_a 所引起的主轴前端误差为

$$\delta = \delta_a \frac{L+l}{L}$$

后支点误差 δ_b 所引起的主轴前端误差为

$$\delta = \delta_b \frac{l}{L}$$

显然,前支点的误差对主轴前端的精度影响较大。所以在主轴结构设计中通常为前支点选择较高精度的轴承。

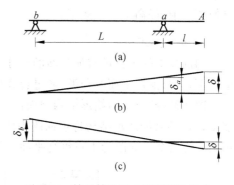

图 9-30 轴承精度对主轴精度的影响

9.2.4 有利于提高工艺性的结构设计

机械设计的结果要能够通过工业化生产的方式制造、运输、安装和调整。结构设计应在满足使用功能要求的前提下,使得所设计的结果可以采用更方便、更经济、效率更高的方法实现。结构设计要考虑从毛坯制备开始,直到产品报废后的材料回收的整个生命周期内的工艺要求。以下分析其中一些工艺过程的要求。

1. 方便装卡

需要经过机械切削加工过程的零件多数需要在切削前首先对工件进行装卡,设计这些零件的结构除了需要考虑使用功能结构以外,还需要根据加工设备的特点,为零件在加工设备上的装卡提供必要的夹持面。夹持面的设置应使零件在夹持力和切削力的作用下具有足够的强度和刚度。零件的加工过程可以通过较少的装卡次数完成。

图 9-31 所示为两种顶尖结构设计方案。图(a)所示结构由两个圆锥面构成,虽然可以满足使用功能的要求,但是无法在卡盘上装卡;图(b)所示结构中,在两个圆锥面之间增加了一个圆柱面,这种为工艺过程的需要而设置的结构称为工艺结构。

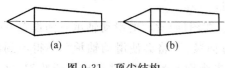

图 9-31 顶尖结构

图 9-32 所示的轴结构中有两个键槽。图(a)所示结构将两个键槽沿周向成 90°布置,两个键槽的加工必须通过两次装卡才能完成;图(b)所示结构将两个键槽布置在同一周向位置,两个键槽的加工可以在一次装卡中完成,

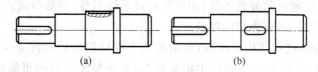

图 9-32 轴上键槽位置设置

方便了装卡,提高了加工效率。

2. 减少加工量

切削加工的工作量与加工面的尺寸、数量、位置、方向及种类有关,在不影响使用要求的前提下,应减少加工面的种类,通过合并减少加工面数量,尽量使加工面取相同方向。

图 9-33(a)所示的箱形结构顶面由两个不平行的平面构成,需要通过两次装卡才能完成加工;图 9-33(b)所示结构将顶面改为两个平行平面,可以一次装卡完成加工;图 9-33(c)所示结构将两个平面改为平行等高平面,两个平面可以作为一个几何要素进行加工。

(a)　　　　　　(b)　　　　　　(c)

图 9-33　减少加工面的种类和数量

有些加工工艺可以同时对多个工件进行加工,结构设计中如果能够为这种加工过程创造条件,将会明显地提高加工效率。图 9-34 所示的齿轮结构中,图(a)所示结构的轮毂与轮缘不等宽,如果在滚齿加工中同时加工多个齿轮,由于零件刚度较差而影响加工质量,如果改为图(b)所示的结构,使轮毂与轮缘等宽,为成组滚齿创造了条件,有利于提高滚齿工作的效率。

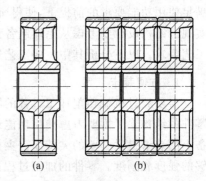

图 9-34　使齿轮成组加工的结构设计

3. 简化装配和拆卸

加工好的零部件要经过装配才能成为完整的机器,装配的质量直接影响机器设备的运行质量,因此结构设计应采取必要的措施降低装配的难度,保障装配质量。

图 9-35 所示为滑动轴承油孔结构的 3 种方案。在图(a)所示的滑动轴承右侧设置有一个与箱体连通的油孔,如果装配中将滑动轴承的方向装反,将会使滑动轴承和轴得不到润滑。由于对装配有方向的要求,装配人员就必须首先辨别装配方向,然后再进行装配,这就增加了装配工作的工作量和难度。如果改为图(b)所示的结构,即零件成为对称结构,就可避免发生装配错误的可能,但有一个孔不起作用。如果改为如图(c)所示的结构,即增加环状储油区,所有的油孔都能发挥作用。

结构设计对于必须有差异的零件,应该使差异足够明显,容易辨别。对于没有必要保留的差异,可以消除差异,演变为相同零件。

图 9-36 所示为圆柱销结构。图(a)所示的两个圆柱销的外形尺寸完全相同,只是材料及热处理方式不同,这种差别在装配中很难区分,发生装配错误的可能性极大。如果改为图(b)所示的结构,使两个零件的外形尺寸有明显的差别,就会避免发生装配错误的可能性。

9 机械系统结构方案的创新设计

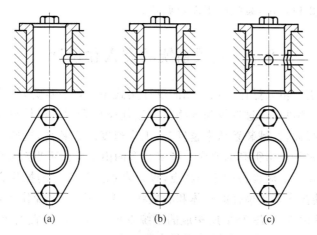

图 9-35 降低装配难度的结构设计

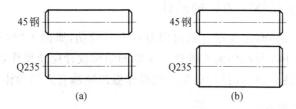

图 9-36 相似零件具有明显差别

在机械结构中很多设计参数依靠调整过程实现。在对机器进行维修和更换某些零部件时,要破坏某些经过调整的装配关系,维修后需要重新调整这些参数,这就增加了维修工作的难度。结构设计中应减少维修工作中必须对已有装配关系的破坏,使维修更容易进行。

图 9-37 所示为轴承座的两种结构设计方案。图(a)所示的装配关系不独立,更换轴承时不但需要破坏轴承盖与轴承座的装配关系,而且需要破坏轴承座与机体的装配关系,而轴承座与机体的位置是通过调整确定的。图(b)所示结构中轴承座与机体的装配关系和轴承盖与轴承座的装配关系互相独立,更换轴承时不需要破坏轴承座与机体的装配关系,而轴承

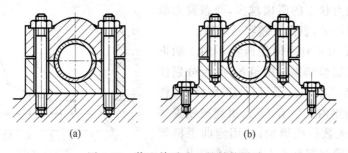

图 9-37 装配关系独立的结构设计

盖与轴承座之间有止口定位,装配后不需要调整。

9.3 机械系统的宜人化设计

多数机械装置需要由人操作。在早期的设计实践中设计者认为,无论机械设备对操作水平的要求多么高,都可以通过选拔和训练的方法使操作者适应机械设备的要求。随着科学技术水平的不断提高,机械装置越来越复杂,工作速度越来越高,这些都会对设备操作者的知识水平和技能水平提出很高的要求。越来越多的由于操作不当造成的事故使设计者意识到不能只要求操作者适应设备的工作特点,设计者也应使设备的操作方法适应操作者的生理和心理特点,使操作者在最佳的身体和心理状态下工作,这样操作者才能使机械设备在最佳状态下工作,使由人-设备-环境所构成的系统发挥最佳效能。宜人化是一种设计理念,根据这种理念可以为机械结构创新设计提供有益的启示。

9.3.1 适合人的生理特征的结构设计

人在对机器实施操作时需要通过肌肉用力对机器做功,肌肉工作时的状态直接影响其所能够提供的力的大小以及动作的准确性。正确的结构设计应使操作者在长时间的持续操作过程中肌肉不容易疲劳,可以保持对每一项操作做出准确有力的动作。

1. 减少肌肉疲劳的设计

人体肌肉在对外做功的过程中需要消耗能量,这种过程的持续进行需要血液的流动不断地向肌肉输送能量物质(糖和氧),并把不断产生的生成物(二氧化碳和水)带走。如果血液流动不通畅,不能携带足够的氧,则糖在缺氧的条件下不完全分解,不但释放的能量较少,而且会产生不易被排泄的乳酸,乳酸在肌肉中的累积会引起肌肉的疲劳和疼痛,使肌肉发力迟钝,力量小,准确性下降。长期工作在这种状态下还会对肌肉造成永久性损伤。机械设计应避免或降低使操作者肌肉处于这种状态的程度。

当操作者长时间保持一种操作姿势时,身体中部分肌肉长时间处于收缩状态,使血管中的血液流动受阻,无法使血液向肌肉输送足够量的氧,肌肉的这种工作状态称为静态发力状态。处于静态发力状态的肌肉越多,静态发力肌肉的紧张程度越严重,肌肉就越容易疲劳。

图9-38所示为长时间使用两种不同手柄形状的钳子的对比试验结果。两组各40人分别使用两种不同手柄形状的钳子进行12周操作,使用直手柄钳子的组内先后有25人出现腱鞘炎等症状,而且发病人数持续增加;使用弯曲手柄钳子的组内只在试验初期有4人出现类似症状。

表9-2列举了几种按照减少操作者肌肉静态

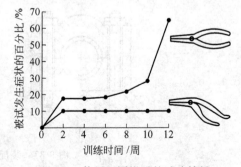

图9-38 使用不同钳子的试验结果

发力程度的要求对常用操作工具进行的改进设计。改进后的设计使操作者的操作姿势更自然,减少或消除了肌肉的静态发力程度,使得操作者可以长时间工作而不易疲劳。

表 9-2 常用工具的改进设计

工具名称	改 进 前	改 进 后
夹钳		
锤子		
手锯		
螺丝刀		
键盘		

操作中的肌肉静态发力是很难完全避免的,但是通过控制静态发力的范围和程度,可以有效地防止操作疲劳。

相关试验表明,人在静态发力状态下能够持续工作的时间与静态发力的程度有关(见图 3-39)。当人用最大的能力静态发力时,肌肉的极度紧张使血液流通几乎中断,发力过程只能维持很短时间,随着静态发力水平的降低,发力能够持续的时间不断加长,当静态发力程度降低到小于最大发力水平的 15% 时血液流通基本正常,肌肉可以长时间保持发力状态而不疲劳,所以称静态发力水平为最大发力水平的 15% 为静态发力极限。机械设计应使操作者身体各部分肌肉的静态发力水平均低于静态发力极限。

如果操作中不可避免地会使某些肌肉处于较严重的静态发力状态,应允许操作者在操作中自由变换姿势。例如,既允许站立操作,又允许坐姿操作。操作者通过不断变换操作姿势,使不同的肌肉轮流得到休息,缓解疲劳。

2. 容易发力的设计

操作者操作机械设备时需要用力,当人的肢体处于不同姿势、向不同方向用力时,发力的能力有很大差别。试验表明,多数人的右手臂发力

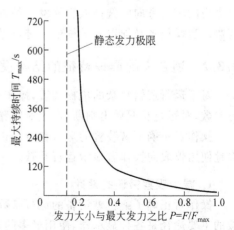

图 9-39 静态发力程度与持续时间的关系

能力大于左手臂,向下发力的能力大于向上发力,向内发力的能力大于向外发力,拉力能力大于推力,沿手臂方向发力的能力大于垂直于手臂方向发力。

对机械装置的操作不但要求足够的操作力,而且要求一定的操作精确性和动作灵敏度。人体不同部位肌肉的发力能力不同,动作的精确性和动作灵敏度差别也很大。设计与操作有关的机械装置要合理地确定操作力、操作范围、操作精确性和操作灵敏度的要求,据此确定能够满足设计要求的操作姿势。

人体站立时,手臂操作可以提供较大的操纵力,适应较大的操作范围,体力消耗也较大,下肢容易疲劳。站立姿势操作的动作精确性较差。

图 9-40 所示为人体下肢在不同方向上操纵力的分布情况。下肢能够提供的操纵力远大于上肢,下肢所能产生的最大操纵力与脚的位置、肢体姿势和施力方向有关。脚的施力方向通常为压力,下肢动作的准确性和灵敏度较差,不适于做频率高或精确性要求高的操作。

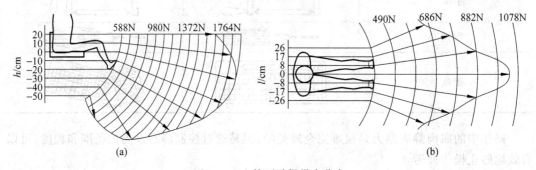

图 9-40 人体下肢操纵力分布

在设计需要人操作的机械装置时,首先要选择操作者的操作姿势,一般优先选择坐姿,特别是动作频率高、精度高、动作幅度小的操作,或需要手脚并用的操作。当需要施加较大的操纵力,或需要的操作动作范围较大,或因操作空间狭小,无容膝空间时可以选择立姿。操纵力的施力方向应选择人容易发力的方向,发力的方式应避免使操作者长时间保持一种姿势。当操作者必须以不平衡姿势进行操作时,应为操作者设置辅助支承物。

9.3.2 适合人的心理特征的结构设计

对于运行逻辑复杂的机械装置,操作者需要及时、准确、全面地了解装置相关部分的运行参数,对运行状况做出判断,产生对装置的运行实施控制的决策,并做出控制动作。

操作者正确了解装置的运行参数是正确做出判断并实施控制的前提条件。机械设计较多地使用仪表向操作者显示运行参数。

1. 减少观察错误的设计

操作者正确了解机械设备的运行参数是对设备进行正确操作的前提,了解设备运行参数的主要途径是各种显示器,使用最多的是视觉显示器,其中又以显示仪表的应用最广泛。

操作者通过观察仪表了解机器的运行参数。为了使观察者能够方便、正确地读取仪表所显示的内容,需要正确地选择显示仪表的显示形式、仪表的刻度分布、摆放位置以及多个仪表的组合方式。

试验表明,不同形式的仪表刻度盘形式对观察者正确读取数据的影响有很大差别。表 9-3 所示为相关试验的结果。在同一台设备上应尽量选用相同形式的仪表,将仪表刻度按相同方向排列,以方便操作者正确认读。图 9-41 所示的仪表排列方式虽然能够节省空间,但是由于两个仪表采用相反的刻度排列方向,增加了认读的困难,使误读率增加。

表 9-3 不同形式刻度盘的误读率

刻度盘形式	开窗式	圆形	半圆形	水平直线	垂直直线
误读率	0.5%	10.9%	16.6%	27.5%	35.5%

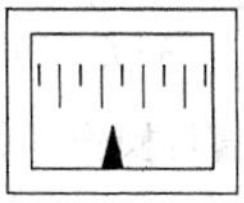

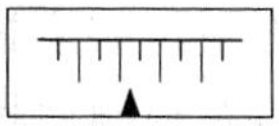

刻度排列方向应尽量符合操作者的认读习惯。对于圆形和半圆形仪表应以顺时针方向作为刻度值增大方向,对于水平直线形仪表应以从左到右的方向为刻度值增大方向,对于垂直直线形仪表应以从下到上的方向为刻度值增大方向。

2. 减少操作错误的设计

操作者在了解机械装置运行参数的基础上对其运行状态做出判断,产生对装置的控制决策,并通过对控制器施加控制动作的方法实现控制决策。

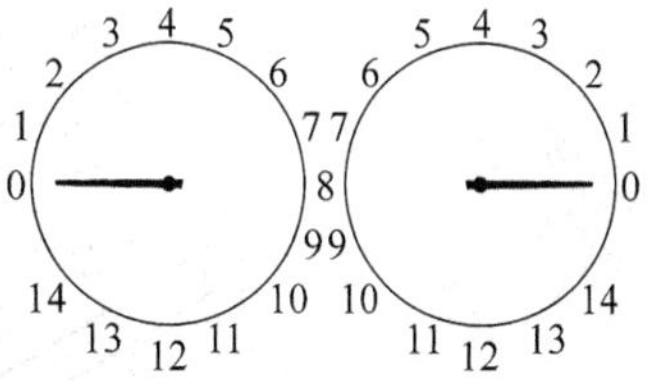

图 9-41 不同刻度方向的刻度盘组合

当设备存在多个控制器时,设计应使操作者可以在无视觉帮助或较少视觉帮助的条件下快速、准确地分辨出需要操纵的控制器,要使不同控制器的某些属性具有较明显的差异。经常被用来区分不同控制器的属性有控制器的尺寸、位置、形状和质地。

通常采用不同形状的控制器手柄,通过操作者手的触觉区别不同的控制器。由于触觉的分辨率低,不容易分辨细微的差别,所以控制器手柄的形状不宜太复杂,不同控制器手柄的形状差异应足够明显。图 9-42 所示为一组可以通过触觉区分的控制器手柄形状。

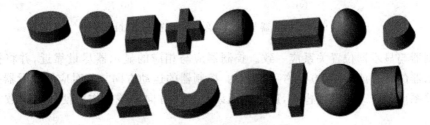

图 9-42 凭触觉可分辨的手柄形状

通过控制器的不同位置区分不同的控制器也是经常采用的一种有效方法。

试验表明,人在不同方向上对位置的敏感程度不同,图 9-43 所示为相关试验的结果:沿垂直方向布置开关,当间距大于 130 mm 时摸错率很低,在水平方向达到同样效果应使布置间距大于 200 mm。

操作者在通过控制器调整设备运行情况的同时,需要通过显示器及时了解调整的效果,修正控制策略。当有多个控制器和多个显示器时,控制器与显示器的相对位置关系应符合人的操作习惯,应考虑使操作者容易辨认控制器与显示器的对应关系,减少误操作。

图 9-44 所示为一组相应试验的示意:在灶台上放置 4 套相同的灶具,在控制面板上并排放置 4 个灶具的控制开关,当灶具与控制开关以不同方式摆放时,使用者出现操作错误的次数有明显差别,每种方案各进行了 1200 次试验,方案(a)的误操作次数为零,其余 3 种方案的误操作次数分别为(b)方案 76 次,(c)方案 116 次,(d)方案 129 次。试验同时还显示了操作者的平均反应时间与错误操作次数具有同样的顺序关系。

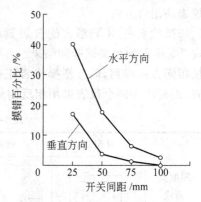

图 9-43　盲目操作开关的准确性

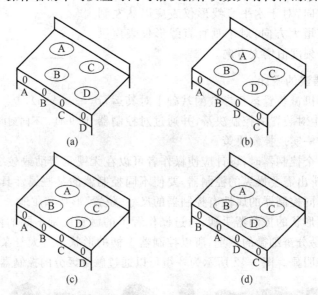

图 9-44　控制器与控制对象相对位置关系对比试验

控制器与显示器位置关系应一致。控制器应与相应的显示器尽量靠近,并将控制器放置在显示器的下方或右方(方便右手操作)。控制器的运动方向与相对应的显示器指针运动方向的关系应符合人的习惯模式,通常旋钮以顺时针方向调整操作应使仪表向数字增大方向变化。

9.4 新型机械结构设计

机械结构的形式与其所实现的功能有关,同时与所采用的材料、加工方法、装配工艺等因素有关。随着新功能、新材料、新工艺的出现,也出现了一些新的机械结构形式。在结构设计中根据功能需要,积极采用具有特殊性能的新结构,可以有效地增强结构功能,简化结构的构成和加工工艺,降低成本。

9.4.1 柔性(弹性)结构设计

机械结构通过运动副将构件连接成为运动链,进而构成机构,机构中的一些构件相对于另一些构件作确定形式的相对运动。机构的运动越复杂,需要的运动副数量、构件数量和零件数量越多,机构的构造越复杂,机械结构的实现就越困难。尤其对于尺寸微小的机械装置,更限制了复杂结构的应用。为适应机械结构提高运动精度和运动稳定性、简化结构、减小体积的要求,近年来出现了利用材料的柔性(弹性)实现机械运动的新型结构。这类结构通过零件整体或局部的弹性变形,实现零件的一部分结构相对于另外一部分结构的运动。由于相对运动发生在同一零件内部,减少了零件数量,简化了结构,使得结构的实现和使用更方便;由于减少了运动副,消除了由于运动副的摩擦、磨损、间隙等因素对机构运动精度和灵敏性的影响,使结构性能得到提高。这种新型结构已得到日益广泛的应用。

四冲程内燃机工作中配气系统要定时打开和关闭吸气门和排气门,内燃机采用一套凸轮-挺杆机构控制吸、排气门的定时开启和关闭,用一套齿轮机构实现曲轴与凸轮轴之间的"正时"传动。与内燃机有类似工作要求的空气压缩机配气系统设计中采用了图9-45所示的结构,结构中采用弹性很好的薄金属片(图中的进气阀片、排气阀片)取代内燃机配气系统中的气门和气门弹簧,依靠活塞在汽缸中运动所形成的内、外压差打开、关闭阀片。结构中省去了凸轮-挺杆机构和正时齿轮机构,极大地简化了结构。

精密微动工作台要求具有较高的位移分辨率、位移精度和重复精度,滑动导轨和滚动导轨在工作中出现的爬行现象使得它们很难满足这些要求。图9-46所示的弹性导轨微动工作台通过弹性导轨的变形实现

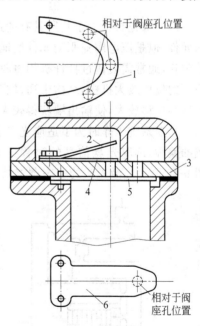

图9-45 空气压缩机配气机构
1,4—排气阀片;2—限制器;3—阀座;
5—进气阀片

工作台的水平位移。弹性导轨无摩擦，无间隙，运动阻尼极小，可以获得极高的运动精度，当输入端刚度远小于导轨刚度时，可以获得极高的位移分辨率。

铰链是机械系统中的一类常用结构，铰链结构通过铰链销轴连接两个或多个零件构成转动副。由于铰链需要由多个零件组装而成，限制了它在一些微小结构中的应用和结构性能的提高。柔性铰链结构的采用为以上问题的解决提供了有效的途径。

计算机使用的软盘驱动器中存在多处铰链结构。早期的软盘驱动器设计中所有铰链均采用图9-47(a)所示的普通铰链结构，不但结构复杂、占用空间大，而且由于铰链的制造误差、配合间隙和磨损等因素，严重影响了铰链的工作性能。现在的软盘驱动器中多处重要的铰链采用图9-47(b)所示的柔性铰链结构，不但简化了结构，而且消除了由于铰链间隙造成的误差。

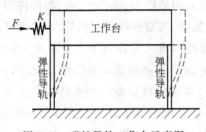

图9-46 弹性导轨工作台示意图

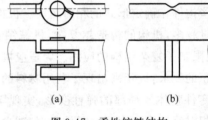

图9-47 柔性铰链结构

压电陶瓷材料由于其所具有的逆压电效应，经常被利用作为微小型机械结构的原始驱动元件，但是压电陶瓷驱动元件所能产生的驱动位移很小，为了得到能够满足使用要求的驱动位移，通常需要通过杠杆机构将驱动位移放大。图9-48所示为与压电陶瓷驱动元件配合使用的位移放大机构，结构中通过多个柔性铰链构造的多级杠杆机构将压电陶瓷元件产生的微小位移放大，使输出端获得较大的驱动位移。

光盘系统工作时为了适应光盘表面缺陷引起的轴向跳动以及由于光盘径向定位误差造成的偏心，读取光盘信息的过程中要求激光头可以沿光盘的轴向和径向做出姿态调整。图9-49所示为激光头的姿态调整结构，该结构通过多组柔性铰链，使激光头获得两个方向

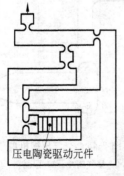

图9-48 位移放大机构

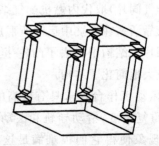

图9-49 激光头姿态调整结构

的移动自由度。姿态调整的动力由驱动线圈产生的磁场与固定在激光头部件上的磁铁之间的作用力提供。

9.4.2 快速连接结构设计

机械结构设计需要通过连接的手段将零件组合成构件、部件和整个机器。连接结构不但应保证被连接件之间的准确定位和可靠固定,而且应使连接操作简单方便。对于需要经常拆卸的连接,还应考虑拆卸的方便,使连接零件可以重复使用,使连接的装配和拆卸对结构的损伤尽可能减少;还应考虑在机械装置退出使用时结构的各部分之间容易拆卸分解,以利于对有用成分的回收利用,减少对自然环境的破坏。

图 9-50 所示为一组螺纹连接(图(a))与快速连接(图(b))的对照结构。快速连接结构通过使零件发生弹性变形的方法实现连接的装配与拆卸,操作简单、迅速,对被连接零件无伤害。

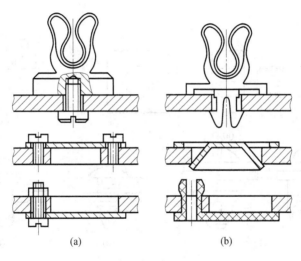

图 9-50 螺纹连接与快速连接结构
(a) 螺纹连接;(b) 快速连接

快速连接结构要求零件具有较好的弹性,经常采用塑料或薄金属板材料,也可以通过增大变形零件长度的方法改善零件的弹性。图 9-51 所示为一组容易装配与拆卸的吊钩结构,由于吊钩零件参与变形的长度较大,变形较容易。

图 9-52 所示为另一组可快速装配的连接结构。图(a)所示结构采用较大导程的螺纹,将螺栓两侧面削平,成为不完全螺纹,将螺母内表面中相对两侧加工出槽,安装时可将螺栓直接插入螺母中,相对旋转较小的角度即可拧紧,拆卸也只需旋转小于 1/4 圈。图(b)所示结构将螺母做成剖分形式,安装时将两半螺母在安装位置附近拼合,再旋转较少圈数即可将其拧紧。为防止螺母在预紧力的作用下分离,在被连接件表面加工有定位槽。图(c)所示结

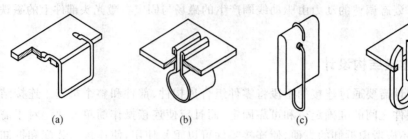

图 9-51 容易装、拆的吊钩结构

构在销的底部安装一横销,靠横销与垫片端面上螺旋面的作用实现拧紧。为防止松动,在拧紧位置处设有定位槽。图(d)所示为外表面带有倒锥形的销钉连接结构,销钉外径与销孔之间为过盈配合,销钉装入销孔后靠倒锥形表面防止连接松动。图(e)所示为另一种快速装配的销连接结构,销钉装入销孔的同时迫使衬套变形,外表面卡紧被连接件,内径抱紧销钉,使连接不能松动。

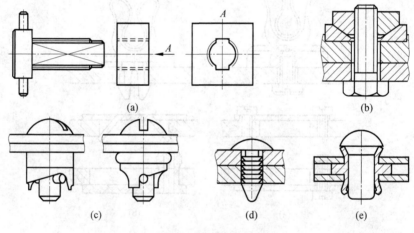

图 9-52 快速安装结构

9.4.3 组合结构设计

通过合理的结构设计,可以将多种功能组合到一个零件上,起到减少零件数量、简化装配关系、降低制造成本的目的。

为了防止螺纹连接松脱,通常需要采取防松措施。弹簧垫圈是一种被广泛应用的螺纹连接防松零件,它要求在安装螺栓或螺母的同时安装弹簧垫圈(图 9-53(a))。图 9-53(b)所示的螺栓-垫圈集成结构将螺栓和弹簧垫圈的功能集成在

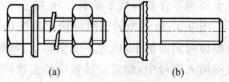

图 9-53 螺纹连接的防松结构
(a) 用弹簧垫圈的结构;(b) 螺栓-垫圈集成结构

一个组合零件上,减少了零件数量,方便了装配。

图 9-54 所示为某种包装机中的一个支架构件,图(a)所示为原设计结构,由 11 个零件组成;图(b)所示为改进后的设计结构,将所有结构组合在一个零件上,零件通过精密铸造后一次加工成形,大大节省了加工工时,降低了成本。

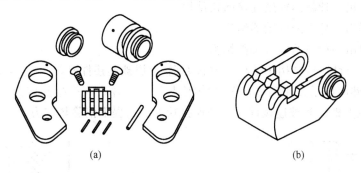

图 9-54 支架组合结构
(a) 原结构;(b) 改进后的结构

按通常的结构设计方法,指甲刀应具有如图 9-55(a)所示的结构,通过将多个零件的功能集中到少量零件上的组合设计方法,指甲刀演变为图(b)所示结构。

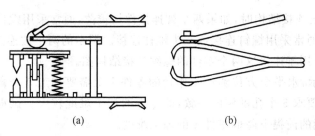

图 9-55 指甲刀整体结构设计
(a) 原结构;(b) 改进后的结构

图 9-56 所示为 3 种自攻螺钉结构,它们或将螺纹与丝锥的结构集成在一起,或将螺纹与钻头的结构集成在一起,使螺纹连接结构的加工与安装更便捷。

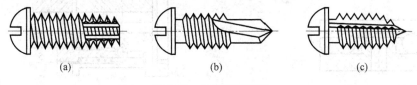

图 9-56 自攻螺钉结构

习 题

9-1 试提出一种新的轴毂连接结构。

9-2 试提出一种新的螺纹连接防松结构。

9-3 试提出一种新的联轴器结构。

9-4 试提出一种新的螺钉头部结构。

9-5 图示螺钉连接结构中的螺钉材料为钢,上层被连接件材料为铝,工作中温度升高,由于铝材料的热膨胀系数比钢材料大,使螺栓与被连接件之间产生热应力。试提出一种改进措施,在不改变螺栓和被连接件材料和连接功能的前提下消除热应力。

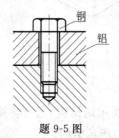

题 9-5 图

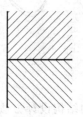

题 9-6 图

9-6 设计螺纹连接结构时,如果两个被连接件均较薄,通常采用螺栓连接;如果其中一个被连接件较厚,通常采用螺钉连接或双头螺柱连接。图示的两个被连接件均较厚,均不允许打通孔。试设计用于连接这两个零件的螺纹连接结构图。

9-7 如图所示,水平全方位测量工作台的零件 1 上需要加工 3 个盲孔,孔底面有较高的平面度要求,并要求 3 个孔的深度一致,此零件的加工难度较大。试提出一种改进方案,在不影响结构功能的前提下降低零件 1 的加工难度。

9-8 图示为洗衣机与水龙头连接的快速连接接头,向右拉动滑套可以对接头进行拆、装操作。图示结构设计对有些问题考虑不周到,试通过修改结构,使其功能更完善。

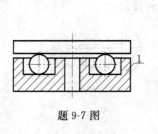

题 9-7 图

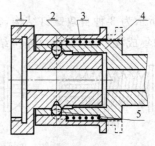

题 9-8 图

1—水龙头;2—滑套;3—弹簧;4—接头体;5—滚珠

9-9 弹子锁结构如图所示,试通过改变锁的结构,使得一把锁可以被两把不同的钥匙(指钥匙的齿部形状不同,其他部分形状相同)打开。

9-10 曲柄压力机的连杆通过连杆销将受力传到冲头滑块上,结构如图所示。其中,连杆销的刚度较弱(不考虑连杆和滑块的变形)。在支点距离、轴承间隙及连杆销直径均不变的情况下提出一种改进结构,使得当连杆向下运动时工作载荷从连杆直接传到滑块,使连杆销不受力。

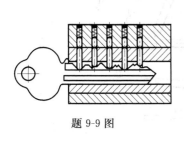

题 9-9 图

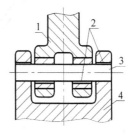

题 9-10 图
1—连杆;2—间隙;3—边杆销;4—滑块

9-11 设计鼠标外形结构,使操作时手不容易疲劳。

9-12 设计自行车车把结构,使骑行更舒适。

9-13 图示为自行车的一种车铃结构,当自行车在雨中行驶时这种车铃内容易进水,使得车铃内的润滑剂失效。请提出一种结构改进设计方案,使自行车在雨中行驶时这种车铃内不易进水。

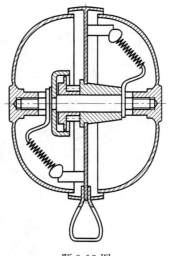

题 9-13 图

9-14 图示为普通自行车车架结构,试构思 5 种其他形状的自行车车架结构。

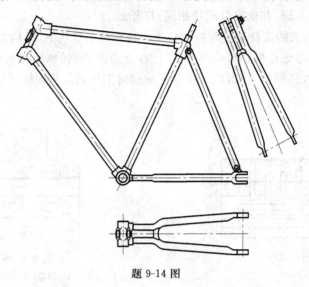

题 9-14 图

9-15 列举钢球在机械结构中除作为滚动轴承中的滚动体以外的 5 种其他用途。
9-16 列举 5 种不同的铰链结构。
9-17 设计一种只允许单方向旋转的滚动轴承结构。

10 机械系统设计实例

10.1 高杆灯提升装置设计

高杆灯是一种室外大面积照明设备,可以为广场、港口、机场、体育场馆、立交桥等提供高效的照明。

为了方便高杆灯的安装与维修,每根高杆灯都配有一套提升装置,用于灯具的提升和降落。

如图 10-1 所示,提升装置主要由电动机、减速器、卷扬机、钢丝绳、分绳器和滑轮组成。电动机经过减速器带动卷扬机,卷扬机牵拉的一根主钢丝绳拉动分绳器,分绳器带动的多根副钢丝绳绕过位于灯杆顶部的滑轮拉动灯具上升或下降。

提升装置除了基本功能以外,还具有以下辅助功能:

(1) 灯盘卸载功能。提升装置通过钢丝绳将灯盘提升到工作位置后,卸载机构转换工作状态,承担灯盘的全部重量,使钢丝绳处于松弛状态。

(2) 防坠落功能。当钢丝绳被意外拉断时,灯盘会快速坠落,防坠落装置将抱紧灯杆,制动灯盘,保护人和设备不受伤害。

(3) 升降导向功能。由于灯杆直径随高度变化,为防止升降过程中灯盘晃动,导向装置通过材料或结构的弹性使导向轮与灯杆保持接触,保证良好的导向效果。

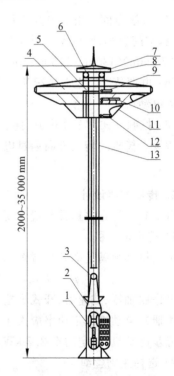

图 10-1 高杆灯提升装置
1—升降系统;2—电气控制系统;3—动滑轮;
4—灯盘;5—挂钩系统;6—电缆滑轮组;
7—防雨罩;8—钢丝绳滑轮组;9—导向滑轮;
10—防坠制动系统;11—灯具;
12—导向滑轮组;13—灯杆

(4) 断电自锁保护功能。如果在灯盘升降过程中突然发生停电事故,为防止灯盘因重力作用发生坠落,提升装置应能够使运动自锁。

下面介绍提升装置设计的基本过程。

1. 明确设计任务

提升装置设计的给定条件如下:

(1) 起重能力。提升装置需要提升的总载荷包括灯盘、灯具、导向装置、防坠落装置以及卸载装置中的运动部分重量,如果系统在灯杆内设置配重,则提升重量应为上述重量减去配重的差。以下分析中假设无配重,起重能力要求为 10^4 N。

(2) 提升速度。提升装置只在安装和维修时使用,通常对升降速度要求不高。以下分析中假设最大提升速度为 0.15 m/s。

(3) 提升高度。提升高度与钢丝绳用量的选择以及卷扬机的尺寸选择有关。以下分析中假设提升高度 30 m。

(4) 安装空间。由于提升装置中的电动机、减速器、卷扬机及其附属装置都需要安装在灯杆内,空间狭小,所以需要对安装空间提出严格要求。以下分析中假设总体轮廓尺寸不得超过 275 mm×430 mm×690 mm。

(5) 电源情况。电源情况影响电动机类型的选择。以下分析中假设可以选择三相或单相交流电动机。

(6) 控制方式。工作中升、降、停、卸载等操作均需要改变卷扬机的运转方向。以下分析中假设卷扬机的转动方向通过电动机的转向控制,传动系统不需要为变换转动方向设置离合器。

2. 传动方案设计

以下只分析有关提升装置主要功能的原理方案设计。

1) 选择电动机

电动机必须满足提升装置对功率的要求。提升功率为

$$p = Fv = 10^4 \times 0.15 = 1500(\text{W}) = 1.5(\text{kW})$$

考虑联轴器、减速器、开式齿轮、卷扬机、滑轮以及导向装置的效率(具体效率值可参考有关手册),电动机额定功率应大于 2 kW,根据电动机的有关标准,选择 Y100L1-4 型三相交流异步电动机,额定功率 2.2 kW,满载转速 n=1430 r/min,电动机尺寸见表 10-1。

2) 选择主钢丝绳

提升装置偶尔使用,总工作时间 t<200 h,根据 GB/T 3811—1983,机构工作级别为 M2 级,钢丝绳的最小安全系数 n=4,钢丝绳破断拉力为

$$F_0 \geqslant nF_{\max}$$

主钢丝绳最大拉力为 10^4 N,选择圆股钢丝绳,纤维芯,钢丝抗拉强度 σ_b=1570 MPa,钢丝绳公称直径 d=9 mm,钢丝绳最小破断拉力为 F_0=42.22 kN,工作长度 L=30 m。

表 10-1 电动机尺寸

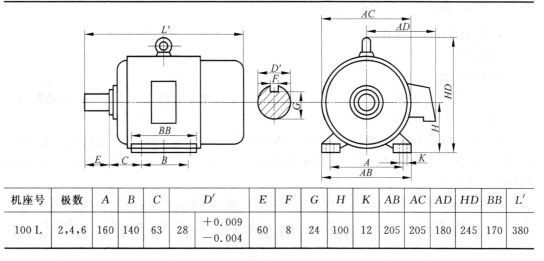

机座号	极数	A	B	C	D'	E	F	G	H	K	AB	AC	AD	HD	BB	L'
100 L	2,4,6	160	140	63	28 +0.009 −0.004	60	8	24	100	12	205	205	180	245	170	380

3) 选择卷筒尺寸

卷筒最小直径为

$$D_{min} = hd$$

取卷筒直径系数 $h=14$,$D_{min}=14 \times 9=126$(mm),取 $D=130$ mm。设钢丝绳在卷筒上的卷绕层数为 4 层,最外层钢丝绳中心卷绕直径 $D_{max}=130$ mm$+5.2d=176.8$ mm。

计算卷筒长度:

$$l = \frac{Ld}{(D_1+D_2+D_3+D_4)\pi} = \frac{30\,000 \times 9}{(130+145.6+161.2+176.8)\pi} = 140 \text{(mm)}$$

其中,D_1,D_2,D_3,D_4 分别为各层钢丝绳的卷绕直径。

考虑最里层需要安排必要的死圈,取卷筒长度 $l=150$ mm。

4) 计算卷筒转速

$$n = \frac{6 \times 10^4 v}{\pi D_{max}} = \frac{6 \times 10^4 \times 0.15}{\pi \times 176.8} = 16.27 \text{(r/min)}$$

5) 计算传动比

传动系统的输入转速为电动机转速 $n_{in}=1430$ r/min,输出转速为卷扬机转速 $n_{out}=16.27$ r/min,总传动比为

$$i = \frac{n_{in}}{n_{out}} = \frac{1430}{16.27} = 87.9$$

6) 确定传动形式和传动级数,分配传动比

选择传动系统由两级闭式圆柱齿轮传动和一级开式圆柱齿轮传动组成,开式齿轮传动比定为 $i_1=5.5$,两级闭式齿轮传动的总传动比为

$$i_{闭} = \frac{i_{总}}{i_{开}} = \frac{87.9}{5.5} = 16$$

为了改变电动机与减速器的排列方式,同时为了使传动系统具有过载保护功能,在电动机与减速器之间增加一级 V 带传动。

3. 传动系统参数设计

设计过程略。

设计结果如下:

带传动选用 1 根 SPA 型窄 V 带,传动比 $i=1:1$,带轮直径 $d_1=100$ mm,中心距 $a=243$ mm,带长 $L=800$ mm。

高速级闭式齿轮传动材料选用 40Cr 调质,齿数 $z_1=20$,$z_2=96$,变位系数 $x_1=0.6945$,$x_2=0$,传动比 $i=4.8$,模数 $m=1.5$ mm,齿宽 $b_1=28$ mm,$b_2=25$ mm,中心距 $a_{12}=88$ mm,齿轮精度选 7 级。

低速级选用相同的材料、热处理方式和精度等级,齿数 $z_3=20$,$z_4=67$,变位系数 $x_3=0.5209$,$x_4=0$,传动比 $i=3.35$,模数 $m=2.5$ mm,齿宽 $b_3=40$ mm,$b_4=35$ mm,中心距 $a_{34}=110$ mm。

开式齿轮传动的材料、热处理方式和精度等级同上,齿数 $z_5=17$,$z_6=93$,变位系数 $x_5=0.5$,$x_6=-0.5$,传动比 $i=5.47$,模数 $m=4$ mm,齿宽 $b_5=35$ mm,$b_6=30$ mm,中心距 $a_{56}=220$ mm。

由于灯杆内空间的特殊需要,将电动机、减速器和卷扬机自下而上顺序布置,经检查,电动机与减速箱、减速箱与卷扬机均不发生干涉。

4. 传动系统结构设计

1) 卷扬机结构设计

如图 10-2 所示,卷扬机采用端部开式齿轮传动结构,卷筒与轴之间采用滚动轴承支承,滚筒旋转,轴固定,有利于提高轴的强度。滚动轴承采用两端有密封圈的深沟球轴承,使用中不需要采取润滑措施。

为防止钢丝绳被拉脱,同时考虑钢丝绳在卷筒上多层卷绕,在钢丝绳端部采用将钢丝绳引入卷筒内部,并用压板固定的方法。为防止钢丝绳从卷筒端部脱落,卷筒两端设有挡边,挡边高出最外层钢丝绳。

为防止卷筒轴发生转动和轴向移动,在轴的端部采用轴端卡板结构将轴与机架固定。

为方便传动装置与灯杆的装配,首先将

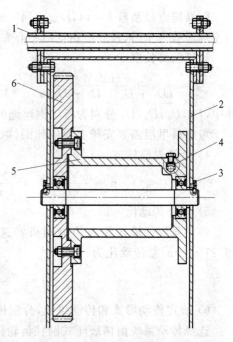

图 10-2 卷扬机结构
1—钢管;2—机架;3—卡板;4—压板;
5—卷筒;6—开式齿轮

图 10-2 中所示的钢管固定在灯杆内,然后将整个传动装置吊挂在钢管上,用螺栓连接固定,防止脱落。

2) 减速器结构设计(图 10-3)

考虑安装的需要,两级圆柱齿轮减速器采用展开式结构,箱体采用水平剖分结构,3 个轴系均采用角接触球轴承。由于轴系的支点跨距较小,所以轴系采用两端单向固定的正安装形式,所有滚动轴承采用油润滑,轴端采用骨架式油封密封。

箱体外的带轮和开式齿轮均没有轴向力,轴端采用轴用弹性卡圈定位。

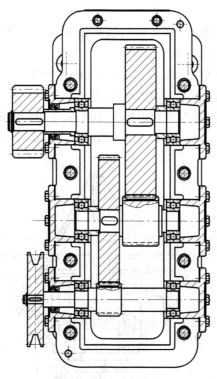

图 10-3 减速器结构

3) 支架结构设计

由于灯杆内特殊的装配空间要求,传动装置整体采用多层安装结构,机架主要由两侧的侧板和下面的两层安装隔板构成,下层隔板用于安装电动机,上层隔板用于安装减速箱,上部用于安装卷扬机和吊挂架。

10.2 硬币自动计数、包卷机设计

硬币自动计数、包卷机的硬币输送装置的工作原理如图 10-4 所示。硬币放入转盘 1 上,转盘 1 在立轴 3 的驱动下转动,带缺口的挡板 2 固定在面板上,在离心力的作用下,硬币

沿挡板缺口输出,实现硬币的队列化功能。要求设计硬币输送装置中立式主轴 3 的轴系结构。已知转盘的转速 $n=150$ r/min,转盘 1 的直径 $D=240$ mm,电机的功率 $P=40$ W,工厂的加工精度一般。

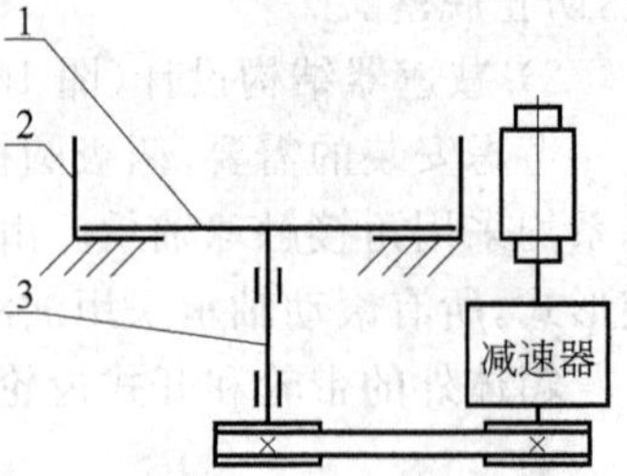

结构设计时,先根据轴的转矩初估轴的最小直径。立轴采用 45 钢,忽略摩擦损耗,则立轴的最小直径为

$$d \geqslant C\sqrt[3]{\frac{P}{n}} = 100 \times \sqrt[3]{\frac{0.04}{140}} = 6.5 \text{(mm)}$$

式中,C 为材料系数。

考虑到轴承的标准和安装,设计立轴的结构如图 10-5 所示。在结构设计时考虑了以下几个方面:

(1) 由于转盘 1 的直径很大(已知 240 mm),而立轴 3 的直径较小,为节约材料和减少加工的切削量,将转盘 1 和立轴 3 设计成两个零件,用连接件实现连接,连接形式采用标准的普通螺纹连接。

图 10-4 硬币自动计数、包装机工作原理
1—转盘;2—固定挡板;3—立轴

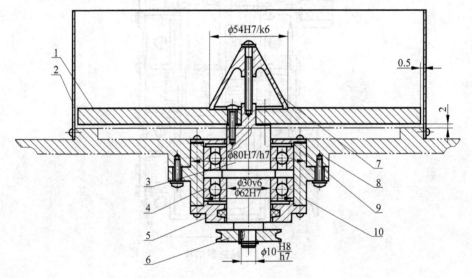

图 10-5 立轴轴系的结构图
1—转盘;2—固定挡板;3—立轴;4—滚动轴承;5—下端盖;6—带轮;
7—锥形盖;8—固定面板;9—上端盖;10—轴承座

(2) 轴系中轴承的选择。轴系工作时的轴向载荷主要为转盘 1 和硬币的重量,轴向载荷不大,轴承采用深沟球轴承,价格低,安装和调整方便。

(3) 轴承的密封和润滑。实际使用表明,硬币在队列化输出的过程中有较多的灰尘,为保证轴承工作时转动灵活,对轴承设计了密封端盖(图 10-5 中的零件 5 和零件 9)。由于立轴轴承的转速较低,使用该设备的人员为非机械维护人员,轴承的润滑采用油脂润滑,在装

配时一次性加入。

（4）轴向位置的调整。在立轴 3 与转盘 1 的结合处设有调整垫片，避免由于加工和装配的误差使转盘 1 与固定面板 8 接触并产生摩擦。装配时保证间隙 $\delta=2$ mm。

（5）加工和装配的方便。为保证轴承的装配精度要求，轴承安装在轴承座内，装配时先将轴承装在轴上，再将其装入轴承座，最后固定在机架上。

（6）轴上零件的固定和定位。轴下端的带轮不受轴向载荷，用弹性挡圈实现轴向定位，结构简单，尺寸紧凑；带轮周向的定位采用键连接。

（7）为防止硬币在转动中心的停留（转盘中心离心力小），设计了锥形盖 7，通过连接安装在转盘 1 上。

另外，考虑到避免杂物、硬币等进入转盘 1 的下面，结构设计时使挡板 2 与转盘 1 的间隙为 0.5 mm。

该产品按图 10-5 的设计进行了小批量生产，在调试和试用时发现，有的转盘空载转动时阻力较大，电机发热严重；有的转盘阻力小，在负载运行时电机工作正常。分析原因是立轴上转盘直径较大，而转盘与立轴的支承面较小，转盘在装配时发生倾斜，阻力增加；同时由于立轴受到附加载荷，使轴承工作时运转不灵活。为此修改了转盘的支承结构，如图 10-6 所示。采用推力轴承，一方面可以减小摩擦阻力；另一方面可以扩大支承面，使转盘不易倾斜，保证立轴的转动灵活。

但这一结构尚有一些不足之处，请读者思考图 10-6 所示结构应如何进一步改进。

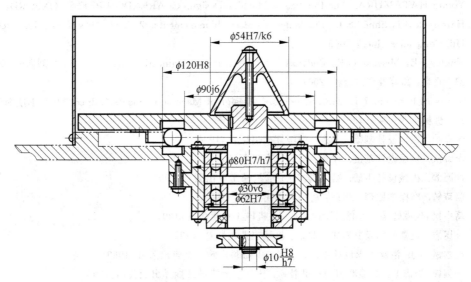

图 10-6　立轴系统改进结构图

参 考 文 献

[1] 田凌,冯涓,刘朝儒. 机械制图. 北京：清华大学出版社,2007
[2] 田凌,许纪旻. 机械制图习题集. 北京：清华大学出版社,2007
[3] 申永胜. 机械原理教程(第 2 版). 北京：清华大学出版社,2005
[4] 申永胜. 机械原理辅导与习题(第 2 版). 北京：清华大学出版社,2006
[5] 刘莹,邵天敏. 机械基础实验技术. 北京：清华大学出版社,2006
[6] 吴宗泽. 机械设计. 北京：高等教育出版社,2001
[7] 吴宗泽,刘莹. 机械设计教程. 北京：机械工业出版社,2003
[8] 吴宗泽,黄纯颖. 机械设计习题集(第三版). 北京：高等教育出版社,2002
[9] 濮良贵,纪名刚. 机械设计(第 8 版). 北京：高等教育出版社,2005
[10] 张策. 机械原理与机械设计. 北京：机械工业出版社,2004
[11] 朱文坚,黄平,吴昌林. 机械设计. 北京：高等教育出版社,2005
[12] 沈乐年,刘向锋. 机械设计基础. 北京：清华大学出版社,1997
[13] 吴宗泽. 机械设计. 北京：中央广播电视大学出版社,1998
[14] 程育仁,缪龙秀,侯炳麟. 疲劳强度. 北京：中国铁道出版社,1990
[15] 赵少汴. 抗疲劳设计. 北京：机械工业出版社,1994
[16] 中岛尚正. 机械设计. 东京：东京大学出版会,1993
[17] Yotara HATAMURA. The Practice of Machine Design. CLARENDON PRESS. OXFORD,1999
[18] Harmrock B J, Shmid S R. Fundamentals of machine elements. 2nd. ed. New York：The McGraw-Hill Companies, Inc., 2005
[19] Shigley J E, Mischke C R, Budynas R G. Mechanical Engineering Design. 7th ed. 刘向锋,高志改编. 北京：高等教育出版社,2007
[20] Spotts M F, Shoup T E, Hornberger L E. Design of Machine Elements. 8th ed. 刘莹,李威缩编. 北京：机械工业出版社,2007
[21] 谈嘉祯. 机械设计基础. 北京：中国标准出版社,1994
[22] 李继庆. 机械设计基础. 北京：高等教育出版社,1999
[23] 徐灏等. 机械设计手册. 第 4 卷. 北京：机械工业出版社,1992
[24] 温诗铸. 摩擦学原理. 北京：清华大学出版社,1990
[25] 葛中民,侯虞铿等. 耐磨损设计. 北京：机械工业出版社,1991
[26] 金锡志. 机器磨损及其对策. 北京：机械工业出版社,1996
[27] 威尔逊 R J. 滑动轴承设计手册. 上海：上海科学技术文献出版社,1989
[28] 张剑锋,周志芳. 摩擦磨损与抗磨技术. 天津：天津科技翻译出版公司,1993
[29] 彼得森 M B,怀纳 W O. 磨损控制手册. 北京：机械工业出版社,1987
[30] 王振华. 实用轴承手册(第二版). 上海：上海科学技术文献出版社,1996
[31] 方希铮. 滚动轴承选用指南. 南宁：广西科学技术出版社,1997
[32] 吴宗泽,肖丽英. 机械设计学习指南. 北京：机械工业出版社,2005

[33] 吴宗泽. 机械结构设计准则与实例. 北京：机械工业出版社, 2006
[34] 吴宗泽. 机械零件设计手册. 北京：机械工业出版社, 2003
[35] 吴宗泽, 罗圣国. 机械设计课程设计手册(第3版). 北京：高等教育出版社, 2006,
[36] Spotts M F, Shoup T E, Hornberger L E. Design of Machine Elements. 8th ed. Pearson Prentice Hall, 2003
[37] Mott R L. Machine Elements in Mechanical Design. 4th ed. Pearson Prentice Hall, 2004
[38] Hamrock B J, Schmid S R, Jacobson B. Fundamentals of Machine Elements. 2th ed. McGraw-Hill High Education, 2005
[39] 祁富燕, 张文辉, 晏丽琴. 机械零件的精度设计. 甘肃科技纵横, 2007,6
[40] 吴宗泽, 王忠祥, 卢颂峰. 机械设计禁忌800例(第二版). 北京：机械工业出版社, 2006
[41] 黄纯颖. 机械创新设计. 北京：高等教育出版社, 2000
[42] 黄靖远, 高志, 陈祝林. 机械设计学(第3版). 北京：机械工业出版社, 2006
[43] 北京清华丰公司. 粉剂枕封包装机DXDFZ60B实用手册